传感器网络的拓扑特征提取方法及应用

蒋洪波　刘文平　编著

科学出版社

北京

内 容 简 介

无线传感器网络是当今世界备受瞩目、具有高度学科交叉性和知识集成性的研究热点，在军事国防、工农业控制、环境检测和抢险救灾等领域已有成功应用。复杂的网络拓扑特征给传感器网络的应用带来巨大挑战，深刻地影响着网络的性能和使用寿命。利用网络拓扑特征来设计高性能网络协议是传感器网络研究中的重要内容。本书着重介绍了近年来在传感器网络的边界识别、骨架提取和网络分解这三大拓扑特征提取方面的研究成果，并介绍其在网络路由、定位、数据存储等方面的应用。

本书可供高等院校计算机网络相关专业高年级本科生、研究生、教师和相关科研人员使用。

图书在版编目(CIP)数据

传感器网络的拓扑特征提取方法及应用/蒋洪波，刘文平编著. —北京：科学出版社，2015.11

ISBN 978-7-03-046282-4

Ⅰ. ①传… Ⅱ. ①蒋… ②刘… Ⅲ. ①传感器—网络—拓扑结构—特征—研究 Ⅳ. ①TP212 ②TN92

中国版本图书馆 CIP 数据核字(2015)第 267969 号

责任编辑：张颖兵 黄彩霞 / 责任校对：肖 婷

责任印制：彭 超 / 封面设计：苏 波

科学出版社 出版

北京东黄城根北街 16 号

邮政编码：100717

http://www.sciencep.com

湖北卓冠印务有限公司印刷

科学出版社发行 各地新华书店经销

*

开本：787×1092 1/16

2016 年 4 月第 一 版 印张：11 3/4

2016 年 4 月第一次印刷 字数：279 000

定价：60.00 元

(如有印装质量问题，我社负责调换)

序

物联网是近年来备受世界瞩目的信息技术之一，是当前世界新一轮经济和科技发展的一个战略制高点。作为物联网的基本组成部分，传感器网络是物联网各项功能得以实现的重要保障。它是传感器技术、嵌入式计算技术、计算机网络和无线通信技术等重要信息技术的集大成者，因其低功耗、低成本、分布式和自组织的特点，已被广泛应用于战场监视、灾难营救、栖息地监测等领域。传感器网络带来了信息感知的一场变革，被评为“21世纪最有影响力的技术”之一。

和一般 Ad Hoc 网络相比，传感器网络数量巨大、拓扑结构易变，且在能量、计算和存储能力等方面受到诸多限制，因此传感器网络研究的首要目标，是如何有效降低能耗、延长网络生命周期，从而实现网络效用最大化。实现此目标的途径有很多，如调节传感器节点的工作周期、为传感器节点定时补充能量等；但一个更有效的办法是，充分利用网络的拓扑结构来实现网络协议的设计。例如，要实现源节点与目标节点之间的路由，传统的基于地理位置的贪婪路由算法以最短路由路径为目标，在复杂网络中易出现边界节点的过载现象，导致这些边界节点因能量耗尽而失效，或是在边界上产生局部极小值而无法成功地实现路由。出现这些问题的根源，就在于网络路由路径与网络真实拓扑结构之间的不匹配。如果我们可以利用网络的拓扑特征来设计路由协议，就可以有效地解决这些问题。

目前，在传感器网络学术界，关于网络拓扑特征提取的研究主要分为三大块：边界识别、骨架提取和网络分解。事实上，在计算机视觉和计算机图形学等科学领域，关于物体拓扑特征提取及应用的研究成果已十分丰富。但是，这些领域中已有的拓扑特征提取方法，无法直接应用于传感器网络中，这主要是由传感器网络的资源有限性、位置难以获得等自身特点所决定的。可以说，传感器网络中的拓扑特征提取，仍然面临诸多挑战，这也是近十年来传感器网络的一个重要研究方向，在 IEEE INFOCOM，ACM MOBIHOC，IEEE TPDS，ACM/IEEE TON 等国际重要会议和期刊上屡见相关成果。

由华中科技大学蒋洪波教授和刘文平博士编写的《传感器网络的拓扑特征提取方法及应用》，是我所看到的第一本全面深入介绍在二维/三维传感器网络中常用拓扑特征提取的方法及其应用的书籍。作者在传感器网络的拓扑特征提取领域潜心研究近十载，做出了大量富有成果的研究，在相关国际学术会议和期刊上发表过数十篇学术论文，填补了国内学者在该领域的研究空白。本书作者所取得的成果处于该领域的国际领先水平，在国内外具有相当的知名度和影响力，相信本书一定会给读者带来裨益。

本书内容详尽完整，涵盖了近年来作者及国际学者们在传感器网络拓扑特征提取与应用方面的重要研究成果。全书共分为三篇：第一篇，介绍二维/三维传感器网络及其拓扑特征提取的概念及研究意义，列举了传感器网络的体系结构、应用场景与通信模型等，为后文陈述铺陈；第二篇，分门别类地介绍二维/三维传感器网络中的边界识别、骨架提取与网络分解的方法，介绍网络分解时，侧重于网络形状分解而非基于事件的网络分解，十分符合本书的编写宗旨；第三篇，着眼于网络路由和定位在传感器网络研究中的基础地位，重点介绍了网络边界、骨架和形状分解三大拓扑特征分别在网络路由和定位协议设计中的应用，有利于读者快速、全面理解各种拓扑特征在传感器网络中的具体作用，该篇末尾辅以介绍了拓扑特征在数据存储和网络导航等方面的应用。全书思路清晰、结构合理、重点突出，是一本极具参考价值的专业书籍。

当然，传感器网络拓扑特征提取还有很多潜在应用价值。例如，可以利用拓扑特征来改善网络覆盖度、为传感器网络节点充电或数据搜集进行路径规划等，这或许可以成为有兴趣的读者们的研究方向。

兹为序！

王新兵

2015 年 10 月于上海交通大学

前　言

中华人民共和国工业和信息化部《物联网"十二五"发展规划》中提出了我国当前的主要任务是大力攻克核心技术，加快构建标准体系，协调推进产业发展以及着力培育骨干企业等，这表明我国拟加快培育和壮大物联网的步伐，以抢占新一轮科技和经济发展的战略制高点。作为物联网的重要组成部分，无线传感器网络是当今世界备受瞩目、具有高度学科交叉性和知识集成性的研究热点，为人们获取信息提供了新的途径，通过网络传输将客观真实的物理信息传递给用户，从而建立起连接物理世界和信息世界的桥梁。其优点在于，无须固定设备支撑、易于组网和方便部署，具有十分广阔的应用前景，是物联网各项功能得以实现的重要保障。然而，传感器网络中一个突出的问题是每个传感器节点的能量通常是有限且不可补给的。如何有效使用节点能量，以保证监测任务顺利完成，是传感器网络研究中一个十分重要的研究问题。

目前，国内外关于传感器网络研究方面的书籍很多，但是真正涉及传感器网络的拓扑特征提取的却罕有所见。本书首次全面、详尽地介绍了当前在二维/三维传感器网络拓扑特征提取方面的主要方法及其应用。在介绍方法或应用过程中，在不影响读者理解的前提下，尽量侧重于总体思想和基本步骤，而不过多讨论具体细节，但给出了详细的参考文献供读者查阅。通过这种组织安排，读者很快就能顺利理清本书的写作脉络，掌握拓扑特征提取的重要性和应用前景。

本书共分三篇。全书主要内容及组织结构如下：

第一篇传感器网络及拓扑特征。其中，第 1 章主要介绍传感器网络的体系结构、分类和通信模型；第 2 章详细介绍传感器网络中的拓扑特征（包括网络边界、骨架和形状分解）的概念及其意义。

第二篇传感器网络中的拓扑特征提取方法。其中，第 3 章介绍传感器网络的边界识别方法，首先分别介绍二维传感器网络中基于地理位置的方法、基于统计的方法、基于局部邻域的方法、基于全局拓扑的方法和基于图论的方法，接着介绍三维传感器网络的边界识别方法；第 4 章首先介绍二维传感器网络的骨架提取方法，并依据其对边界信息的依赖程度分别进行介绍，接着介绍三维传感器网络中的线骨架和面骨架的提取方法；第 5 章介绍传感器网络的分解算法，根据二维传感器网络的分解结果，我们将其分为网络（近似）凸分解算法和一般分解算法，并进行逐一介绍，接着介绍三维传感器网络中的形状分解方法。

第三篇拓扑特征在传感器网络中的重要应用。其中，第 6 章介绍拓扑特征在网络路由协议设计方面的应用，基于位置信息的贪婪路由算法在形状简单的网络中性能十分卓越，但在复杂网络中却易受局部极小值困扰而无法保证路由成功率，这是因为贪婪路由算法没有充分考虑到网络的具体拓扑特征，导致网络连通图与基于实际位置的路由路径之间出现了不匹配现象。然而，由于贪婪路由算法简单、有效等特点且具备良好可扩展性，已有文献主要围绕如何逃离局部极小值，或者通过建立虚拟坐标来尽量避免出现局部极小值来进行算法设计。我们根据这些算法所使用的拓扑特征，对基于边界信息的路由算法、基于骨架信息的路由算法和基于网络分解的路由算法进行逐一介绍。第7章介绍拓扑特征在网络定位方面的应用，传感器节点位置是传感器网络应用中必不可少的信息，但基于GPS的节点定位成本高而无法大规模使用，一般的做法是基于节点间的连接关系来建立虚拟坐标，并利用一些位置已知的信标节点将这些虚拟坐标转化为绝对坐标。同样，许多定位算法(如基于多维标度法的MDS-MAP算法)在简单网络中性能出色，但在复杂网络中由于凹点的存在，其性能大大降低。因此，充分利用网络拓扑特征，可以显著提高定位精度。第8章介绍拓扑特征在数据存储和导航等方面的应用。

本书第1～3章和第8章由蒋洪波编写，第4～7章由刘文平编写。在全书的编写过程中，王琛博士、杨洋博士和刘庭薇、魏巍等同学提供了很多帮助，在此表示感谢！本书在国家自然科学基金青年项目“二维/三维无线传感器网络的骨架提取与应用研究”(编号：61202460)、国家自然科学基金面上项目“高亏格三维曲面传感器网络中基于负载均衡的弹性几何路由协议研究”(编号：61572219)、国家自然科学基金面上项目“基于网络分割的三维传感器网络可扩展几何路由技术研究”(编号：61271226)、教育部新世纪优秀人才计划(编号：NCET-10-408)和中国博士后科学基金面上项目“三维传感器网络的Reeb图构建及其应用”(编号：2014M552044)的资助下得以出版。

由于作者水平有限，书中难免有不足之处，欢迎读者批评指正。

蒋洪波　刘文平

2015年9月8日

目 录

第一篇 传感器网络及拓扑特征

第二篇 传感器网络的拓扑特征提取方法

第三篇 拓扑特征在传感器网络中的应用

第一篇　传感器网络及拓扑特征

第1章 绪 论

1.1 传感器网络的体系结构

无线传感器网络(wireless sensor network,WSN)是当今世界备受瞩目、具有高度学科交叉性和知识集成性的研究热点。推动其产生和发展的主要原因是微传感器、微处理器等硬件的小型化,以及现代网络和无线通信等技术的进步。无线传感器网络为人们获取信息提供了新的途径,通过网络传输将客观真实的物理信息传递给用户,建立起连接物理世界和信息世界的桥梁。其优点在于,不需要固定设备支撑,易于组网和方便部署,特别适用于无人监管区域的监测任务,在军事国防、工农业控制、城市管理、生物医疗、环境监测、抢险救灾、危险区域远程控制等领域,尤其是在环境监测[1]、战场监视[2]和灾难营救[3]等方面应用前景广阔。《美国商业周刊》[4]评价它是21世纪最有影响力的21项技术之一,《MIT技术评论》[5]认为它是改变世界的十大技术之一。

无线传感器网络由部署在监测区域(sensing field)内大量的廉价微型传感器节点(sensor node or mote)组成,每个节点都具有一定的感知、计算和存储能力,这些节点通过相互通信、协作感知,形成多跳自组织网络系统。每个节点将感知信息通过多跳方式传输至汇聚节点(sink),经过简单的分析处理后,利用网络和卫星将感知信息传递给终端用户,如图1.1所示。传感器节点、感知对象和用户构成了无线传感器网络的三要素。

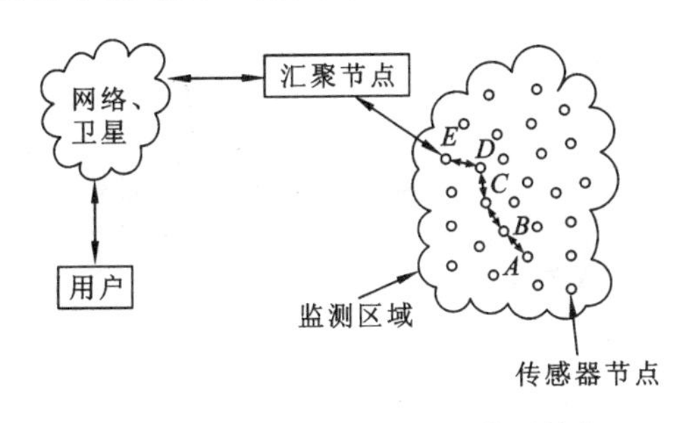

图1.1 无线传感器网络的体系结构

与一般Ad hoc网络相比,WSN具有数量巨大、分布密集、能量有限、计算能力与存储能力有限、易出故障以及网络拓扑结构经常变化等特点[6,7]。因此,设计出具有可扩展性、自组织性和能量有效性的传感器网络面临很多挑战,也由此引发了学者多年来对传感器网络研究的关注。

1.2　传感器网络的分类

基于不同的分类标准，可以将传感器网络划分成不同类型。根据传感器网络中的节点是否静止，可分为两种类型：如果传感器网络中所有节点都是静止的，则称该网络为静止传感器网络（static sensor network）；如果网络中存在可移动节点，则称该网络为可移动传感器网络（mobile sensor network）。根据网络节点数可以将传感器网络分为小规模（small-scale）传感器网络和大规模（large-scale）传感器网络。根据应用场景的不同，传感器网络可分为二维传感器网络（2D sensor network）、三维表面传感器网络（3D surface sensor network）和三维传感器网络（3D sensor network）三种类型，下面着重介绍这三种传感器网络。

当传感器节点部署在陆地上时，由于节点大致分布于二维（或近似二维）平面上，且每个节点在其通信半径范围内具有若干可相互通信的邻居节点，形成二维流形（2-manifold），这些传感器节点通过自组织形成的网络称为二维传感器网络。例如，2002 年，英特尔公司将传感器节点分布在葡萄园的每个角落，每隔一分钟监测一次土壤的温度、湿度和该区域内有害物的数量，以确保葡萄可以健康生长，这是世界上首个无线葡萄园，如图 1.2(a)所示；同年，由英特尔的研究小组、加利福尼亚州大学伯克利分校和巴港大西洋大学的科学家把无线传感器网络技术应用于监视大鸭岛海鸟的栖息情况，如图 1.2(b)所示。他们使用了包括光、湿度、气压计、红外传感器、摄像头在内的近 10 种传感器类型数百个节点，系统通过自组织无线网络，将数据传输到 300 英尺（1 英尺＝0.3048 m）外的基站计算机内，再由此经卫星传输至加利福尼亚州的服务器等。在这些应用场景中的传感器网络都是典型的二维传感器网络，这也是本书要讨论的主要场景。

(a) 无线葡萄园

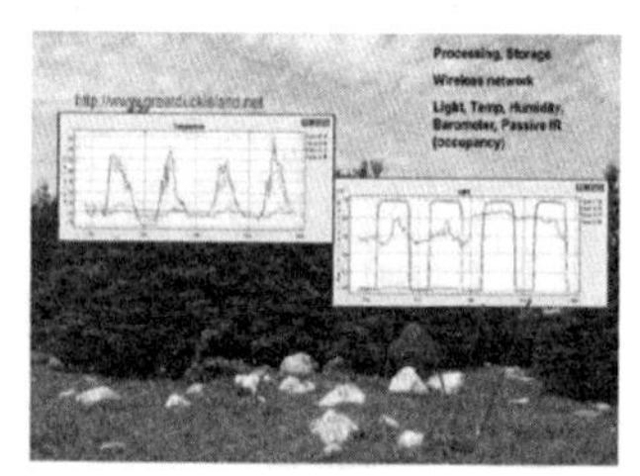

(b) 大鸭岛海鸟栖息监测

图 1.2　二维传感器网络应用场景

此外，传感器网络也被成功应用于建筑物走廊（图 1.3(a)）、煤矿隧道（图 1.3(b)）和地下隧道（图 1.3(c)）等场景中。在这些场景中，传感器节点通常播撒在复杂的三维表面上，这些节点通过自组织形成三维表面传感器网络。例如，李默等[8]将传感器节点播撒在真实煤矿中，用于监视煤矿安全，对地下垮塌引起的建筑结构异常可以迅速报警，同时在不稳定环境下还能准确有效地响应用户查询。

随着传感器网络的广泛应用，一些新场景也随之出现。近年来，传感器网络被成功应

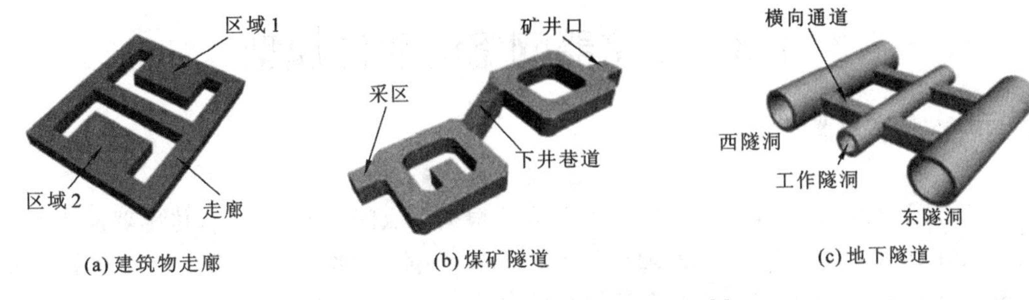

图 1.3　三维表面传感器网络应用场景[9]

用于结构健康监测(structural health monitoring,SHM)方面,通过实时监测,以期对安全事故做到防患于未然[9]。例如,香港的汀九桥装有大量加速传感器、温度传感器和压力传感器,以便随时监测桥梁工作状况。又如,广州新电视塔在建时,就在关键位置上安置了传感器节点,通过周期性抽样对结构安全性进行监测。除此之外,传感器网络在商业、农业和地质等方面有潜在应用,如监测地下环境(如土壤酸碱度)、水与矿物含量、地下基础设施(如管道的完整性)或者大坝等地下部分的健康状态,以及通过监测土壤位移来预测山崩等。例如,地下传感器网络[10]就可以用来监测高尔夫球场、足球场和草地网球场之类的运动场所(图 1.4(a)),因为在这些场所中,土壤的状态对愉快的运动体验至关重要。同时,传感器网络在海底监测、海洋污染监测等水下环境也有成功应用,其体系结构如图 1.4(b)所示。例如,中国海洋大学利用水下传感器网络[11]来实时监测海洋水文和气象要素,保障了第十二届中华人民共和国全国运动会水上比赛项目的顺利进行。在有些特殊场合,为了监测水库或江河附近的土壤是否存在有毒、有害物质,地下传感器和水下传感器可以结合起来,形成一个混合网络来防范居民饮用水受到污染。显然与前述两种应用场景不同,这里的传感器节点被部署在三维空间区域,每个传感器节点可能被安放在不同高度,因而形成了三维传感器体网络(3D volume sensor network),简称三维传感器网络(3D sensor network)。

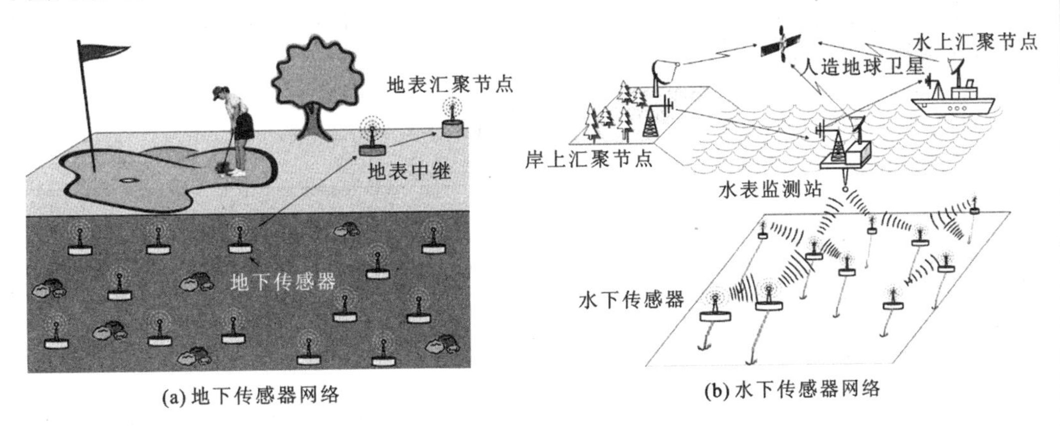

图 1.4　三维传感器网络应用场景

1.3 传感器网络的通信模型

一般地，传感器网络可被抽象成一个图

$$G=(V,E)$$

其中，V 是节点集合；E 是节点间的边的集合。根据节点间的连接方式，传感器网络的通信模型可划分为以下三种：单位圆模型(unit disk graph，UDG)[12,13]、准单位圆模型(quasi-unit disk graph，QUDG)[14]和对数正态模型(log-normal)[15]。

1) 单位圆模型

在单位圆模型中，如果两个节点间的欧氏距离小于通信半径(假定所有节点的通信半径 R 均相同)，则这两个节点互为邻居，或者说它们之间存在一条边；反之，这两个节点间不存在连接。这是一种非常理想化的通信模型，但许多算法往往假定其通信模型为 UDG 模型。

2) 准单位圆模型

准单位圆模型是单位圆模型的一种推广。在准单位圆模型中，给定参数 $\alpha\in(0,1)$ 和概率 $p\in(0,1)$，若两个节点间的距离小于$(1-\alpha)\times R$，则这两个节点为邻居节点；若其距离在$(1-\alpha)\times R$ 至 R 之间，则这两个节点是邻居节点的概率为 p。否则，这两个节点为非邻居节点。显然，当参数 $\alpha=0$ 时，准单位圆模型即为单位圆模型。

3) 对数正态模型

在对数正态模型中，节点 i 和 j 存在连接的概率基于如下对数正态阴影模型(log-normal shadowing radio model)

$$p(\hat{r})=\frac{1}{2}\left[1-\operatorname{erf}\left(\alpha\frac{\log\hat{r}}{\xi}\right)\right],\quad \xi\triangleq\frac{\sigma}{\eta}$$

其中，$\hat{r}$ 是节点 i 和 j 间的归一化距离；$\alpha=\dfrac{10}{\sqrt{2}\log 10}$是常数；$\sigma$ 是阴影标准差；η 是无路径指数(pathless exponent)。根据经验，参数 ξ 的取值范围通常为 $0\sim6$[16]。对数正态模型的主要特征在于，归一化距离小于 1 的两个节点间可能不存在连接，而距离大于 1 的两个节点则以非零概率存在连接。

参考文献

[1] Szewczyk R, Osterweil E, Polastre J, et al. Habitat monitoring with sensor networks. Communications of the ACM, 2004, 47(6): 34-40.

[2] Fennell M, Wishner R. Battlefield awareness via synergistic SAR and MTI exploitation. IEEE Aerospace and Electronic Systems Magazine, 1998, 13(2): 39-43.

[3] Cayirci E, Coplu T. Sendrom: Sensor networks for disaster relief operations management. Wireless Networks, 2007, 13(3): 409-423.

[4] Green H. Technical wave 2: The sensor revolution. Business Week Online. http://www.businessweek.com/ magazine/content/03_34/b3846622.html.

[5] Werff T J. Ten emerging technologies that will change the world. MIT's Technology Review. http://www.globalfuture.com/mit-trends 2003.html.

[6] 孙利民,李建中,陈渝,等. 无线传感器网络. 北京:清华大学出版社,2005.
[7] Akyildiz I F, Su W, Sankarasubramaniam Y, et al. A survey on sensor networks. IEEE Communications Magazine, 2002, 40 (8) :104-112.
[8] Li M, Liu Y. Underground coal mine monitoring with wireless sensor networks. ACM Transactions on Sensor Networks (TOSN), 2009, 5(2):1-29.
[9] Yu T, Jiang H, Tan G, et al. SINUS: A scalable and distributed routing algorithm with guaranteed delivery for WSNs on high genus 3D surfaces. Proc of IEEE INFOCOM, 2013.
[10] Akyildiz I F, Stuntebeck E P. Wireless underground sensor networks: Research challenges. Ad Hoc Networks(ELSEVIER), 2006, 4(6):669-686.
[11] Akyildiz I F, Pompili D, Melodia T. Underwater acoustic sensor networks: Research challenges. Ad Hoc Networks(ELSEVIER), 2005, 3(3):257-279.
[12] Lederer S, Wang Y, Gao J. Connectivity-based localization of large scale sensor networks with complex shape. Proc of IEEE INFOCOM, 2008.
[13] Li Y, Thai M T, Wu W. Wireless Sensor Networks and Applications. New York: Springer-Verlag, 2008.
[14] Liu W, Yang Y, Jiang H, et al. Surface skeleton extraction and its application for data storage in 3D sensor networks. Proc of ACM MobiHoc, 2014.
[15] Liu W, Jiang H, Wang C, et al. Connectivity-based and boundary-free skeleton extraction in sensor networks. Proc of IEEE ICDCS, 2012.
[16] Hekmat R, Mieghem P V. Connectivity in wireless ad-hoc networks with a log-normal radio model. Mobile Networks and Applications, 2006, 11(3):351-360.

第2章　传感器网络的拓扑特征提取

2.1　拓扑特征提取的意义

在传感器网络中，一个常用的假设条件是所有的传感器节点均匀分布在监测区域内，形成均匀传感器网络，如图2.1(a)所示。然而，在实际应用中，为了实现更好的网络覆盖，新的节点会加入网络中，导致部分区域节点分布密集而另一部分则相对稀疏；同时，由于节点能量有限，部分节点可能会因能量耗尽而失效，进而在网络内部形成空洞，或者在有些场景下，传感器网络所处区域内部存在障碍物(例如，在大学校园内部署传感器节点，由于建筑物的存在，网络内部会形成大的空洞，如图2.2(a)所示)，或者网络监测区域本身形状就不规则(例如，当传感器节点部署在机场航站楼时，如图2.2(b)所示)等，这些因素都将导致网络节点的分布呈现出非均匀性的特征，如图2.1(b)所示。

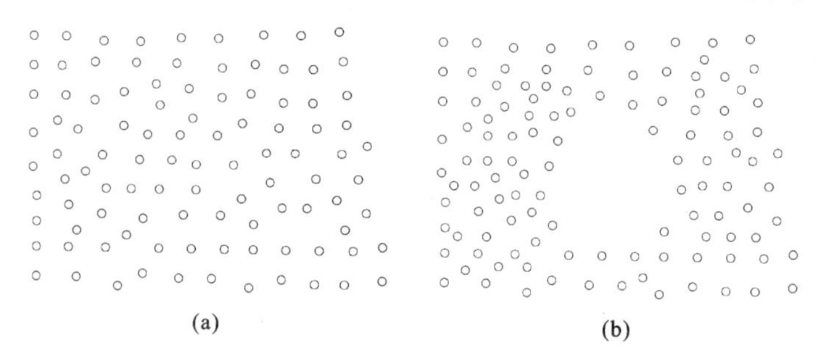

图2.1　均匀传感器网络和非均匀传感器网络

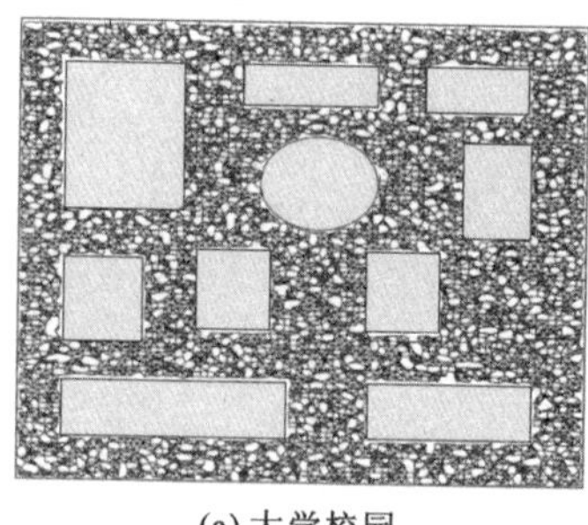
(a) 大学校园

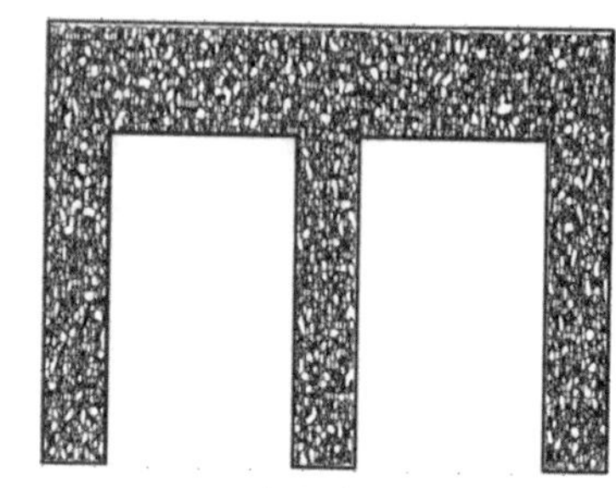
(b) 机场航站楼

图2.2　具有复杂形状的网络场景

传感器网络形状发生改变(如网络内部存在空洞)会引起网络拓扑特征的显著变化，这给传感器网络的许多协议设计带来了巨大挑战；一些适用于均匀分布的传感器网络的协议在不规则网络中性能显著降低，甚至无法应用。例如，在形状规则的网络中，由于节点间的欧氏距离与传感器网络的拓扑结构非常匹配（距离较近的两个节点，其跳数距离也较小），利用节点间的距离矩阵，基于多维标度法（multi-dimensional scaling，MDS）的网络定位算法（MDS-MAP）[1]能够准确定位出网络节点。然而在复杂网络中，两个欧氏距离很近的节点在网络拓扑图中可能相距甚远，这就导致最终的定位结果误差较大。类似地，网络形状的不规则性对路由协议的性能也有非常大的影响。传统的基于地理位置的贪婪路由算法（geographic greedy forwarding，GGF），总是将来自源节点的信息转发给距目标节点最近的邻居节点，该方法在简单网络中能够以较低的通信成本和近似最优的路径，将来自源节点的信息转发到目标节点；而当网络形状不规则时，则可能遇到所谓的局部极小值（local minimum）或者死胡同（dead end）[2,3]。也就是说，网络中存在某个中间节点，其邻居节点距目标节点比其自身到目标节点的距离都远，因而来自源节点的信息不能成功到达目标节点。

然而，网络拓扑特征识别并不是一件十分容易的事情。这是因为在现实场景中，由于可能存在未知障碍物，环境也可能不断发生变化，要按照预先计划的组织方法来播撒成千上万个节点几乎是不现实的。通常，人们利用飞机等将传感器节点随机播撒在待监测区域内，但这些传感器并不知道自身的地理位置，也不知道监测区域的整体形状特征。因此，如何识别网络拓扑特征，进而基于拓扑特征来设计高性能的网络协议，是近年来学者一直非常关注的问题。

2.2 传感器网络的主要拓扑特征

传感器网络可看成所在区域的离散抽样[4]，因此，传感器网络的拓扑特征可以反映出所在区域的重要形状信息，如网络边界、网络骨架和网络分解。这些特征对整个传感器网络的设计和性能都十分重要。

2.2.1 网络边界

传感器网络的边界一般都有其物理对应物，如建筑物或者湖泊等，有时候它也可反映网络所在区域发生了极端事件。例如，如果传感器节点的读数超过了某一给定临界值，我们就认为这样的节点是无效的。当网络所处区域发生火灾或化学品泄漏时，相应节点的读数就可能超过预设值，这些“无效”节点自然就形成了一条虚拟的“边界线”，能够反映极端事件的大致范围。另外，由于传感器节点的能量有限且通常不可补充，有时候网络监测区域也会发生自然灾害或人为破坏，部分节点可能会失效而丧失监测功能，从而在网络内部形成空洞。因此，空洞的存在反映了网络的“健康”状态，如覆盖不充分或弱连通性。

识别网络边界信息对整个网络的性能十分重要。例如，网络覆盖不充分会显著降低网络对所处区域的监测能力；而如果网络连通性不足，整个网络就容易变得不连通，部分区域所感知的数据就可能无法到达汇聚节点，用户也就不可能完整掌握监测区域的整体情况。如果需要增加节点以提高网络覆盖率或连通性，或者利用移动传感器节点来收集数据、为节点充电等，网络边界信息可以为人们提供十分重要的辅助信息，帮助人们确定这些节点是否处于所期望的区域中。另外，网络边界信息对于设计高性能的网络路由协议至关重要。事实上，贪婪路由算法遭遇到的死胡同正处于网络边界上，利用网络边界信息，人们设计了许多更有效的路由算法，如 GPSR(greedy perimeter stateless routing) 算法[5]，来逃离局部极小值，从而提高网络路由成功率。

1. 二维传感器网络边界

假设传感器节点都播撒在一个由 k 条曲线所界定的二维连通区域 $R_{sn}\subset R^2$。在计算几何中，一般将该连通区域描述为一个非退化的由 k 条边界线所围成的闭合多边形；多边形共有 $s(>k)$ 个顶点，依次连接这些顶点便形成 s 条线段[6]。显然，该多边形 R_{sn} 将二维平面 R^2 分割成 $k+1$ 个互斥的连通分量(connected component)或者表面(face)，其中，一个为无限连通分量或无限表面(infinite face)，余下 k 个为有限表面(finite face)[5]，或称为内部洞(interior hole)。每一条边界线是平面 R^2 与物体 R^2/R_{sn} 的交集，其中称物体 R^2/R_{sn} 与平面 R^2 在无限表面相交的边界为外边界(outside boundary)，而其余 $k-1$ 条边界线均为内边界(inside boundary)，它们与物体的 k 个有限表面相交。因为物体的亏格(genus)数与其内部的洞数量相当，所以该物体的亏格为 $k-1$。在图 2.3(a)中，两条边界线将二维平面分割成一个无限表面和一个有限表面，而物体则是处于无限表面和有限表面之间的部分。文献[6]给出了传感器网络的拓扑边界定义。传感器网络的边界识别就是要识别出一系列传感器节点，并将这些节点依次连接起来，将所在的监测区域划分成一个无限表面和几个有限表面(即空洞)，如图 2.3(b)所示。

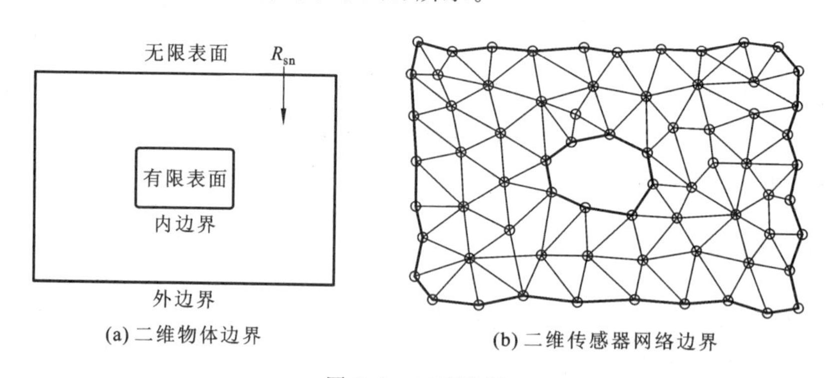

(a) 二维物体边界　　(b) 二维传感器网络边界

图 2.3　二维边界

2. 三维表面传感器网络边界

对于三维表面传感器网络，通常存在两种情形：①表面由封闭曲线组成，如图 2.4(a)所示；②表面由非封闭曲线组成，如图 2.4(b)所示。对于由非封闭曲线组成的三维表面传感器网络，其边界识别方法与二维传感器网络类似。

3. 三维传感器网络边界

类似地，三维物体边界由一系列边界曲面(surface)组成，这些曲面将整个三维空间分成一个无限表面和几个有限表面。三维传感器网络的边界识别是要找出一系列边界节

(a) 无边界

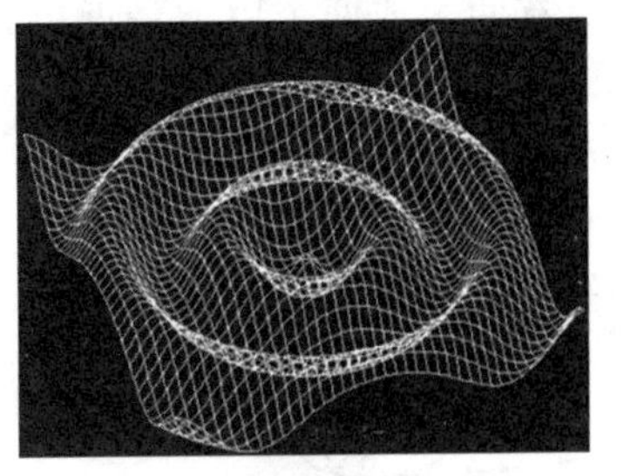
(b) 有边界

图 2.4 三维表面传感器网络边界

点，并将这些节点进行三角化，使之形成若干边界曲面，即二维流形(2-manifold)，如图 2.5 所示。

图 2.5 三维传感器网络边界

2.2.2 网络骨架

骨架是物体的重要描述子(descriptor)，物体骨架可以反映其很多重要的拓扑和几何特征。

1. 二维传感器网络骨架

在计算机视觉领域，物体 $D\subset R^2$ 的骨架是一系列最大内切圆圆心的集合[9]。所谓的最大内切圆，是指该圆包含在物体 D 的内部，但又不被其他内切圆完全包含。关于骨架的定义，还有其他一些等价方式。例如，基于烧草模型(grassfire model)[10]的骨架认为，如果在物体边界上同时点火，而火源向物体内部各个方向燃烧速度相同，直至火源熄灭，则骨架就是所有熄灭点组成的点集。另一种基于距离变换(distance transform, distance map, distance field)[11]的骨架定义认为，骨架是物体距离变换的最大点，即处于距离场的岭(ridge)[12,13]上的点，其中一个点的距离变换是指该点到物体边界的最短距离。在图 2.6 中，以点 x, y 和 z 为圆心的内切圆(由虚线表示) 都是最大内切圆，因而它们都是骨架节点。

在二维传感器网络中，由于节点是离散分布在监测区域内，且通常节点的位置信息未知，对于网络骨架节点的识别并不能遵从计算机视觉中的方法。实际上，由于骨架节点是最大内切圆的圆心，因此其至少有两个最近的边界点。如此一来，二维传感器网络的骨架就可以定义为,具有两个或两个以上最近边界点的节点集合[14,15],如图 2.7 所示。

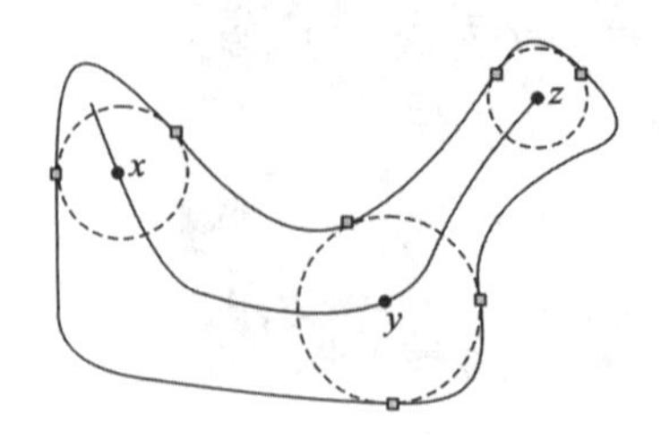

图 2.6 二维物体骨架

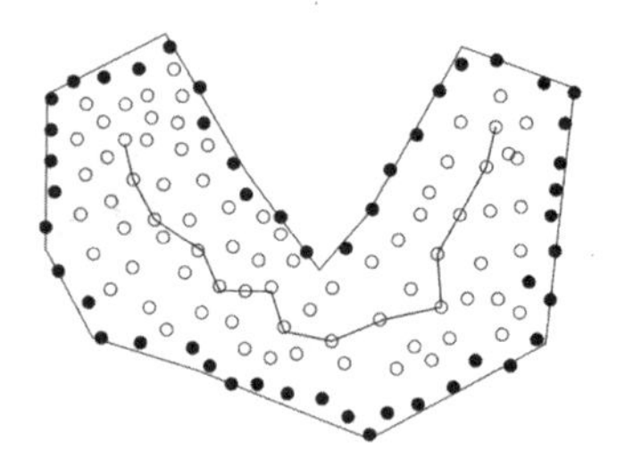

图 2.7 二维传感器网络骨架

2. 三维传感器网络骨架

对于一个三维物体 $D \subset R^2$,其骨架有两种形式:一种称为面骨架(surface skeleton)[16],由一系列二维曲面(也可能包含一维曲线)组成,如图 2.8(a)所示;另一种称为线骨架(curve skeleton)[17],由若干曲线段组成,如图 2. 8(b)所示。类似于二维物体中的骨架,三维物体面骨架节点的定义为最大内切球的球心集合[18],或者是距离变换的局部极大点集合。关于三维物体线骨架,还缺乏一个统一定义,一般认为线骨架是面骨架的子集,即线骨架节点由一部分最大内切球球心组成。

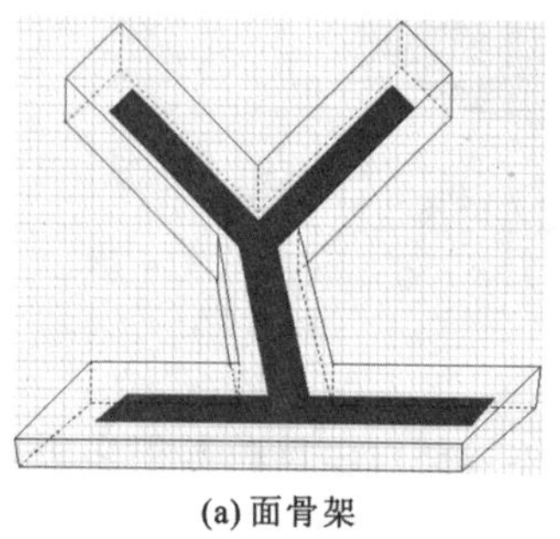

(a) 面骨架

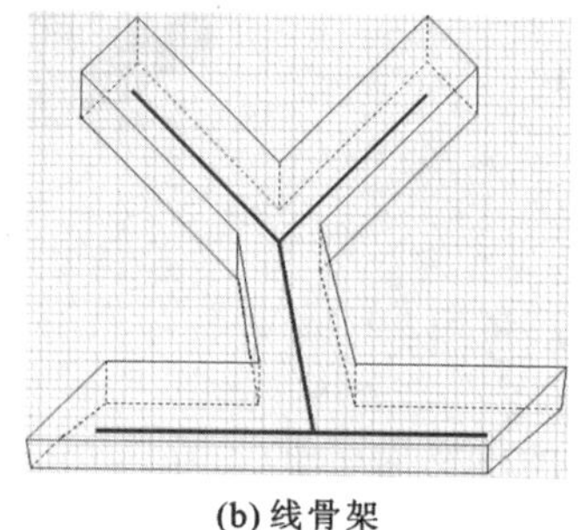

(b) 线骨架

图 2.8 三维物体骨架

在三维传感器网络中,面骨架节点同样是具有两个或两个以上最近边界点的内部节点,如图 2.9(a)所示;线骨架则是位于网络对称中心的面骨架节点子集,如图 2.9(b)所示。

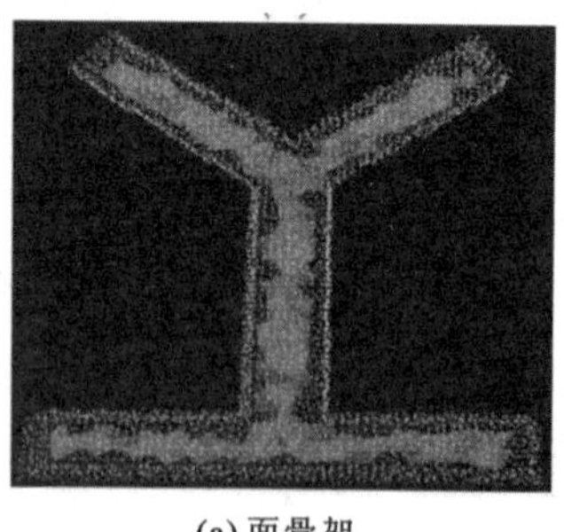

(a) 面骨架

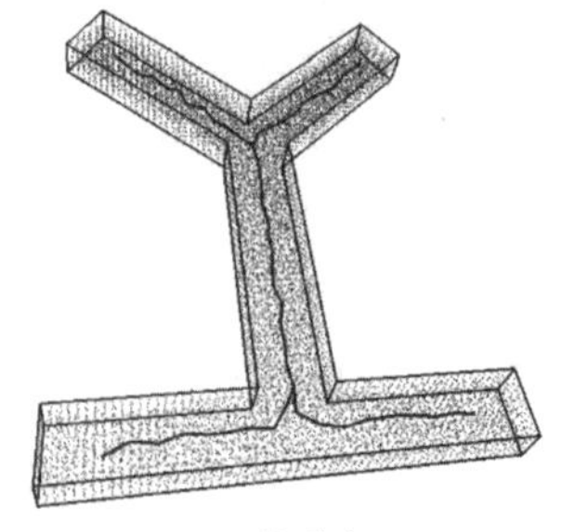

(b) 线骨架

图 2.9 三维传感器网络骨架

2.2.3 网络分解

传感器网络的分解是指将不规则网络分割成若干形状规则的子区域，其关键在于识别出网络凹点(concave node)，即内角大于180°的边界点。然后从凹点处引入分割线，实现网络分割，如图2.10所示。

类似地，对于三维传感器网络分解，则是需要寻找出适当的分割面，将网络划分为多个具有规则形状的子网络[19]，如图2.11所示。

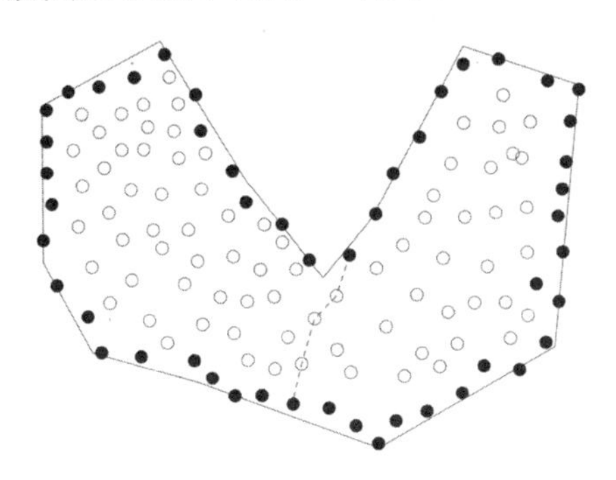

图2.10 二维传感器网络分解，虚线将整个网络分解成两个形状规则的子网络

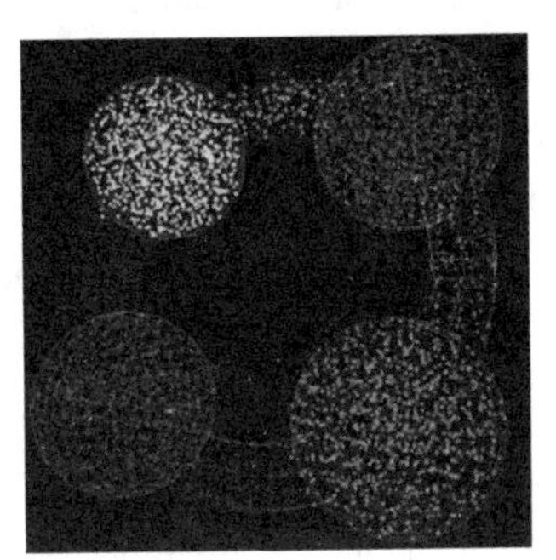

图2.11 三维传感器网络分解

2.3 拓扑特征提取的挑战

拓扑特征提取是计算机视觉和计算机图形学等领域的重要研究内容，在这些领域中有大量关于边界识别、骨架提取和分解的文献，但是这些已有研究成果并不难直接应用在传感器网络中，原因如下。

(1) 在传感器网络中，由于给每个节点安装GPS成本太高且在室内无法使用，节点的坐标信息通常是未知的，这与计算机视觉等领域有着很大的不同。

(2) 由于节点坐标信息未知，节点间的距离通常通过跳数(hop count)来度量，由于跳数是整数，这种舍入误差(rounding error)会给传感器网络中的拓扑提取带来很大的挑战。例如，在识别骨架时，满足具有两个及两个以上最近边界点的骨架节点可能并不多，导致提取的骨架很难形成一条连通的曲线。

(3) 在传感器网络中，无论是节点的计算和存储能力，还是节点能量，都十分有限。因此，如何以低复杂度和分布式的方法实现拓扑特征提取，从而保证网络服务质量，延长网络寿命，是首要考虑的问题，但计算机视觉等领域中的方法往往是集中式算法。因为传感器网络中很难有节点能够承担这样的任务，所以这些算法很难在传感器网络中直接应用。

参考文献

[1] Shang Y, Ruml W, Zhang Y, et al. Localization from mere connectivity information. Proc of ACM MOBIHOC, 2003.

[2] Sarkar R, Yin X, Gao J, et al. Greedy routing with guaranteed delivery using Ricci flows. Proc ofInternational Conference on Information Processing in Sensor Networks (IPSN), 2009: 121-132.

[3] Fang Q, Gao J, Guibas L J, et al. GLIDER: Gradient landmark-based distributed routing for sensor networks. Proc of IEEE INFOCOM, 2005: 339-350.

[4] Wang Y, Gao J, Mitchell J S B. Boundary recognition in sensor networks by topological methods. Proc of ACM MOBICOM, 2006.

[5] Karp B, Brad, Kung H. GPSR: Greedy perimeter stateless routing for wireless networks. Proceeding of ACM MOBICOM, 2000.

[6] Fekete S P, Kröller A, Pfisterer D, et al. Neighborhood-based topology recognition in sensor networks. Proc of the 1st Int Workshop on Algorithmic Aspects of Wireless Sensor Networks, 2004: 123-136.

[7] Kröller A, Fekete S P, Pfisterer D, et al. Deterministic boundary recognition and topology extraction for large sensor networks. Proc of ACM SODA, 2006.

[8] Dong D, Liu Y, Liao X. Fine-grained boundary recognition in wireless ad hoc and sensor networks by topological methods. Proc of ACM MOBIHOC, 2009: 135-144.

[9] Blum H. Transformation for extracting new descriptors of shape, models for the perception of speech and visual form. Cambridge: MIT Press, 1967: 363-380.

[10] Blum H. Biological shape and visual science : Part I. J. Theoretical Biology, 1973, 38: 205-287.

[11] Borgefors G. Distance transformations in digital images. Proc of Computer Vision, Graphics and Image Processing, 1986.

[12] Ge Y, Fitzpatrick J M. On the generation of skeletons from discrete euclidean distance maps. IEEE Transactions on PAMI, 1996, 18(11): 1055-1066.

[13] Leymarie F, Levine M. Simulating the grassfire transform using an active contour model. IEEE Transactions on PAMI, 11992, 4(1): 56-75.

[14] Bruck J, Gao J, Jiang A A. Map: Medial axis based geometric routing in sensor networks. Proc of ACM MOBICOM, 2005.

[15] Bruck J, Gao J, Jiang A A. Map: Medial axis based geometric routing in sensor networks. Wireless Networks, 2007, 13(6): 835-853.

[16] Amenta N, Bern M, Kamvysselis M. A new Voronoi-based surface reconstruction algorithm. Proc of ACM SIGGRAPH, 1998.

[17] Au O K C, Tai C L, Chu H K, et al. Skeleton extraction by mesh contraction. Proc of ACM SIGGRAPH, 2008.

[18] Tam R, Heidrich W. Shape simplifications based on the medial axis transform. Proc of IEEE Visualization Conference, 2003.

[19] Jiang H, Yu T, Tian C, et al. CONSEL: Connectivity-based segmentation in large-scale 2D/3D sensor networks. Roc of IEEE INFOCOM, 2012.

第二篇　传感器网络的拓扑特征提取方法

第3章 网络边界识别

3.1 网络边界

传感器网络被用于捕捉那些本来用传统技术难以捕捉或者根本不可能捕捉的现象，如建筑结构的非破坏性评估、环境污染物追踪、丛林中的栖息地监测、战场监视等[1]。一个传感器网络的地理环境和部署方法存在很多变化，并且一个节点的感知区域很少呈现出简单的形状。作为网络的一个关键特征，边界信息有很多物理对应物。例如，部署在一片森林中的传感器网络，其边界信息对应着这片被部署区域的形状和大小，如图 3.1(a)所示；当传感器网络用于污染监测时，边界信息对应着污染范围[2]。因此，要设计基本的网络应用协议，理解网络的边界非常重要，许多无线感知应用都可从边界信息中获益[3-5]。例如，对于地理位置未知的网络路由来说，知道网络区域的边界就意味着可以找到网络的外围节点，这些节点可被用于创立一个虚拟坐标系统，并应用于高性能的网络路由协议设计[6,7]。另外，很多传感器网络的应用都可以从边界信息中获益。例如，利用这些边界信息来决定传感器网络的覆盖程度[8-12]，或者通过这些边界节点的地理坐标实现网络内部节点的定位[13]等。

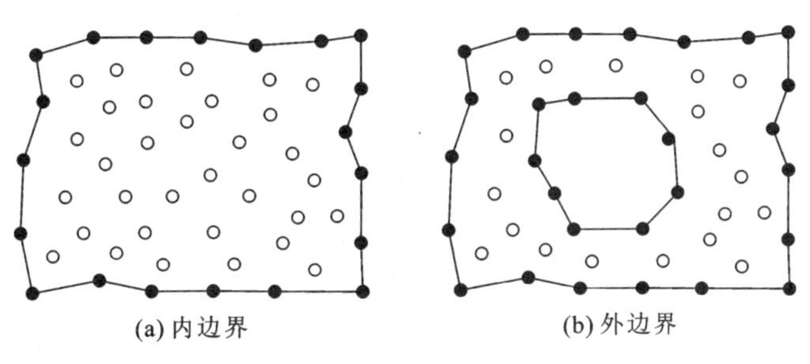

图 3.1 传感器网络的外边界与内边界

与此同时，网络内部可能存在某些没有部署传感器节点或者节点失效的区域，处于这些区域边缘上的节点形成网络内边界，我们形象地称这些内边界为“洞”，如图 3.1(b)所示。洞的形成原因形形色色，以部署在森林中的传感器网络为例，洞可能代表着森林中的湖泊、山峰等传感器无法部署的区域，或者一场森林大火损坏了一部分节点而造成的局部空洞，抑或是部分节点因能量耗尽而失效等[14]。总而言之，洞描述了传感器网络部署区域或者网络自身的潜在特征，它对整个网络的路由、定位，以及数据的查询、存储都造成了很大的影响。因此，在研究如何提取传感器网络边界的时候，不得不考虑洞的存在。

综上所述，我们将无线传感器网络的边界定义为位于传感器网络外部边缘（外边界）或者网络内空洞边缘（内边界）上的节点。边缘和洞的探测在传感器网络中非常重要。这种技术用于确定网络覆盖范围、跟踪进出网络的事件以及跟踪与外界环境的通信。它还可提取有关网络结构和健康度的深层信息，以此来实现路由、导航和管理的目标。如何探测整个网络边界，包括整个网络的边界和网络内部空洞的边界，将是一个富有应用前景并且需要迫切解决的问题。

在计算机视觉和计算机图形学等研究领域，边界监测方面的研究已经比较成熟。虽然这与无线传感器网络中的边界提取有相似性，但由于后者的分布式和能量有效等特性，使得这个问题更具有难度和挑战性。首先，传感器网络是离散的且节点分布具有随机性。其次，传感器节点的位置信息通常是未知的，这就使得诸如距离和方向等几何信息难以搜集。再次，节点间的距离经常采用整数值的跳数来估计，这种距离的舍入误差（或者说距离的不准确性）将给传感器网络的边界识别带来巨大挑战。最后，即使识别出了边界节点，如何将它们依次连接起来形成边界线或者构成边界面也将成为难点所在。

传感器网络中的常用边界识别方法主要分为几大类：基于地理位置的方法、基于统计的方法、基于局部邻域的方法、基于全局拓扑的方法和基于图论的方法。每种方法都有其优缺点和适用范围。

基于地理位置的方法的主要思想是直线传播的测试数据包在内边界上受阻。该方法作为传感器网络边界监测的先驱，依赖于传感器节点间的相对位置的定位。此条件简化了边界识别问题的处理难度，但也很大程度上限制了这类方法的实际可用性。在不具备定位能力的传感器网络中同样有辨识网络边界的需要，于是又发展出了不依靠地理坐标的边界提取方法。

基于统计的方法以及基于局部邻域的方法一般适用于高密度、均匀部署的情况。基于统计的方法通过观察总结出边界节点不同于内部节点的一系列特点，设定一个阈值作为边界节点的评判标准。基于局部邻域的方法通过识别出离散边界点形成比较宽的边界点带。对于低密度或者非均匀分布的网络，这两类方法的效果较差。

基于全局拓扑的方法通过提取全局拓扑中存在的几何关系来鉴别边界节点。此类方法仅依靠节点之间的连接性，而不受节点密度、拓扑形状的影响，也不需要知道每个节点的地理坐标。此类方法能在不依赖坐标位置信息的情况下提供一定程度的有效机制来抽取网络拓扑的几何特征，但难以测定网络空洞的准确数目和位置等，属于粗粒度的方法。

基于图论的方法，相对于全局拓扑法，它往往能实现细粒度的边界识别。此类方法基于对全拓扑节点分布与节点之间相对位置的深刻认识，采用各种拓扑学的方法对抽象的网络边界用数学公式与符号加以刻画，但这往往导致算法与信息复杂度偏大。

3.2 二维传感器网络基于地理位置的方法

假设节点能确定自己的空间位置和相邻节点的位置，文献[15]提出了一种检测洞的方法，并规划出绕开洞使数据包继续转发的路由。其主要思想是，节点向某个确定的目的节点发送测试数据包，如果数据包在某个节点滞留，不能继续传播，那么这个节点就在边界上。

该算法主要受传统的贪婪路由的启发，并且基于单位圆模型。在该模型中，每个节点具有相同的通信半径 R，假设任意一对节点之间的欧氏距离小于 R，则这一对节点可建立一条无线链路进行相互通信。贪婪路由假设每个节点的地理坐标已知，并且每个节点都知道自己邻居的地理坐标。其主要思想为当前节点 x 需要向目的节点 D 转发数据分组的时候，它首先在自己的所有邻居节点中选择一个距离节点 D 最近的节点 y 作为数据分组的下一跳，然后将数据传送给它。该过程一直重复，直到数据分组到达目的节点 D，如图 3.2(a)所示。这种依靠地理位置转发机制的一个众所周知的问题便是，当产生或收到数据的节点，向以欧氏距离计算出的最靠近目的节点的邻居节点转发数据时，由于数据包可能会到达没有比当前节点更接近目的节点的区域，导致数据无法传输，如图 3.2(b)所示。这是因为网络内部形成的“洞”导致数据包在此被阻塞，被阻塞的节点被称为局部最小点或死胡同。一个很直观的思路就是找到类似的全部节点，这些节点便构成了网络的内边界。

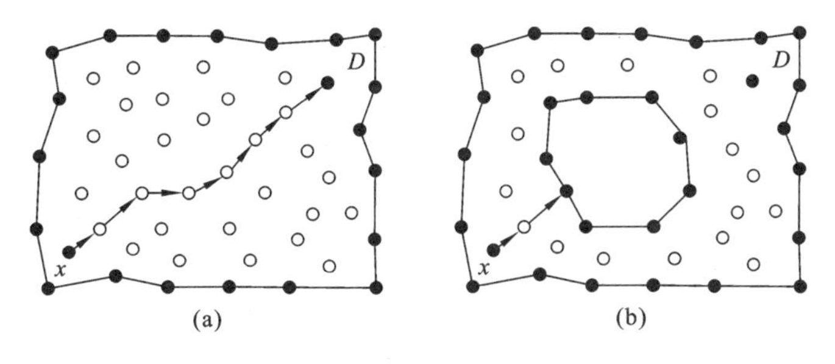

图 3.2 贪婪路由及局部极小点

假设传感器网络 S 中有 n 个节点，节点的网络通信半径 $R=1$，并给出弱阻塞点的定义。

定义 3.1 节点 $p\in S$，被称为弱阻塞点，当且仅当另一节点 $q\in S$，p 的一跳邻居到 q 的距离都大于 p 到 q 的距离。

通过引入维诺图（Voronoi diagram）和 Delaunay 三角剖分（Delaunay triangulation），将网络内部的洞定义为受限 Delaunay 图（restricted Delaunay graph，RDG）中包含至少四个顶点的面，如图 3.3 所示。RDG 是 Delaunay 三角图的平面子图，通过消去 Delaunay 三角图中长度大于 1 的边获得，并可证明所有的阻塞点都位于上述定义的洞的边上。

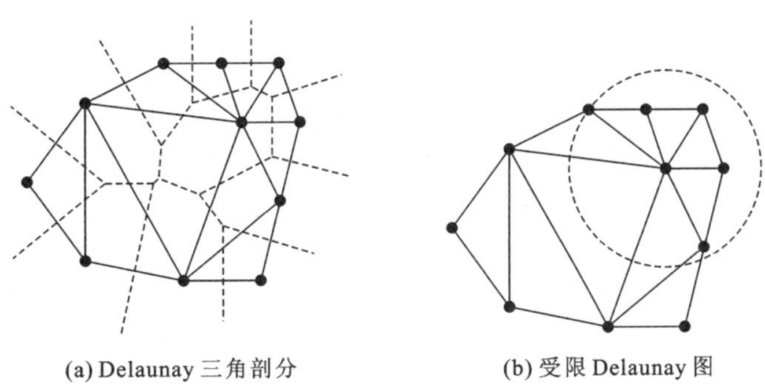

图 3.3 定义网络内部的洞

通过定义 3.1 可得到图 3.4 的结果。如图 3.4 所示，随机部署 1000 个节点的区域，其中弱阻塞点用实心圆点标记，可以看出 RDG 很好地描述了网络内部洞的信息。但图 3.4 是由通过集中式算法得到的，接下来重点介绍传感器网络中完全基于局部信息的分布式边界识别算法。

值得一提的是，弱阻塞点的定义过于宽泛，因为数据包转发的目的点可能不是一个节点，而仅是一个地理坐标，于是提出以下强阻塞点的定义。

定义 3.2 节点 $p\in S$ 被称为强阻塞点，当且仅当坐标平面中的一点 $q\in R$，p 的一跳邻居到 q 的距离都大于 p 到 q 的距离。

强阻塞点可以运用一个简单的策略来检测。对于每个节点 p，首先按照顺时针顺序连接 p 的一跳邻居，并记以点 x 为圆心，r 为半径的圆盘为 $Br(x)$。参照图 3.5 说明整个过程。设 u，v 为 p 的一跳邻居中的两点，l_1 和 l_2 分别是 up 和 vp 的垂直平分线并相交于 O。只有由 l_1，l_2，up 和 vp 组成的四边形内的点离 p 的距离小于其到 u，v 的距离。该法则首先检测三角形 $\triangle upv$ 外接圆圆心 O 是否在圆盘 $B_1(p)$ 之内。如果不在，则称 $\angle upv$ 为 p 的一个阻塞角。如果 p 没有阻塞角，则 p 不是强阻塞点。按照此定义，每个节点都可以检查自己是否为强阻塞点。

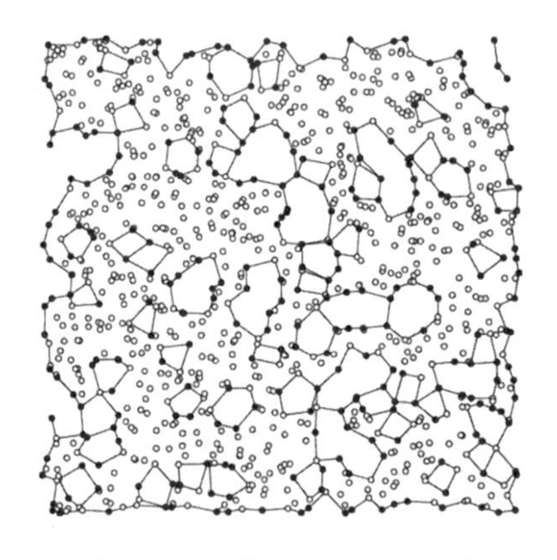

图 3.4 受限 *Delaunay* 图[6]

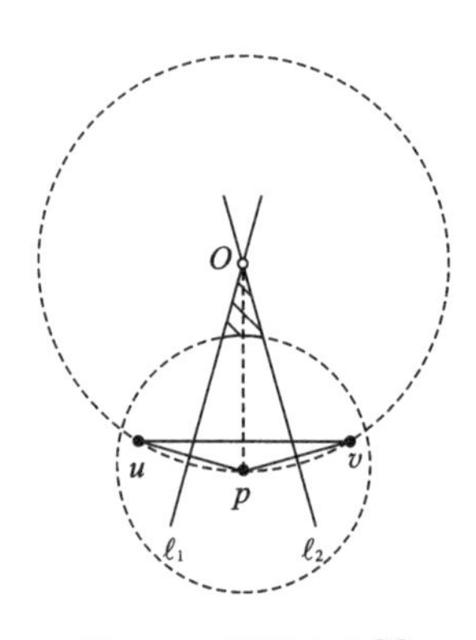

图 3.5 强阻塞点[6]

利用以上所得的强阻塞角，可使用一个贪婪式的算法来检测出网络中所有的洞。假设 t_0 是一个强阻塞点并且 $\angle pt_0t_1$ 是一个阻塞角，就需要找到一个从 p 开始并返回 p 的闭合回路，该算法的主要步骤如下。

(1) 假设当前的节点为 t_i，首先定义 t_i 的禁止区域。如果 $\angle t_{i-2}t_{i-1}t_i$ 大于 π，t_i 的禁止区域为空，否则延长 t_1t_{i-1} 使其相交 $B_1(t_i)$ 于点 $\bar{t}_{i-1}$。t_i 的禁止区域 $B_1(t_i)$ 是与以 t_i 为顶点、$\angle\bar{t}_{i-1}t_{i-1}t_{i-2}$ 为角组成的扇形区域相交的部分。从 t_i 沿着右手法则的方向执行上述步骤，通过绕着 t_i 逆时针旋转射线 t_it_{i-1}，t_{i+1} 是该射线碰到的第一个不在 t_i 禁止区域的节点。如果 $t_{i+1}\neq p$，则迭代此过程。

(2) 消除边相交的情况。如果边 t_jt_{j+1} 与 t_it_{i+1} 相交，将分为两种情况，分别为 t_j 不在 t_i，t_{i+1} 的通信半径之内与 t_i 不在 t_j，t_{j+1} 的通信半径之内。对于第一种情况，删除边 $t_{i+1}t_{i+2}\cdots t_jt_{j+2}$ 并沿着边 $t_0t_1\cdots t_it_{j+1}t_j$ 继续执行下去。针对第二种情况，t_{i+1} 将作为 t_j 的下一跳并沿着边 $t_0t_1\cdots t_jt_{i+1}t_i$ 继续执行下去。

(3) 整个过程将迭代进行，直到得到一个闭合的回路 $t_0t_1\cdots t_k$，且这个回路没有包含相交的边，即得到网络的一个内边界。

接下来通过讨论上述算法来证明其正确性，首先给出以下两条性质。

性质 3.1 t_i 的禁止区域是在 t_{i-1} 的通信范围之内，如果 $t_{i-2}t_{i-1}t_i$ 依次为所得回路上连续的节点，那么 t_i 不在 t_{i-2} 的通信范围之内或者 $\angle t_{i-2}t_{i-1}t_i$ 大于等于 π。

性质 3.2 $\angle t_{i-2}t_{i-1}t_i$ 大于等于 $\pi/3$。

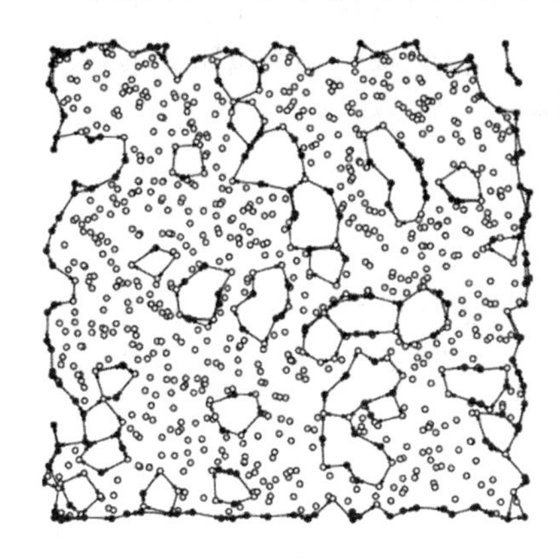

图 3.6 边界监测[6]

注意到 t_{i-1} 到 t_{i-2}，t_i 的距离小于 1，如果 $\angle t_{i-2}t_{i-1}t_i$ 小于 $\pi/3$，那么 t_i 必定在 t_{i-2} 的通信范围之内，由此说明了上述两条性质的正确性。正因为对于所有的 $i(i\geqslant 2)$，$t_{i-2}t_{i-1}t_i$ 均满足上述性质，因此由数学归纳法可证得由上述算法所得到的序列 $t_0t_1\cdots t_k$ 满足上述该性质。上述两条性质说明了 $t_0t_1\cdots t_k$ 为一条紧凑的曲线，即其围成的区域内不存在其他点，回路中也不会存在相交的线段，因此保证了该算法的合理性与实用性。最终的边界监测结果如图 3.6 所示。

基于地理位置边界监测算法的主要思想继承了贪婪路由中局部最小点的概念，即直线传播的测试数据包在边界上受阻，其思路直观但同时存在不少缺陷。首先，传感器网络不是连续空间，其节点密度不是无限大，某些洞边缘上的节点不一定会阻塞数据包的转发，因此这些点可能被漏检。其次，需要以不同的节点为源向不同的方向反复扫描整个确定传感器网络的边界代价很大。不仅如此，该方法依赖于 GPS 等定位系统，或者依赖于传感器节点间的相对位置的定位算法。假设已知精确位置信息简化了边界识别问题的处理难度，但也在很大程度上限制了这些方法的实际可用性。因为对于大规模分布式自组织传感器网络来说，获取精确的节点位置信息是非常困难的。在不具备定位能力的传感器网络中同样有辨识网络边界的需要，于是又发展出了不依靠地理坐标的边界提取方法。

3.3 二维传感器网络基于统计的方法

基于统计的方法不需要预知节点的地理坐标，其主要思想是在假设节点是高密度均匀部署的情况下，由于网络内部存在空洞，通过观察总结出边界节点不同于内部节点的一系列特点。通过统计与比较相关信息，从而甄别出边界上的点。

3.3.1 中心度法

文献[16]通过提出受限负载中心度(restricted stress centrality)的概念来判别一个节点是边界点还是内部点。其主要思想来源于中介中心度(betweenness centrality)的概念。传感器网络可以用图 $G=(V,E)$ 来表示，其中，V 代表节点(顶点)集，E 代表链路(边)集。如果记图中任意两点 s,t 之间的最短路径条数为 σ_{st}，而这些最短路径中经过节点 v 的条数为 $\sigma_{st}(v)$，那么节点 s,t 之间经过 v 的最短路径条数占 s,t 间总的最短路径条数的比例为 $\sigma_{st}(v)/\sigma_{st}$。在此基础上，给出了中介中心度的概念。

定义 3.3 节点 v 的中介中心度定义为

$$\mathrm{betw}(v) = \sum_{s \in v} \sum_{t \neq s \in v} \sigma_{st}(v)/\sigma_{st}$$

一个节点的中介中心度表示所有的节点对之间通过该节点的最短路径条数所占这些节点对所有最短路径条数的比例。

中介中心度很好地描述了一个网络中节点可能需要承载的流量。一个节点的中介中心度越大，意味着流经它的数据包越多，其靠近网络内部的程度越大。文献[17]通过改进以上中介中心度的定义，提出了负载中心度和受限负载中心度的概念。

定义 3.4 节点 v 的负载中心度可表示为

$$\mathrm{stress}(v) = \sum_{s \in v} \sum_{t \neq s \in v} \sigma_{st}(v)$$

比较 betw(v)和 stress(v)可发现，负载中心度仅对节点 s,t 之间经过 v 的最短路径条数进行求和，其思想与负载中心度无本质差别。而受限负载中心度将节点 s,t 限制在 v 的某一邻域内。

定义 3.5 节点 v 的受限负载中心度为

$$\mathrm{stress}(v,\delta) = \sum_{s \in v\delta(v)} \sum_{t \neq s \in \delta(v)} \sigma_{st}(v)$$

最后每个节点通过计算自身的 stress$(v,1)$，并和事先设定阈值 θ 进行比较，若计算出的受限负载中心度小于 θ，则该节点认为自己处于网络的边界上。其理论依据来自以下定理。

定理 3.1 在节点密度足够大的情况下，受限负载中心度 stress$(v,1)$能以较大的概率鉴别出边界点与非边界点。

证明 用 $\delta(v)$表示节点 v 的邻居个数，那么 stress$(v,1)$表示 v 的一跳邻居中不相邻的节点对的个数。归一化参数 $\mathrm{stv}(v)=2\mathrm{stress}(v,1)/\delta(v)(\delta(v)-1))$表示不相邻的节点对占总节点对个数的百分比。类似地，在连续域中考虑该问题，记 R 为整个网络的部署区域，$C(v)=\{p\in R \mid d(p,v)\leqslant r\}$是以节点 v 为圆心，通信范围 r 为半径的圆在 R 中的那一部分。若 w 为 v 的一个邻居节点，则 $N_w(v)=C(v)\cap C(w)$与 $M_w(v)=C(v)/C(w)$分别代表着 $C(v)$与 $C(w)$重合部分和 $C(v)$不与 $C(w)$重合的部分。对于均匀分布的节点，M_w 与 $C(v)$的面积之比 $Ar(M_w)/Ar(C(v))$代表着 v 的一跳邻居中与 w 不相邻的节点个数。对所有的 w 进行积分，可以得到 $stv(v)$在连续域中的理论推导值

$$\mathrm{stv}(v) = \frac{1}{Ar(C(v))}\int_{w \in C(v)} \left(\frac{Ar(M_w)}{Ar(C(v))}\right) \mathrm{d}w$$

显然 $C(v)$的面积大小跟 v 到网络边界的距离 s 有关，因此上述积分仅作为 stv(v)的一个表达式而很难计算出来。然而对于某些特殊情况，如 $s\geqslant r=1$，可以找到上述积分的数值解。在该情况下，记 v,w 之间的距离为 x，则有

$$M_w = \frac{1}{3}\left\{8\arccos\left(\frac{x}{2}\right)-\frac{1}{2}\sin\left[2\arccos\left(\frac{x}{2}\right)\right]\right\}$$

该积分可以用数值方法求得为 0.413 496 671 6。该情况对应着以 v 为圆心，通信范围 r 为半径的圆位于 R 内，而对于靠近边界 $s<r=1$ 的点，其往往小于上述结果。

图 3.7 显示了采用不同中心度边界监测的结果，通过比较可以看出采用受限负载中心度的时候能鉴别出大多数边界点，但不少内部节点也被误认为是边界。同时，该

算法检测出的边界点是孤立的点集，而并非构成环状的连通图。与此同时，该文中并没有详细讨论如何选取阈值 θ，很明显 θ 的大小与拓扑的形状有关。例如，在图 3.7 中部署在狭长道路上的节点所应选取的 θ 就和部署在扁平道路上的节点所应选取的 θ 不一样，所以不能采用全局的阈值 θ 作为边界节点的评判标准，如何恰当地选取也是该类问题的难点所在。

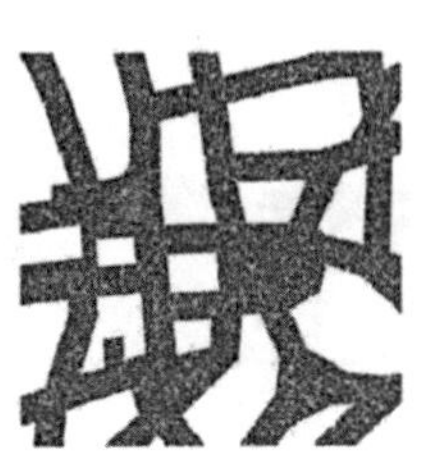

(a) 中介中心度

(b) 负载中心度

(c) 受限负载中心度

图 3.7　采用不同中心度边界监测的结果比较[17]

3.3.2　邻居个数法

与上述方法类似，文献[18]通过计算邻居的个数来判断一个节点是否为边界节点。其主要思想是，在均匀分布的情况下，由于通信范围内的一部分是非可部署区域，处在边界位置的节点会发现与其相邻的节点数量明显少于处在内部位置的节点。通过判断一个节点的邻居个数是否小于两个参数的乘积来决定该点是否处于边界

$$D=D(\alpha):=\{v\in v:|N(v)|<\alpha M\}$$

上，并且给出了计算参数 α，μ 的具体方法，其依据是伯努利大数定理，当试验次数很高时，事件发生的频率与概率出现较大差别的可能性很小。这种算法同样不需要节点的位置信息，但缺陷在于对平均密度的要求过高，否则伯努利大数定理不适用，频率背离概率的可能性较大。但该算法要求节点平均密度要达到 100 以上才能达到满意的效果，因此这种较强的假设限制了该算法的适用范围。类似的思路可以在文献[19]中体现，边缘检测在该文中以副产品的形式生成。

综合上述算法可以看到，基于统计的方法的主要优点是不需要事先知道节点的地理坐标，这是其优于基于地理位置算法的地方。该类算法通过统计相关信息，得出边界节点不同于内部节点的一系列特征，然后设计一个布尔函数作为评判准则。如果计算出的值小于设定的阈值，则判断该节点为边界节点。基于统计的方法往往依赖于节点的均匀分布和较大的密度，并且仅仅输出离散的边界点而非连续的边界环，这些限制条件成为此类算法不可规避的缺陷。

3.4　二维传感器网络基于局部邻域的方法

基于局部邻域的方法主要通过观察节点在局部邻域内的某些属性来判断节点是否落在网络的边界上。Kröller 等[20]和 Saukh 等[21]提出利用邻居关系包含的组合结构来识别边界的算法，以下分别介绍这两种方法。

Kröller 等[20]基于$\sqrt{2}/2$准单位圆盘图模型，提出基于称为花形结构的网络内点判定规则。其方法的主要思想为：首先选取一系列节点作为种子(seed)，每个种子节点获取周围邻居的信息，并以自身为中心构建花形结构(flower structure)，如图 3.8 所示。然后通过一系列同步的步骤使这些花形结构同时增大，消除重合的部分，最终形成整个网络的边界，整个过程如图 3.9 所示。

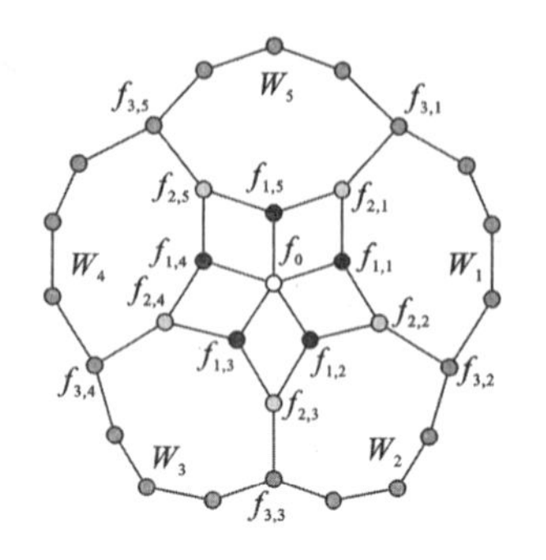

图 3.8　花形结构

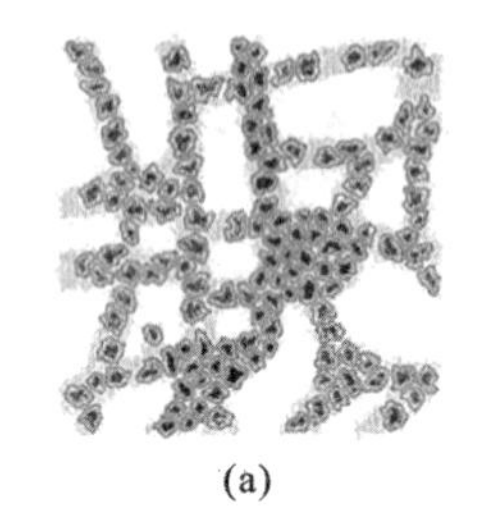

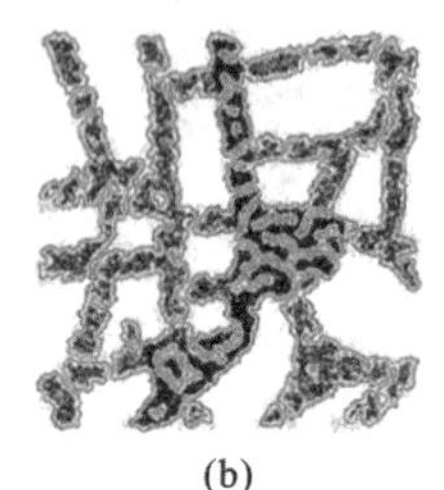

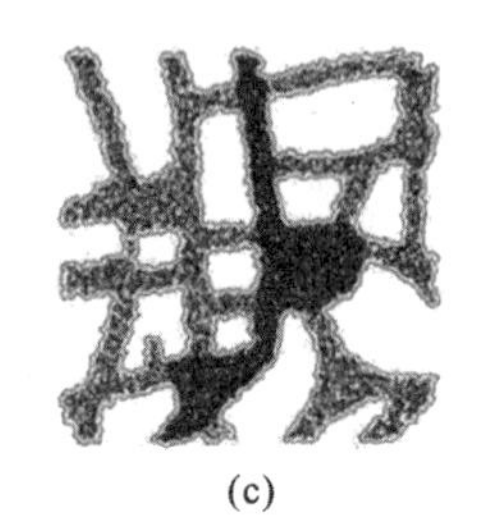

图 3.9　通过花形结构提取边界

该算法本质上是基于网络嵌入对平面的划分，提出了另一类边界定义。在一个给定的嵌入中，连通图的边将平面分割成许多子区域，这些区域包含一个无限面(infiniteface)和许多小的多边形有限面。该类定义的基本思想是将大于一定门限的有限面视为网络的内部洞，将无限面对应为外边界。具体来讲，Kröller 等[20]将网络边界定义为网络中包含有限面的无弦环(chordlesscycle)。因为在嵌入中有限面或无限面的边界点可能是边与边的交点，而并不对应于网络中的实际节点。

此方法的不足之处是网络中全局性的同步难以实现，与此同时，花形结构通常需要在高密度的大规模网络中构造，在稀疏网络中该方法可能会失效。为了改进上述算法在稀疏网络中的效果，Saukh 等[21]进一步将网络边界定义为与网络节点有对应关系的边界点，对花形模式的种类和构造方式进行扩展，改善了此类方法在稀疏网络中的识别能力。但在这两种算法中，包围有限面的边界节点均可能随着嵌入的改变而变化，因此它们识别出的边界点也将随着嵌入而改变。

基于局部邻域方法的共同特征是识别出的边界由离散的网络点构成，即网络内部点的补集。识别出的离散边界点虽然通常位于边界附近并形成比较宽的边界点带，但边界监测的目标需要区分和定位不同的边界，所以这些方法还需要进一步在边界点带中分离，并抽取出对应每个边界的点集。后续边界分离和抽取操作的可行性需要三个前提条件：①不同的边界点带不能太近，否则不同边界对应的节点集将重合，在没有位置信息时将很难分离出正确的边界环，因此该类方法都隐含或明确地假设网络内部的洞都是较大且相距较远；②洞必须充分大，否则由于边界点带较宽会使较小的洞隐藏在其中而无法区分，因此不可避免地忽略对小洞的监测；③仅适用于高密度的大规模的网络，对于低密度或者非均匀分布的网络，仿真效果较差。

3.5　二维传感器网络基于全局拓扑的方法

基于全局拓扑关系的方法，是假设节点不知道自己的地理坐标信息，通过提取全局拓扑中存在的几何关系来鉴别边界节点。此类方法仅依靠节点之间的连接性，而不受节点密度、拓扑形状的影响，也不需要知道每个节点的地理坐标。

3.5.1 等距离线法

Funke 等[22,23]构造了基于等距离线(iso-contour)法，假设网络跳数距离近似几何距离，从而将连续域中边界的性质对应到离散网络中。其主要思想为通过信标节点泛洪，到信标节点距离相同的节点构成一个等距离线，等距离线断开处即为边界，如图 3.10 所示。

图 3.10 等距离线

以下为该算法的主要步骤。

(1) 选取若干节点作为信标节点 P_i。

(2) P_i 泛洪整个网络，使每个节点都知道自己到任意一个 P_i 的跳数；对于一个固定的 P_i，距离 P_i 相同跳数的节点组成了一条等距离线 $C_k(P_i)$。

(3) 在每一条 $C_k(P_i)$ 上选取一个节点作为局部信标(local beacon)，通过局部泛洪 $C_k(P_i)$ 上的每个点都知道它们到此局部信标的跳数，因此 $C_k(P_i)$ 的左右两个端点具有局部最大跳数，即网络的边界点。

该方法的主要优势是简单且具有分布式特点。不足之处主要有如下几方面。

(1) 等距离线的值阶跃变化，分布的随机性会给等距离线造成一定的干扰，导致边界辨识的结果不理想，尤其是在节点平均密度相对较低的拓扑中这种问题尤为明显。

(2) 算法输出的边界与信标节点的选择有很大关系，选择不同的信标节点组合会得出质量差别较大的边界。

(3) 该方法仅输出离散的边界点，而不是连续的边界环；从离散的、通常并不连通的边界点集中实际上无法区分哪些点处于同一边界，以及获取网络中有多少洞等这些更有意义的信息。

(4) 该方法很难正确识别小洞，因为方法所依赖的等值线断裂现象仅当等值线遇到较大洞时才会出现，较小的洞被湮没在等值线中无法区分。

3.5.2 边界路径同伦法

类似于等距离线法，Wang 等[17]提出基于边界路径同伦的方法。其主要思想是，在连续平面域内，与给定基点间存在至少两条不同最短路径的所有点形成割迹，割迹由割线分支构成；该算法利用割迹的特有属性，即通过每条割线分支能够发现一条不可收缩的环路；通过优化这些环路进而可以发现网络的边界。算法的主要步骤如下：

(1) 任意选取一个节点 r 泛洪整个网络，由此构建一个以 r 为根节点的最小生成树，如图 3.11(a)所示。

(2) 寻找距离根节点最远的叶子节点，这些节点构成了一条割线，如图 3.11(b)所示。

(3) 割线上的一对节点到相同祖先节点的两条路径(同伦路径) 构成一个闭合回路

R,R 形成了一个粗糙的内边界,如图 3.11(c)所示。

(4) R 上的点泛洪整个网络,网络中其他点记录到 R 的最短距离,如图 3.11(d)所示。

(5) 每个节点与邻居节点比较到 R 的距离,局部最远点被视为边界节点,如图 3.11(e)所示。

(6) 通过合适的方式将这些边界点连在一起便构成了整个网络的边界,如图 3.11(f)所示。

与基于等距离线的边界识别法相比,Wang 等[17]的方法在网络密度较低时也能踢球边界,同时可以输出连续的边界环来区分每个边界。在最后一步中将边界节点连接起来形成边界序列,修补边界上存在的大量漏认现象。虽然这种修补行为能够有效地遏制漏认现象的出现,但同时带来了另一个问题:一旦有边界节点误认就会带来一系列错误的修补行为,使得边界误认数激增。因而该方法对于边界点误判非常敏感。

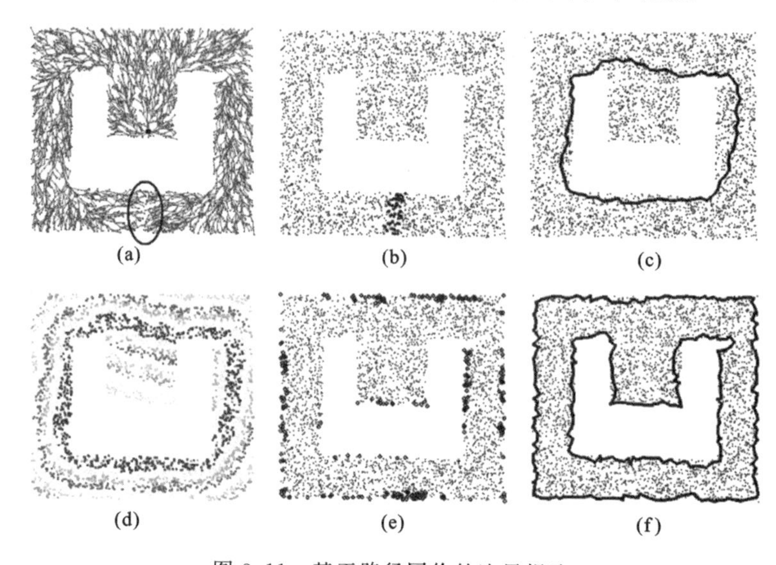

图 3.11　基于路径同伦的边界提取

与此同时,该方法需要从割迹中分离出每个割线分支,而这往往非常困难甚至无法实现。分离割线分支的操作在网络中有数量较少且摆放良好的大洞的情况下是可行的。例如,当网络区域仅包含一个大空洞时,割迹就非常简单,因为它仅包含一个割线分支。但是在包含多个洞的网络中,割迹的结构通常非常复杂,可能由很多独立的连通构件组成,而每个连通构件又可能由多个割线分支组成。该算法发现大量割分支融合在一起,并且许多割分支并不对应实际的网络空洞。进一步的测试表明,割分支的结构容易受到空洞检测门限值的影响。检测门限值极小的改变可能对割分支的形状和数量产生很大的影响。当网络中存在较多数量的洞时,无论怎样选择算法中其最短路径树根节点的位置,总有一些割分支融合在一起。这使该算法很难从这些融合的割分支中正确地构造基本边界环,而在离散的网络中不依赖位置信息正确地分离这些割线分支几乎是不可能的。

3.6　二维传感器网络基于图论的方法

图论是近代发展起来的一个数学分支,它以图为研究对象,研究由若干给定的点及连接两点的线所构成的图形。而拓扑学作为图论中的一个重要部分,用来研究各种"空间"在连续性的变化下不变的性质。基于图论的边界提取方法往往基于深刻的图论理论和专业的背景知识。

3.6.1 同调论法

Ghrist 等[24]提出基于代数拓扑学的同调论,设计出检测感知覆盖空洞的方法。代数拓扑学的基本精神可概括为,把拓扑问题转化为代数问题,通过计算来求解。该方法将节点的感知区域建模为等大圆盘,并根据通信半径和感知半径间的关系,将网络的覆盖区域建模为 Vietoris-Rips 复形(Vietoris-Rips complex),进而通过计算 Rips 复形的一阶同调群来监测覆盖空洞。

我们主要介绍该方法的思想并引入单纯复形的概念:在数学中,由三角形组成的一种几何图形。通过把一般的图形和这些较简单的图形按规定方式对应起来,可以简化一般图形的拓扑研究(定性的)。这些基本的三角形称为二维单纯复形,简称二维单形,与二维单形类似,"点"是零维单形,"边"是一维单形,更高维的单纯复形也可以用三角形的高维类似物构成(即 n 维单形,如三维单形是四面体)。这些三角形必须用一定的方式,即只能在顶点或沿着它们的整个边界相合而拼接在一起。用代数方法研究给定复形的定点、边界与三角形之间的关系,可以得到刻画这些三角形在复形中的拓扑排列的代数结构,从而刻画这个复形所赖以构成的原来图形的拓扑。

如果我们在单形前面放上系数(整数),假设它们能够相加,以及作同类项合并,这种表达式称为一个"链"。因为每一个 n 维单形的边界由若干 $n-1$ 维单形组成,所以"求边界"可以作为一种运算作用在"链"上,得到另一个"链",其每一项都比原来链里对应项的维数低一维。如果将所有这样的"链"放在一起,它们之间有加减法(合并同类项),可以用系数相乘。这个代数对象的加法、数乘跟全体整数的加法、数乘是一样的。这样便得到一个代数对象,称作这个剖分后的几何体的"链群"。例如,多边形作为二维单形,其边界为若干边(即一维单形)的集合。在求边界的过程中,定向也是一个重要因素,虽然 AB 的边界是两个点 A 和 B,但为了体现定向性质,规定 AB 的边界是(B-A),这种约定可以推广到高维链。

此方法的优势是能够在不需要节点位置信息的情况下,检测网络空洞的准确数量;劣势是该方法需要纯集中式的计算,很难应用到大规模无线自组织与传感器网络中,更重要的是该方法不能定位覆盖空洞的具体位置,也就是发现围绕每个空洞的边界环。这主要是因为在网络中包含多个洞,且在没有几何信息的情况下,同调群的生成子(generator)能由多种组合方式构成,使得一个空洞可能被多个环包围或一个环包含多个洞,以致无法正确地定位空洞边界。

3.6.2 FGP 变换法

现有算法仅能对网络边界实现粗粒度识别,有人提出了细粒度边界识别算法[25]。虽然粗粒度的方法能在不依赖坐标位置信息的情况下提供了一定程度的有效机制来抽取网络拓扑的几何特征,但不能实现边界识别问题所期望的许多重要目标,包括网络空洞的准确数目和位置等。具体来讲，有些粗粒度方法不能输出有意义的环结构来定位边界，因此无法准确地知道边界的位置和数量。有人从拓扑学的角度对网络边界进行了形式化的定义[25]，并基于 FGP 变换设计出细粒度边界识别算法。该算法能对每个网络边界输出有意义的边界环，在不依赖位置信息的情况下实现对网络边界的细粒度定位。

因为当前网络边界还没有统一的形式化定义，已有的边界定义也并不完善，所以网络边界应注重连续性和一致性这两个重要属性[25]。边界的连续性属性是指网络边界上的点能通过它们自身连接起来构成环状的连通图，而不仅仅是孤立的点集。基于统计方法的边界提取往往不能满足这一要求。边界的一致性属性是指期望边界的定义应该尽量独立于特定的嵌入，在某个特定的嵌入中对应于网络空洞的边界在其他嵌入中也应保持这样的对应关系。

例如，将网络空洞定义为受限 Delaunay 图[15]，这样的边界定义满足连续性，但并不满足一致性，如图 3.12 所示。图 3.12(a)是连通图的一种有效嵌入，图 3.12(b)是基于该嵌入计算出的 RDG，图中实线表示 RDG 的边，虚线表示 Voronoi 区域的边界。所以基于它们的边界定义可判定图 3.12(b)所示的网络中包含一个洞。如果考虑图 3.12(a)所示网络的另一种有效嵌入，如图 3.12 (c)所示。基于图 3.12 (c)所示的嵌入可再次计算与其对应的 RDG，如图 3.12 (d)所示。此时会发现根据它们的定义图 3.12(d)所示网络中不再有空洞。图 3.12 (c)与图 3.12(a)所示嵌入的唯一区别是将节点"6"稍微移动一下到"6′"所示的位置。可见基于 RDG 定义的网络边界对网络嵌入是敏感的，在一种嵌入中得到的边界在另一种嵌入中可能就不再是边界了，因此不能保持边界在不同嵌入中的一致性。

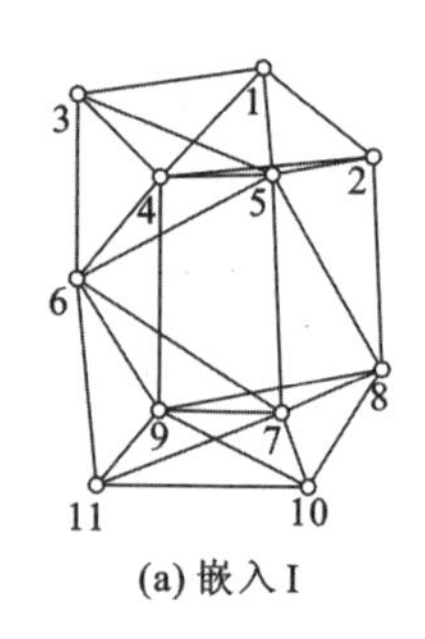

(a) 嵌入 I

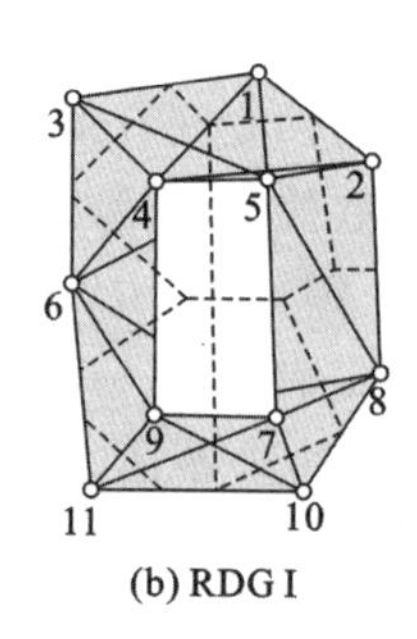

(b) RDG I

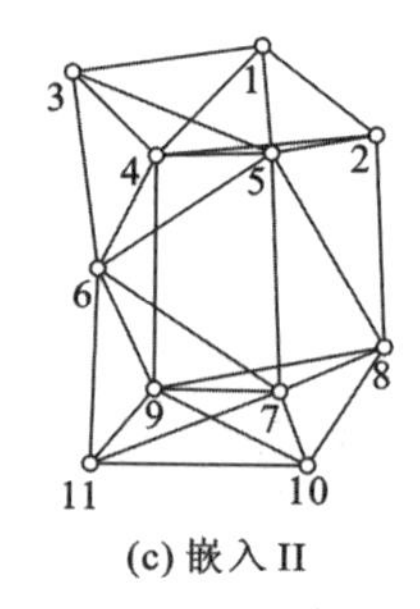

(c) 嵌入 II

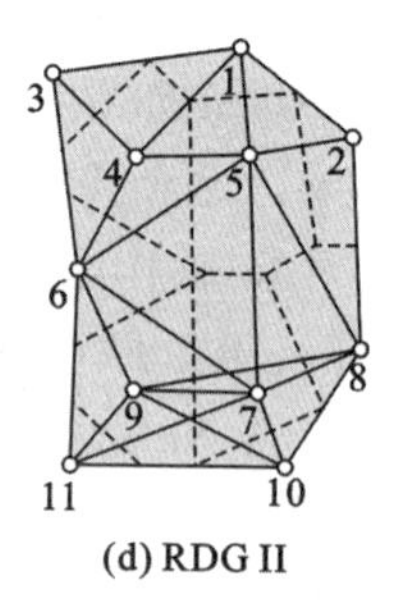

(d) RDG II

图 3.12　基于 RDG 的边界定义的不一致性

针对上述问题，我们可以通过将连通图提升为与其对应的拓扑空间来定义网络边界。

定义 3.6　拓扑边界　给定连通图 G 中环 C 和 G 的任一有效嵌入，如果可以连续变形(即同伦于)为一个几何边界，则环 C 是 G 的一个拓扑边界。

给定一个连通图 G，边界识别算法的核心思想就是在 G 中寻找特定的同调生成子并对其进行适当的优化。该算法具体包括 4 个模块：骨干图抽取，基本边界环生成，边界优化，外边界优化。给定如图 3.13(a)所示包含多个洞的网络，算法的目标是检测出网络的全部边界。骨干图抽取模块将初始的连通图化简为忠实地反映其结构的骨干图，如图 3.13 (b)所示。基本边界环生成模块将骨干图分解为基本边界环，如图 3.13(c)所示。每个基本边界环对应一个内洞或外边界。基本边界环已经是有效的拓扑边界，但在几何上仍不能较好地定位网络空洞和外边界。进一步通过内边界优化模块对基本边界环进行优化获得最紧的内边界,如图 3.13(d)所示。最后通过外边界优化模块获得优化的外边界,如图 3.13(e)所示。

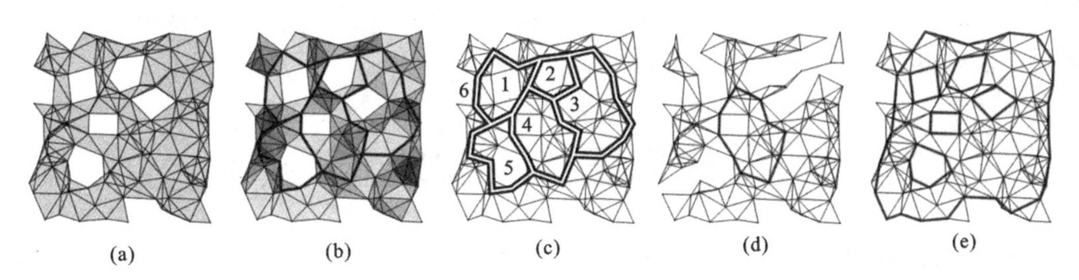

图 3.13 基于 FGP 变换的细粒度边界识别[5]

定义 3.7 FGP 变换 给定图 H,图 H 上的一个 FGP 变换是一系列图操作的组合,包括插入和(或) 删除操作。

FGP 变换主要用于对初始连通图 G 执行极大的顶点和边删除来构造图 G 的骨干图 Gs,在此过程中 FGP 变换保持图的单连通性。对于得到的骨干图 Gs,将其拆分为基本边界环集 P,使 P 中每个环对应于连通图 G 中的一个空洞,因为 Gs 中每条边应该最多包含在 P 的两个环中,所以算法中寻找 Gs 的二环基或平面环基。一个平面图的二环基包含平面图中除了一个面环之外的所有面环,该缺失的面环往往被当成该图的无限面。在给定无限面的情况下,每个三连通平面图有唯一的平面嵌入。当连通图中包含多个洞时,其骨干图经常是三连通的,因此可以获得图 Gs 的唯一二环基。作者选择骨干图中最长面环作为无限面环,记为 C_{inf},其他的作为内部面环,记为 C_{inner},因此得到基本边界环集 $P=\{C_{\text{inner}}\cup\{C_{\text{inf}}\}\}$。

接下来进一步调整基本边界环以获得优化的边界环,优化的目标是在保持基本边界环为网络拓扑边界的前提下,引导它们朝着网络的几何边界移动。为了形式化描述对基本边界环的优化方向,为每个基本环定义两个侧:α 侧和 β 侧。考虑图 3.13(e)中所示的基本边界环,每个基本边界环的两侧定义如下:邻接其他基本边界环的那侧定义为该基本边界环的 β 侧,相反的那侧为 α 侧。优化的目标是沿着每个基本边界环的 α 方向推进和优化每个基本边界环。为了实现这样的优化操作,算法对内部的基本边界环采取收缩操作,对外边界环采取膨胀操作。接下来通过两个模块开发环收紧和放松技术来实现对基本边界环的优化。同时,以下定理保证了该算法边界提取的一致性。

定理 3.2 定义 3.6 中的拓扑边界在单位圆盘图模型下满足一致性。

证明 给定图 G 的嵌入 ε_1,设环 C 是 G 的一个拓扑边界环。根据定义 3.6,$\overline{\Delta_C^{\varepsilon_1}}$ 同伦于的$\overline{\Delta_G^{\varepsilon_1}}$ 几何边界。下面分两种情况:若$\overline{\Delta_C^{\varepsilon_1}}$ 在$\overline{\Delta_G^{\varepsilon_1}}$ 中是零同伦的,则 C 在 Δ_G 中是可收缩的,因此是 Δ_G 的平凡拓扑边界;若$\overline{\Delta_C^{\varepsilon_1}}$ 在$\overline{\Delta_G^{\varepsilon_1}}$ 中不是零同伦的,则 C 在 Δ_G 必为不可收缩的,对于 G 的任一其他嵌入 ε_2,$\overline{\Delta_C^{\varepsilon_2}}$将仍为不可收缩的,否则 C 将在 Δ_G 中是可收缩的,所以$\overline{\Delta_C^{\varepsilon_1}}$ 必围绕$\overline{\Delta_G^{\varepsilon_1}}$ 中至少一个空洞。

通过上述步骤我们可以看到,该算法的主要思路是利用 FGP 变换抽取原始拓扑的骨架信息，对内外边界进行进一步优化实现边界识别。仿真结果显示该算法能检测出全部不同大小的边界环以及网络中的全部大洞和小洞。这样的效果也在不同网络规模的更多例子中得到验证，说明该算法在结构化的具有多个洞的复杂网络中同样适用。但其粒度的好坏依赖于在准单位圆盘图生成骨干图的概率。只有当通信网络的不规则性较小时，此算法能以很高的概率(>80%)生成平面骨干图，进而实现内外边界的检测。

3.7 三维传感器网络的边界识别

如果把传感器网络的节点集合 S 视为三维空间的采样节点，通过简单连接这些节点得到网络边界 B_s 是显然行不通的。这是因为在三维空间中，整个边界(用拓扑空间 Σ_S 表示)是一个二维流形(2-manifold)。在这个封闭的边界 Σ 里，每个属于 B_s 的边界节点在三维空间里至少与3个邻居节点相连。与已有边界识别的相关文献类似，假设三维空间的边界 Σ 是封闭且紧凑的。在获得采样点 S 和边界点集合 B_s 之后，一个关键问题是如何将其连接以形成具有二维流形的边界曲面。一个由三角形组成的表面被称为单形面，它经常通过三角化的方法来实现。拓扑空间 Σ 的三角化结果是一个单复形 $\triangle\Sigma$，它由 B_s 中的组成。因此，二维闭合边界的连通性策略由边元素组成，而三维边界的三角化则是由三角形元素所组成。也就是说，许多几何结构和方法无法从二维简单扩展到三维中，因而前面所介绍的二维传感器网络的边界提取方法不能直接被应用于三维传感器网络中。在二维传感器网络里生成一条连续边界线，所有识别出的边界节点都要用虚拟边连接起来，因此整个边界(用拓扑空间 Σ 表示)是在二维空间里的一维流形[23]。在边界节点已经确定的情况下，将这些点连接成一条线非常简单，只需选择任意一个节点泛洪一次来连接相邻的边界点即可。如果所有边界节点没有形成一个整体，就需要的操作将未连接的边界节点连接成其他的边界。而三维传感器网络的边界则由一系列二维流形曲面所构成，其中的边界识别及节点连接方法都与二维网络有着很大的不同。因此，本节将简单介绍几种三维传感器网络中的边界识别方法，主要包括边界节点识别和表面三角化两方面。

3.7.1 UBF 算法

三维传感器网络的边界识别问题[26]，其主要贡献在于：①利用单位球拟合(unit ball fitting，UBF)来识别出备选的边界点，并利用孤立碎片过滤(isolated fragment filtering，IFF)方法将孤立节点剔除；②对识别出的边界点构造局部平面化三角形网格(planarized triangular mesh)，形成具有二维流形的边界曲面。基于单位球拟合的 UBF 算法的实现过程如下。

1. 边界识别

主要通过两个步骤来识别边界点：单位球拟合和孤立碎片过滤。

1）单位球拟合

定义 3.8 假定节点通信半径为 1，定义节点密度 e 为单位体积内的平均节点数。

定义 3.9 定义优连通网络（well connected network）为满足如下两个条件的网络：①没有孤立节点；②不存在退化线段，即在任意两点 i 和 j 间的线段上，至少存在一点 k，使得 $d_{ik}<\max\{1,d_{ij}\}$，$d_{jk}<\max\{1,d_{ij}\}$同时成立，其中 d_{ij} 表示 i 和 j 间的距离。

定义 3.10 定义单位球为半径 $r=1+\delta$（δ 为任意小的整数）的球。

定义 3.11 如果一个单位球内部没有节点，则称该球为空单位球。

定义 3.12 如果节点位于单位球表面，则称该单位球与节点相接触。

定义 3.13 如果一个空的空间比单位球体积更大，则称该空间为洞。

基于定义 3.8～定义 3.12，任意节点 A 可通过构造一个与之相接触的单位球来判断其是否为边界点：如果存在一个单位球，其内部没有其他节点，则该单位球被识别为洞，因而节点 A 就是一个边界点，如图 3.14 所示。这样的过程称为单位球拟合，它可用于识别网络的内、外边界点。显然，通过暴力搜索（brutal-force search）方式来判断每个节点是否为边界点是不可行的，因为有无限多种可能来放置单位球。可通过多项式计算复杂度的局限性（localized）算法，来判断空单位球的存在性[26]。首先给出如下引理。

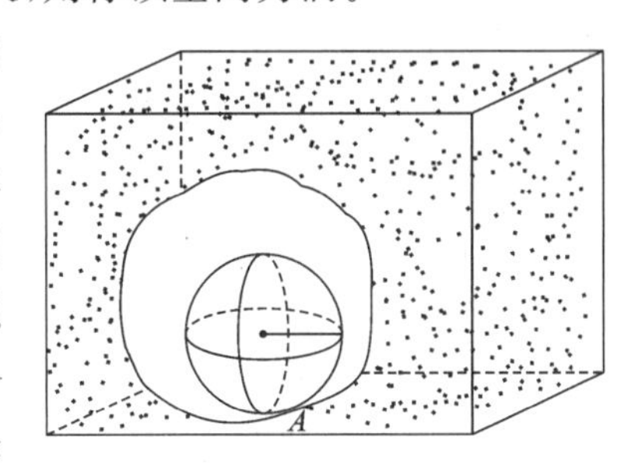

图 3.14 与 A 相接触的单位球

引理 3.1 构造与节点 A 相接触的空单位球，当且仅当存在一个空单位球接触节点 A 及其两个距离小于 $2r$ 的邻居节点。

引理 3.1 表明，利用计算复杂度为 $O(\rho^3)$的局限性算法，每个节点可以判断其是否能构造一个与其相接触的空单位球。若存在，则该节点必为边界点。

定理 3.3 通过测试 $O(\rho^2)$个单位球，每个球测试 $O(\rho^2)$个节点，每个节点可以判断其是否能构造空单位球。

定理 3.3 是分布式、局限性 UBF 算法的重要基础，它表明每个节点只需测试 $O(\rho^2)$个单位球，就能判定出其是否为边界点。在具体实现 UBF 算法时，每个节点仅需考虑其一跳邻居来保证算法的真正局限性。UBF 算法由如下三步组成，输出结果为每个节点的布尔型变量 Boundary(i)，以表明节点 i 是否为边界点。

（1）建立局部坐标。如果所有节点都已知其坐标信息，则该步骤可跳过；否则每个节点需要首先建立起一个局部坐标系统。具体方法如下：节点 i 搜集其一跳邻居中任意两个节点之间的距离，它可以通过一些测距方法，如接收信号强度指示器（received signal strength indicator，RSSI）或到达时间差（time difference of arrival，TDOA）[27]等来获得。基于两个节点间的距离，采用现有的定位算法[28-32]建立关于节点及其一跳邻居的局部坐标系统。之后，节点 i 保留其所有邻居节点及对应坐标信息，即 $\Omega_i=\{[j,(x_j,y_j,z_j)]|j\in N(i)\}$，这里 $N(i)$表示节点 i 自身及其一跳邻居集合。

（2）单位球识别。对节点 i 的任意两个邻居节点 j 和 k，通过求解以下方程组来计算由这三个节点，即 i，j 和 k 所确定的单位球重心(x，y)

$$\begin{cases}(x-x_i)^2+(y-y_i)^2+(z-z_i)^2=r^2\\(x-x_j)^2+(y-y_j)^2+(z-z_j)^2=r^2\\(x-x_k)^2+(y-y_k)^2+(z-z_k)^2=r^2\end{cases}$$

注意,上述方程组可能无解、有一个解或多个解,取决于三者之间的位置关系。

(3) 空单位球判定。对上述方程组得到的每个重心(x,y,z),判断Ω_i中是否有节点位于单位球中,即该单位球是否为空单位球。若是,则节点i为非边界点,否则对节点i及其邻居确定的所有单位球重复步骤(2)和步骤(3)。如果不存在空单位球,则节点i不在边界上。

通过改变参数r(或δ)的大小,可以识别出大小不同的洞。r的缺省设置为接近于1,目的是识别出各种大小的洞。如果仅需识别较大的洞,可以对r设置一个较大的临界值。相应地,位于小洞边界上的节点因探测不到空单位球而被识别为非边界点。

2) 孤立碎片过滤

由于节点坐标不准确或者网络密度比较稀疏,导致某些内部节点被错误地识别为边界点,形成孤立碎片,应将其过滤。由于网络边界曲面是优连通的,通过设置一个临界值γ,当碎片中的节点数小于该临界值时,该碎片就被看作噪声而将其过滤掉。这可以通过每个边界点发起泛洪来实现,当其他节点p接收到泛洪信息后,如果p是边界点,则将该信息转发,否则将该信息丢弃。这样,如果某边界点接收到的信息包数量小于γ,则说明它是在一个碎片中,从而被当成非边界点。参数γ的选择与要探测的最小洞的大小有关。例如,对于缺省的r,一个最小洞也会有至少20个节点在边界曲面上,因此可将γ设置为20。这里的泛洪仅在网络边界的局部面上进行,因而其复杂度为常数。

类似地,通过网络边界节点中的泛洪操作,可将网络多个边界曲面(如内边界面和外边界面)分别开来。这是因为同一个边界面上的两个节点间必然存在至少一跳不通过非边界点的连通路径,而不同边界面上的节点则不存在这样的连通路径。

综上,通过上述两个阶段,每个节点仅需利用局部信息就可以判断其是否位于边界之上,如图3.15(b)所示。但该结果依赖于节点间距离测量的准确性,否则建立的局部虚拟坐标可能不准确。当测量误差适中时,该算法能够较准确地识别出边界点,但随着测量误差的增大,被错误识别的边界点(图3.16(a))和被遗漏的边界点(图3.16(b))都将增加。但这些被错误识别的边界点通常都接近于真实边界,大部分是在一跳或两跳范围内;而被遗漏的边界点通常都均匀分布在网络边界上,且这些边界点95%以上都有一个或多个邻居边界点被正确识别出来。

2. 三角化边界面

上述过程得到的边界点是离散的,虽然它们代表了网络的真实边界,但许多应用更需要封闭的边界曲面,而不是离散的边界点。同时,为使二维图形分析工具能在三维图形中适用,边界曲面应为局部平面化二维流形。

在二维网络中可以构建平面化子图(subgraph)[33],此处可通过将其进行扩展得到没有退化边的完全三角化边界面。下面是三角化算法的具体步骤。

1) 选择信标节点

通过类似于分布式算法[34],在边界点中选择一个子集作为信标节点(landmark),如

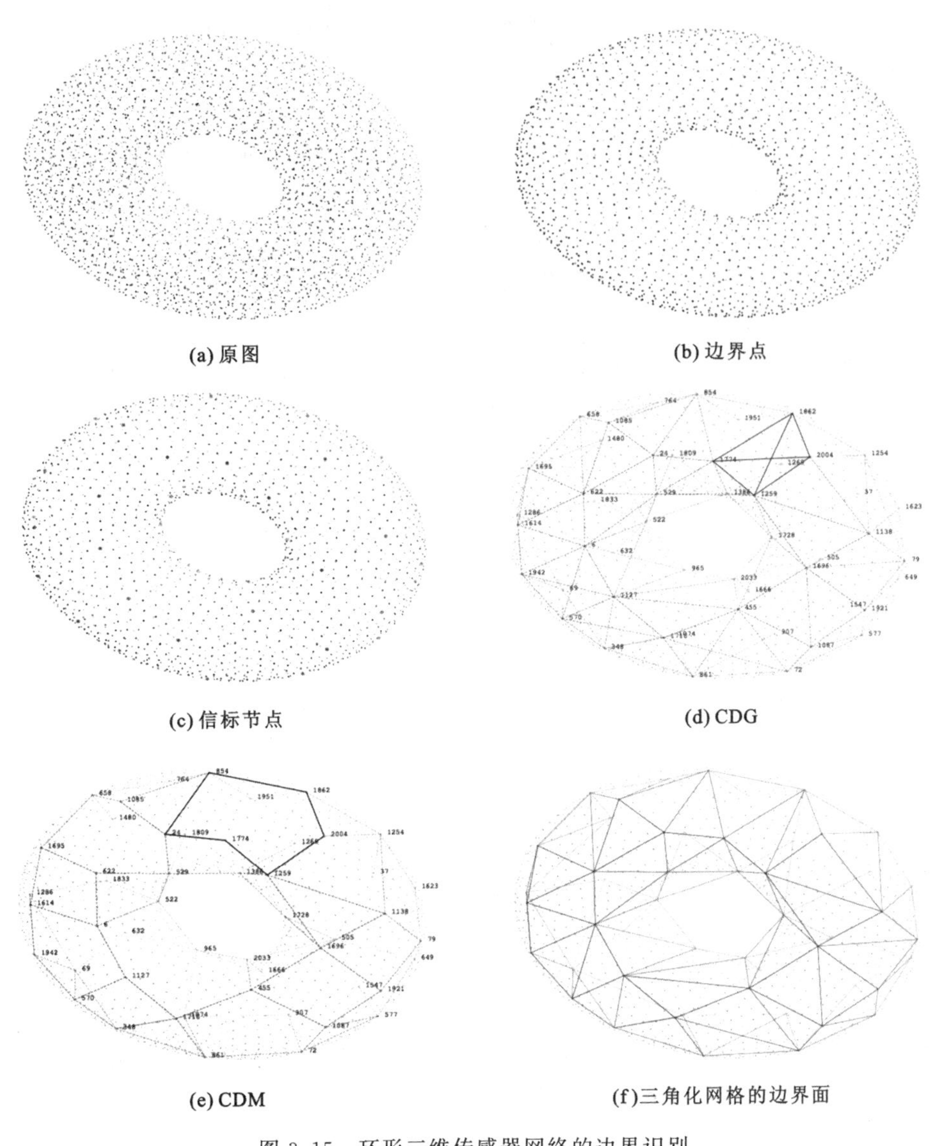

(a) 原图　(b) 边界点

(c) 信标节点　(d) CDG

(e) CDM　(f) 三角化网格的边界面

图 3.15　环形三维传感器网络的边界识别

注：节点数为 4210，平均节点度为 18.8。

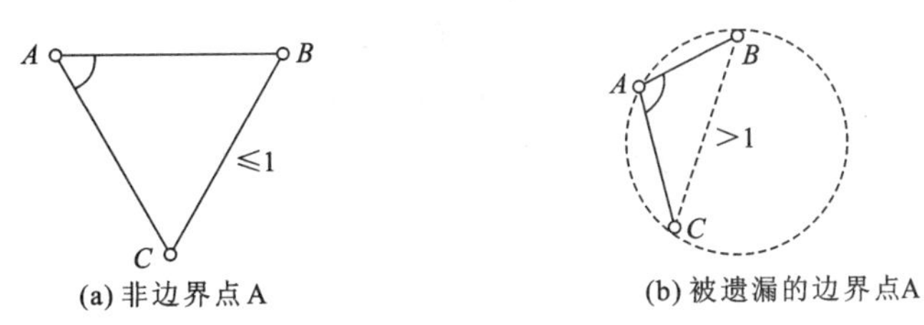

(a) 非边界点A　(b) 被遗漏的边界点A

图 3.16　被遗漏的边界点

图 3.15(c)所示。任意两个信标节点之间的跳数距离至少为 k 跳，这里的 k 用来确定网格的精细度，通常选择 3～5。其他边界点(不是信标节点的边界点) 与其最近信标节点关联；若存在多个最近信标节点，则关联到具有最小 ID 的信标节点。这样，在边界面上就建

立了以信标节点为种子(seed or site)的泰森多边形(Voronoi diagram)。

2) 构建组合德洛内图

每个非信标节点检查其邻居边界点中是否有节点与其他信标节点相关联。若是,则二者将该信息反馈至相应的信标节点,这样每个信标节点就知道哪些节点与之相邻。所有相邻信标节点连接起来就形成了组合德洛内图(combinatorial Delaunay graph,CDG),如图 3.15(d)所示,它是泰森多边形的对偶(dual) 图。但是 CDG 不是平面图(planar graph),因为其中可能存在相互交叉的边。

3) 组合德洛内地图

为避免形成交叉边,每个信标节点需要判断其是否应与相邻信标节点相连。为此,每个信标节点通过发送数据包建立与其邻居信标节点间在边界上的最短路径(仅利用边界节点来建立最短路径),从而最短路径上的边界点都将在相应信标节点中存储起来。两个相邻信标节点可以连接,如下两个条件须满足。

(1) 最短路径上的边界点都只与这两个信标节点之一相关联。

(2) 不妨假设信标节点 i 将数据包发送到了邻居信标节点 j,那么该数据包将首先访问与节点 i 相关联的边界点,紧接着再访问与节点 j 相关联的边界点,而不会间断。

如果上述两个条件满足,则节点 j 将发送一个确认信息至节点 i,从而在两个信标节点间建立一条虚拟边,最终得到组合德洛内地图(combinatorial Delaunay map,CDM),且该 CDM 是平面图[33]。

4) 构造三角形网格

虽然说 CDM 是平面图,但它不一定是三角形网格,可能存在具有不只三条边的多边形。为得到三角形网格,需要在这样的多边形中增加一些边,将相应的两个相邻信标节点连接起来。例如,信标节点 i 和邻居信标节点 j 没有相邻,那么节点 i 就沿着步骤"3)"建立的最短路径发送一个连接请求包到节点 j。若请求包到达了 CDM 中的某条边(两个相邻信标节点间的最短路径) 上的节点,则该请求包将被丢弃,以免形成交叉边;否则节点 i 和 j 可以相连。这样,每个多边形将最终只有三条边,从而形成三角形网格。此外,每条边上的边界点都知道其自身是位于三角形的某条边上。

5) 边的反转

为确保三角形网格是二维流形,假定每条边仅隶属于两个三角形。然而,经过上述几个步骤之后,仍然可能有某些边隶属于三个三角形,如图 3.17 所示中的 AB 边,对应三个顶点(图 3.17 中的 C,D 和 E)。这样的边可以通过局部信息来探测出。首先,将 AB 边删除;其次,在三个顶点中建立并选择两条最短边(如 CD 和 DE)翻转前边 AB 属于三个

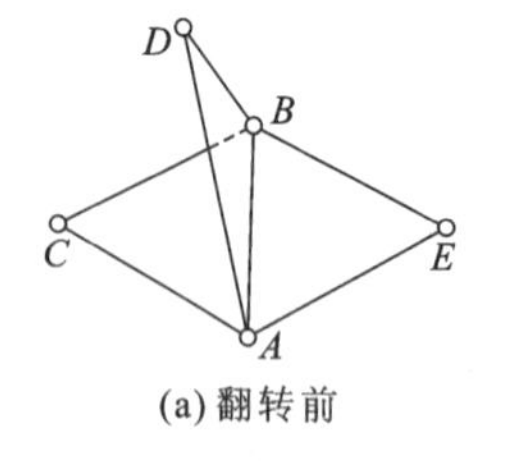

(a) 翻转前

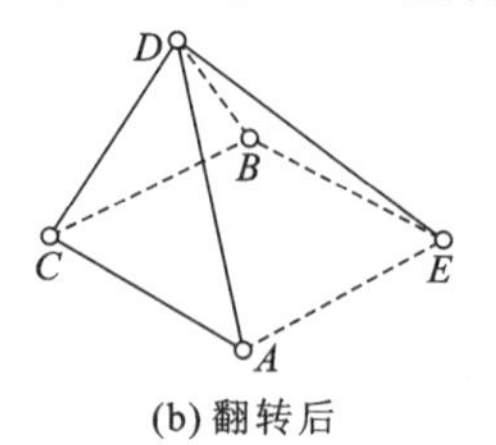

(b) 翻转后

图 3.17 边的反转(flip)

三角形，而翻转后，边 AB 被替换成了边 CD 和 BE。这样，整个三角形网格中的每条边都仅仅属于两个三角形，从而形成了最终的平面化三角形网格，如图 3.15(f)所示。

然而，因为这样的三角形网格是基于部分信标节点得到的，所以部分真实边界点可能处于这种三角形网格边界面之外，这样的节点数与参数 k 的选择有关，它决定了边界面的粗糙程度。k 越大，边界面越粗糙，处于边界面外的节点数就越多。图 3.15(f)是 $k=3$ 时的边界面。同时，边界面对节点间距离的测量误差具有一定的稳健性。这是因为被遗漏或错误识别的边界节点是均匀分布在网络真实边界上的，或者接近于真实边界，因而能较好地代表网络边界。

3.7.2 CABET 算法

基于 UBF 的边界识别方法依赖于节点间距离的准确测量，而这种测量需要利用特殊的设备，节点成本的增加无疑会影响其在大规模传感器网络中的应用。因此，有人提出了一种基于节点间连接信息的大规模三维传感器网络的边界识别方法 CABET (connectivity-based boundary extraction of large-scale 3D sensor networks)[35,36]。CABET 算法共有 5 个步骤：①边界节点的识别；②关键节点的识别；③信标节点的选取；④粗糙边界的提取；⑤粗糙边界的优化。

1. 边界节点的识别

在 CABET 算法中，每个节点仅需利用节点间的连通性信息来识别边界节点。其主要动机在于边界节点的邻居节点数往往比内部节点少，基于节点的邻居数信息可以提取网络边界的粗糙取样。尽管这样得到的边界可能不够精确，但它足够满足后续三角化的算法需求。

定义 3.14 假设 S 为网络节点集，定义节点 $p\in S$ 的 r 跳邻域 $N_r^{(3)}(p)$ 为与 p 相距小于等于 r 跳并且属于 S 的节点集合。传感器网络的平均 r 跳邻居数大小由 $\overline{N}_r^{(3)}$ 表示。

显然，如果一个节点在局部“平坦”的边界中部，它的邻域将大致是一个半球[37,38]。

定义 3.15 定义节点 p 的 r 跳几何关键值为

$$C_r(p)=\frac{|N_r^{(3)}(p)|}{\overline{N}_r^{(3)}/2}-1$$

当边界表面足够“平坦”时，靠近边界面的节点的几何关键值将会趋近于 0。同样，如果几何关键值为负，则其所在区域就应该是凸的；反之是凹的。对于内部节点，其几何关键值接近于 1，如图 3.18 所示。矩形表示关键值接近于 0 的备选边界点，三角形和交叉形状分别表示关键值接近于 −0.5 和 0.5 的备选凸点与凹点。

为确定边界节点集合 B_s，对于每个节点 $p\in S$，如果它的几何关键值小于阈值 δ_0，那么它将自己标记为边界节点，如图 3.19(a)所示。阈值 δ_0 的选取非常重要：如果太小(如 $\delta_0=0.1$)，则可能会遗漏边界上的部分节点；如果太大，则可能导致许多接近边界的节点被错误地识别为边界节点。CABET 算法倾向于选择相对较大的阈值 δ_0，因为准确的边界节点更能代表网络的拓扑结构，遗漏它们将造成严重后果。同时，为缓和阈值太大带来的不利影响，CABET 算法可识别出部分关键节点，进而将网络节点进行分类。

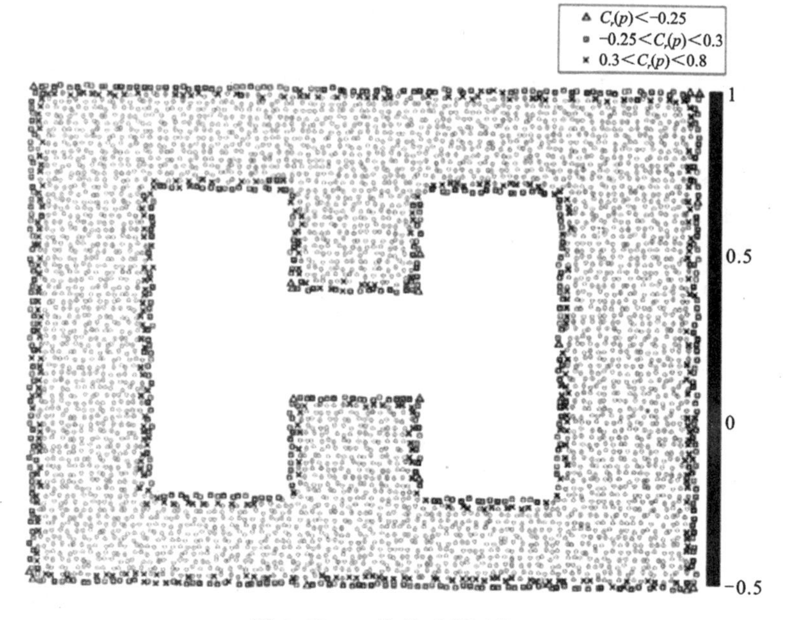

图 3.18 二维传感器网络

注：节点内 4537、平均度为 8.01。

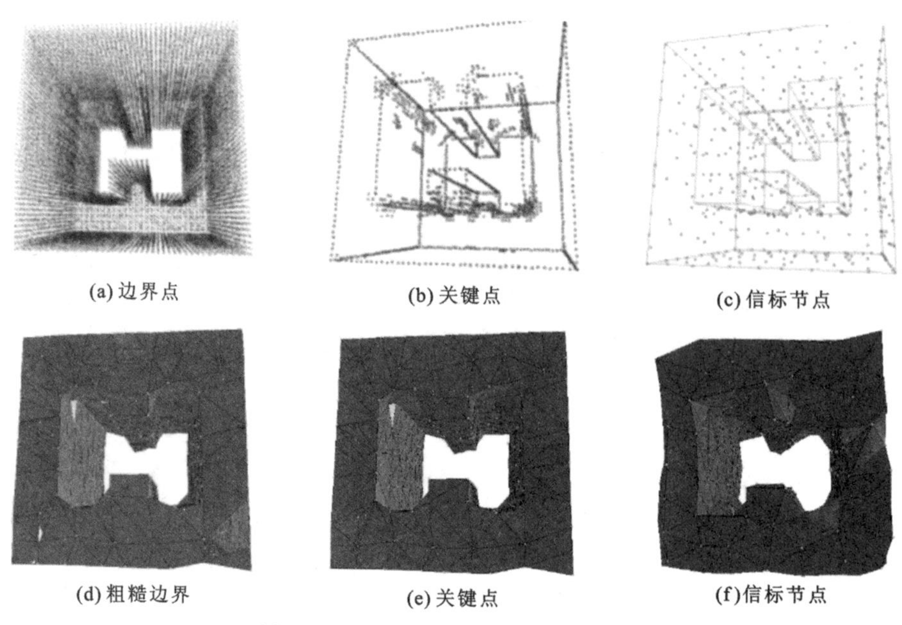

(a) 边界点 (b) 关键点 (c) 信标节点

(d) 粗糙边界 (e) 关键点 (f) 信标节点

图 3.19 有 H 形空洞的网络边界提取

2. 关键节点的识别

根据局部拓扑形状特征，可将边界上的几何关键节点分为三类：凸点、凹点和鞍点。这些关键节点对捕捉网络几何特征非常重要，因为那些处在边界表面局部“平坦”区域的节点远没有处在角落区域的节点更能反映网络拓扑细节。

1）凸点识别

凸点是局部最小的几何关键值，因而最容易识别。在具体实现时，如果节点 p 比其 r 跳邻居节点中的大部分几何关键值（如70%）小，且小于阈值 δ_1，则节点 p 为凸点。

2）凹点识别

凹点的识别不能根据几何关键值是否为局部最大来判定，因为局部最大几何关键值的节点也可能是内部点。但凹点有一个特殊性质：沿着边界的局部最短路径通常会经过凹点。在图3.20中，从节点 A 到节点 D 的最短路径经过了凹点 B 和 C。

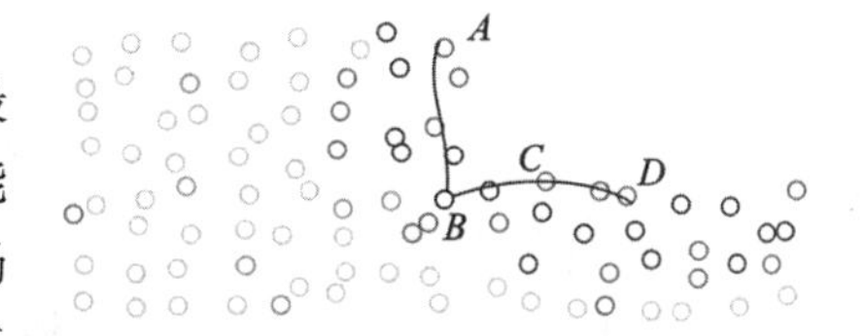

图3.20　凹点识别

凹点识别的基本思想是，首先通过类似于 r-抽样[39]的过程，将所有边界节点划分为许多个子区域。具体地说，每个节点 i 通过局部泛洪，异步地分配给它一个区域编号 N_i。如果一个节点在进行泛洪之前收到一条来自其他节点的消息，它就会取消泛洪，并且将自己的区域号设为接收消息中的区域号。

在每个区域寻找具有最小几何关键值的边界节点和可能含有凹点的路径，这些路径上几何关键值异常大的节点就是凹点。

3）鞍点识别

在三维空间里，鞍点通常处于既靠近凸区域又靠近凹区域的地方。也就是说，既靠近凸点又靠近凹点的边界节点可能是鞍点。另外，局部马鞍形的区域可以看成平坦表面的近似。在边界表面，马鞍形区域中边界节点之间的平均最短路径长度，要比平坦区域的边界节点之间的平均最短路径长度大。因此可用如下方法来识别鞍点：对每个既靠近凸点又靠近凹点的边界节点，找到它第 r 跳邻居节点，记 A_p 为这些节点间的平均最短路径长度。只有当 $A_p>(1+\varepsilon)\bar{A}$ 时，节点 p 才是一个鞍点，其中，ε 是一个大于0小于1的小数（如0.2），而 $\bar{A}$ 是所有邻居节点的 A 的平均值。

图3.19(b)为关键节点识别的一个例子。为量化凸点、凹点、鞍点在体现网络拓扑几何特征方面的重要度，定义节点 p 的重要度为 $\rho(p)=|Cr(p)|+1$。对于鞍点 p，因为它同时靠近凸点和凹点，其节点重要度是它附近凸点和凹点中最高的；对普通边界节点的节点重要度设为1。

3. 信标节点的选取

为提供网络边界的近似，在边界节点中寻找一个子集作为信标节点集，用 R_S 表示。均匀采样技术 r-抽样的缺点是忽略了节点在代表网络拓扑特征能力上的不一致性。图形学领域提出了偏向于能表达明显几何特征的区域采样方法[40]，受其启发提出非均匀随机采样方案（即 r'-抽样）。

定义3.16　给定边界节点集合 B_S，r'-抽样是 $R_S\subset B_S$ 的一个子集，且对每个属于 B_S 的节点 p，其与 R_S 中任一节点的距离最多为 (r/ρ_p) 跳。

在 r'-抽样中，每个关键节点 p 异步地标记其为信标节点，然后通过局部泛洪来通知它的 (r/ρ_p) 跳邻居。如果节点 p 在发送泛洪信息前接收到来自其他节点的泛洪消息，则 p 取消泛洪操作，并标记为非信标节点。之后，非关键节点通过执行同样的流程来标记它们为信标节点或非信标节点。在图 3.19(c)中，选出的信标节点集合 R_S 组成了网络边界的零维单形，即顶点。

4. 粗糙边界的提取

接下来介绍如何依据信标节点将边界节点进行三角化，提取网络粗糙边界的分布式算法。算法包含两个步骤：虚拟边提取和三角生长。

在 CABET 算法中，边界三角化是基于关键节点来进行的。在图 3.21(a)中，边界节点 A，B，C 和 D 是信标节点。考虑到信标节点间的随机连接[26,41]，由三角化得到的结果可能是$\triangle ACD$ 和$\triangle BCD$。如果优先考虑关键节点，就得到新的三角化结果$\triangle ABC$ 和$\triangle ABD$。图 3.21(b) 给出了三角化的一个例子，其中节点 b，c 是关键节点。首先，连接 b 和 c 生成一条虚拟边。因为每条边必须隶属于两个三角形以得到平面化的三角形网格，所以从同时靠近 b 和 c 的节点中，找到节点重要度最大的节点 a，从而生成$\triangle abc$（只要边 ab 和边 ac 没有交叉）。采用同样的方法可以生成$\triangle bcg$，边 bc 隶属于两个三角形。持续该过程，直到每条边都衍生出了两个三角形，或者找不到邻近节点来构成新三角形。

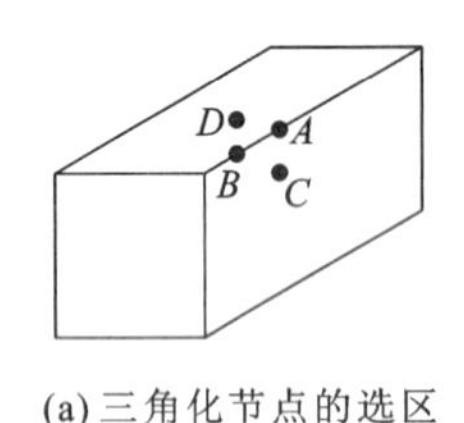

(a) 三角化节点的选区

(b) 生长步骤

图 3.21 三角生长

为有效连接信标节点，可借助 Voronoi 图（泰森多边形），即每个非信标节点 $p\in B_S/R_S$ 都与最近信标节点 $i\in R_S$[26,41]相关联，记所有与信标节点 i 关联的节点集为 T_i。在此基础上，依据 CDG 来确立信标节点间的邻接关系。

定义 3.17 在 CDG 中，如果存在两个相邻节点 $p_1\in T_i$，$p_2\in T_j$，则信标节点 $i,j\in R_S$ 彼此相邻。

值得注意的是，在 CDG 中并不需要连接所有相邻信标节点，否则会得到非平面化的网络边界面，即存在两条边相互交叉（例如，存在一个节点与至少四个信标节点的距离相同）[41]。当两个信标节点判定为相邻后，一条虚拟边就因之建立，在其上的所有节点都被标记为边上节点。另外，为获得关于每条虚拟边与多少个三角形有联系的信息，给每条边(i,j)增加属性 edge$(i,j).n$。

定义 3.18 我们称路径(i,j)产生了交叉边，当且仅当在该路径上存在一点 p 时，其某个邻居节点既不属于 T_i 也不属于 T_j。

1）局部虚拟边界提取

首先找到一些虚拟边，即网络边界的一维单形。一般来说，这些虚拟边应表达出边界的重要特征。因此，从关键节点和在 CDG 中节点重要度大的邻居节点出发。在极端情况下（如在一个三维网络球形网络表面），可能没有识别出任何关键节点。此时，随机选取一些几何关键值较小的节点，并把它们看作关键节点即可，因为它们通常处于边界上。具体实现方法如下。

对没有关联虚拟边的每个关键(信标) 点 i,寻找所有临近信标节点 A_i,并初始化 A_i'为空;对集合 A_i 中的每个节点 j,如果它没有与虚拟边关联,且路径(i,j)不会产生交叉边,则 $A_i'=A_i'+\{j\}$。最后找出在 A_i'中关键值最大的信标节点 j',连接 i 和 j'得到虚拟边(i,j'),并令$(i,j')\cdot n=0$,且标记路径(i,j')上的节点为虚拟边节点。

2) 分布式三角生长

给定一个虚拟边集合,三角生长的过程本质上就是基于每条虚拟边应该与恰好两个三角形相联系这样一个事实的三角形衍生。具体来说,如果一条虚拟边仅与 0 个或者 1 个三角形有联系,就应该基于这条虚拟边生长一个新的三角形。三角生长必须保证不会与任何已识别的虚拟边发生交叉,并且不存在任何虚拟边与超过两个以上的三角形有联系。然后选择高节点重要度的信标节点进行三角生长。所有在路径上的节点都会被视为边界点供检测虚拟边交叉。

具体实现流程如下:若属性值$(i,j')\cdot n<2$ 的虚拟边(i,j)为(i,j),寻找与 i 和 j 都相邻的信标节点集 $A_{i,j}$,且令 $A_{i,j}'$为空。对 $A_{i,j}$ 中的每个节点 k,若不满足下述任一条件:①(i,k)存在且属性值$(i,k)\cdot n=2$;②(j,k)存在且属性值$(j,k)\cdot n=2$;③路径(k,i)产生了交叉边或(k,j)产生了交叉边,则 $A_{i,j}'+\{k\}$。然后寻找 $A_{i,j}'$ 中关键值最大的节点 l,连接 i 和 l,并且$(i,l)\cdot n=(i,l)\cdot n+1$,同时连接 j 和 l,令$(j,l)\cdot n=(i,l)\cdot n+1$,$(i,j)\cdot n=(i,j)\cdot n+1$。最终,路径$(i,l)$和$(j,l)$上所有节点都标记为虚拟边节点。

图 3.19(d)给出了粗糙边界结果,不难看出其中出现了假洞。下面讨论如何优化粗糙边界,消除这些空洞并建立一个封闭、连通性好的边界面。

5. 粗糙边界的优化

图 3.22 表示一个 H 形空洞拓扑结构的细节特征,其中 A,B,C,D 和 E 是信标节点。节点 A 和节点 D 在 CDG 中是相邻的,但节点 C 和节点 E 不相邻。由图可以看出,边 AD 和 BC 有交叉现象,因而节点 A,C,D,E 就产生了一个假洞。

为识别这些假洞,让每个信标节点(如节点 j) 检查与它关联的所有虚拟边。如果存在两条虚拟边,如边 ij 和 jk,其中每条只隶属于一个三角形,那么这两条边就构成了假洞的一部分。类似地,节点 k 检查是否有构成假洞的虚拟边,重复该过程,直到找到边 li,使得 $i,j,k,\cdots,l,i$ 共同组成了一个空洞。为三角化这个空洞,在构成这个洞的节点中,在不检查是否会有交叉的情况下,让 ID 最小的信标节点向这个空洞中它的邻居的相邻信标节点(这个例子里,节点 i 会发送一条连接消息给节点 k) 发送一条消息,来生成一条新虚拟边和一个新三角形。这个过程会一直持续下去,直到这个空洞完全被三角化。经过优化的边界如图 3.19(e)所示,图 3.19(f)是 UBF 算法提取的边界结果。

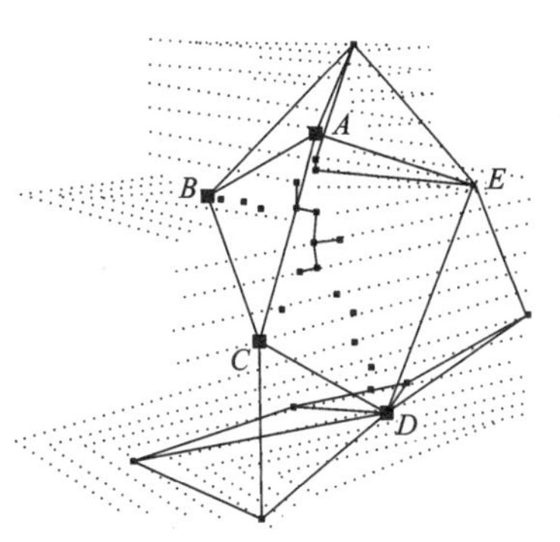

图 3.22　H 形空洞的网络细节图

注:小黑点是边界节点,直线代表虚拟边。从 A 到 D 的最短路径与从 B 到 C 的最短路径(A 和 D 与 B 和 C 之间的小矩形实心点)存在交叉现象。

至此,三角化边界由网络边界的二维和二维单形组成，基本上所有边界节点都落在此边界曲面内，且三角形网格是局部平面二维流形。

3.7.3 Coconut 算法

如果不考虑整个网络准确的几何信息，而仅利用节点间的连接性，基于局部视角的边界识别方法是无法准确区分边界节点和内部节点的[42]，因而当网络节点分布不均匀时，一方面，CABET 算法可能将内部节点错误地识别为边界节点，或遗漏真正的边界节点；另一方面，如果每个节点的最大信号发射半径（在实际中通常已知）相同，那么网络拓扑确实可以大致反映出网络几何信息。为此，有基于连接信息的 Coconut 算法[42]，它充分利用网络的整体特征来提取和优化网络边界。

Coconut 算法主要分为以下三步：① 构建四面体网格结构（tetrahedral mesh structure）来近似三维传感器网络的几何特征，从而提取粗糙的三角形边界曲面；② 建立封闭曲面，以严格分离非边界点和备选的边界点；③ 优化这些备选边界点，得到最终边界点和优化边界面。

1. 粗糙边界面构造

Coconut 算法的第一步就是要构造一个四面体结构来描绘三维传感器网络的几何特征，并勾画出网络的粗糙边界。为此，在边界上通过一个简单的分布式算法来选择部分节点作为信标节点，满足两两信标节点之间距离至少为 k 跳。每个非信标节点与最近信标节点关联，如果存在多个（最近）距离相同的信标节点，则关联到 ID 最小的信标节点。这样就产生三维传感器网络的近似 Voronoi 图。

定义 3.19 如果在两个信标节点间的最短路径上，所有节点全部关联到这两个信标节点之一，则称这两个信标节点是相邻的，相应地称这两个 Voronoi 格为相邻 Voronoi 格。

连接相邻信标节点得到一条虚拟边，进而形成三维网络的 Voronoi 网格结构。当参数 k 足够大（如 $k=6$）且信标节点均匀分布在边界上时，这种 Voronoi 网格结构便称为四面体网格结构，其中每个四面体都不含有交叉边或面（face），如图 3.23(b)所示。利用四面体网格可以很方便地识别出网络边界面及相应的信标节点。这是因为网络内部的三角形属于两个相邻四面体，而边界上的三角形则属于且仅属于一个四面体。相应地，称边界三角形顶点为边界信标节点，而内部三角形顶点则称为内部信标节点。利用局部信息，就能轻易识别出网络边界三角形和边界信标节点。

假定网络是连通的，且四面体网格中不存在退化的边或面，则定义边界曲面如下。

定义 3.20 四面体网格的三角形边界面是指一系列由包含所有四面体（包括信标节点和三角形面）的三角形所组成的闭合曲面，如图 3.23(c)所示。

关于边界面，有如下结论成立。

引理 3.2 三角形边界曲面仅由边界上的三角形面组成。

引理 3.3 边界上的任一三角形面必定属于某一个边界曲面。

四面体网格是刚性（rigid）结构，它可以有效地描述三维传感器网络的几何性质，而三角形边界曲面也大致描绘出了整个网络的边界形态。四面体网格与三角形边界曲面都是基于信标节点构造的，不会受网络密度影响，因而对网络节点分布具有稳健性。

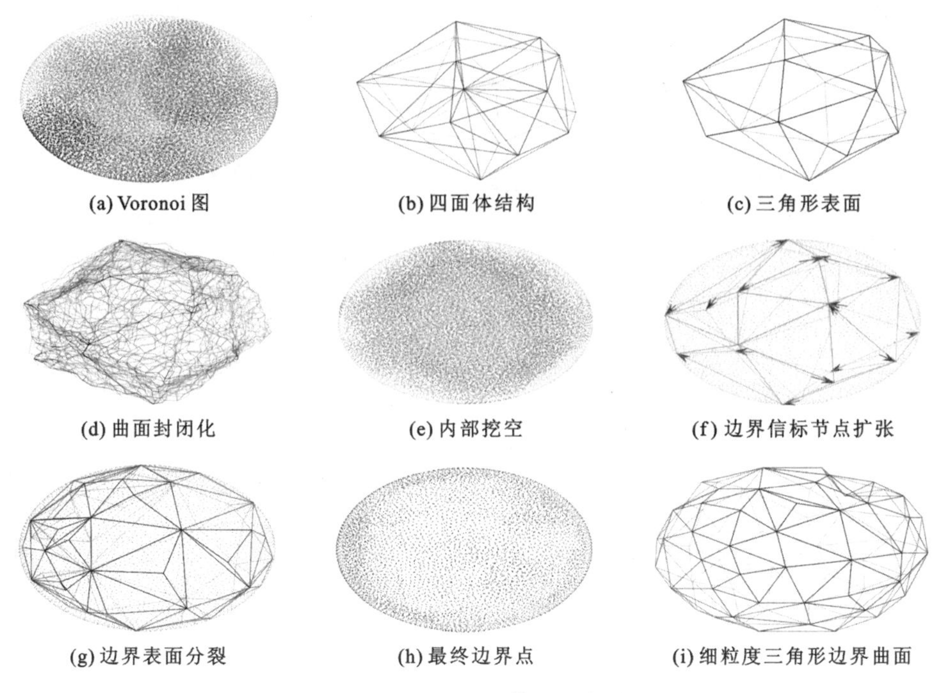

图 3.23 Coconut 算法示意图

然而,三角形边界曲面只是网络边界的一个大致轮廓,其顶点(信标节点)只是网络边界的一个子集,而边是由两个信标节点间的最短路径所表示的虚拟路径。对网络中的任一点来说,仅仅基于节点连接信息,仍然难以判断其是否处于由三角形边界曲面所表示的轮廓之内。接下来介绍如何更加精细地表征网络边界曲面,从而为进一步优化网络边界曲面打下基础。

2. 曲面闭合与内部挖空

在得到三角形边界曲面后,紧接着就是如何构建封闭边界曲面,以有效分离内部节点(绝对不可能是边界点的节点)和备选边界点(在封闭边界面上或之外的节点)。前者可用来将整个网络"挖空",而后者用于进一步边界优化。

以图 3.24(a)中一个边界三角形△ABC 为例,其中三角形的一条边由相应两个信标节点间的最短路径组成。例如,节点 A 和节点 B 之间的最短路径 $\Gamma(A,B)$形成了 AB 边,它包含一系列由黑点表示的中间节点。

曲面闭合的基本思想是,在三角形两条边上选择多对节点,并基于每对节点间的最短路径来建立精细表层(thin layer)。例如,假定$\langle p_0,p_1,\cdots,p_m\rangle$和$\langle q_0,q_1,\cdots,q_n\rangle$分别表示最短路径 $\Gamma(A,B)\Gamma(A,C)$和上的中间节点。不失一般性,假设 $m\leqslant n$。闭合算法的目标是,对任意 $0\leqslant i\leqslant m$ 构建 p_i 和 q_i 间的最短路径(图 3.24(a)中虚线表示),以及对任意 $m<i\leqslant n$ 构建 p_m 和 q_i 间的最短路径,最终构造出曲面表层将三角形密封起来。注意到两个节点间存在多条路径,在三维空间中形成类似纺锤线的形状。当然,我们可以利用所有的最短路径来形成封闭曲面,但这可能形成很厚的表层(图 3.24(b)),为后续的边界优化带来困难。另一方面,如果随机选择一条最短路径来形成封闭曲面,但这样通常会失

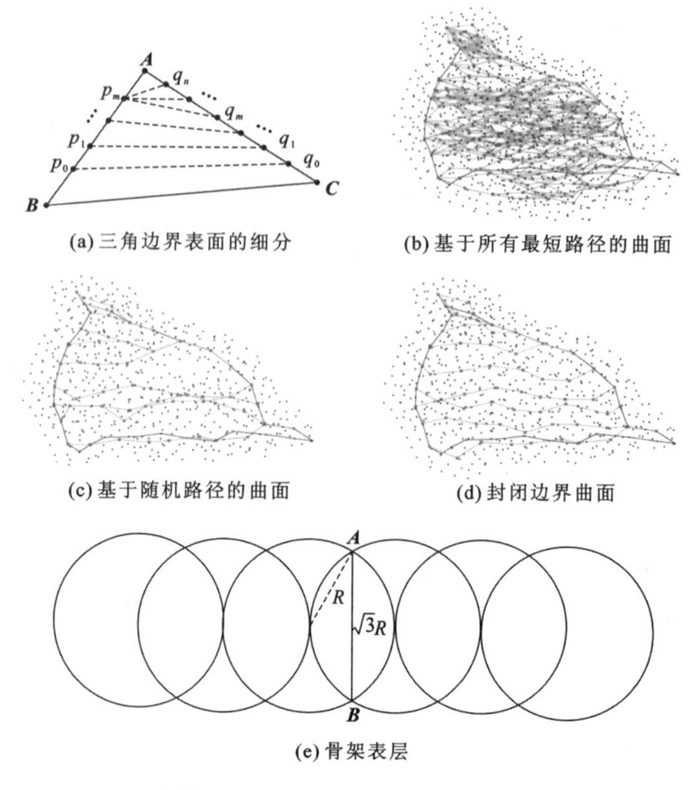

(a) 三角边界表面的细分　(b) 基于所有最短路径的曲面

(c) 基于随机路径的曲面　(d) 封闭边界曲面

(e) 骨架表层

图 3.24　封闭边界曲面的构造过程

败，因为两对相邻中间节点的最短路径（图 3.24(a)中的 $\Gamma(p_i, q_o)$ 和 $\Gamma(p_{i+1}, q_{i+1})$）并不总是连通的，从而在边界表层上形成空洞（图 3.24 (c)所示）。

一个简单有效的方法是：从 $\Gamma(p_o, q_o)$ 开始依次建立最短路径。利用经典的 Dijkstra 算法，在 $\Gamma(B,C)$ 的邻居节点中搜寻从 p_o 到 q_o 的最短路径。这样 $\Gamma(p_o, q_o)$ 就与 $\Gamma(B,C)$ 紧紧相连。类似地，基于 $\Gamma(p_{i-1}, q_{i-1})$ 的邻居节点来生成最短路径 $\Gamma(p_i, q_i)$（$i \leqslant m$），而当 $m < i \leqslant n$ 时，则利用 $\Gamma(p_m, q_{i-1})$ 的邻居节点得到路径 $\Gamma(p_i, q_i)$。针对所有三角面分别执行上述算法，直到过程终止，就得到封闭的边界表面和边界曲面，分别定义如下。

定义 3.21　对给定三角边界面 ABC，最短路径 $\Gamma(p_i, q_i)$（$i \leqslant m$），$\Gamma(p_m, q_{i-1})$ $m < i \leqslant n$ 及 $\Gamma(A,B)$、$\Gamma(B,C)$ 和 $\Gamma(A,C)$ 上的节点统称为节点；这些 Γ 节点及其邻居节点形成一个封闭边界曲面，而每个三角边界面对应的所有封闭边界曲面的并集称为封闭边界曲面，称该曲面上的节点为 S 节点。

图 3.24(d)给出了△ABC 的封闭边界曲面，而图 3.23(d)则描绘了边界曲面上节点生成的最短路径。然而，封闭边界曲面是基于三角形边界表面得到的，它只是边界曲面的近似而并非真正的边界曲面。尽管它确实包含了所有信标节点，但未必都将所有节点包含于其中。但我们可以因此而将所有节点分成三组，即内部节点（I 节点）、边界曲面节点（S 节点）和外部节点（O 节点）。

定理 3.4　封闭边界曲面可以将内部节点和外部节点分离开来。

建立密封边界曲面的目的在于，通过它可以将绝对不可能是边界节点的内部节点“挖空”,而处于密封边界曲面之上或之外的节点是备选边界节点,利用它们可以进行边界优化。实现内部挖空的方法十分简单:任一内部信标节点发起“挖空”请求,当邻居节点接收到该请求信息后,若它不在封闭边界曲面上,则标记为 I 节点并转发给邻居节点,否则直接丢弃该请求信息。根据定理 3.22,挖空请求不可能穿越密封边界曲面,即从曲面内节点转发到曲面外节点。因此,如果节点既不在密封边界曲面上,也未接收到挖空请求,则该节点为 O 节点。

引理 3.4 I 节点不可能是边界节点。

上述过程得到的 O 节点和边界曲面上的 S 节点一起构成了一个备选边界节点集。但是,备选边界节点集可能包含一些非边界节点,因而形成一个较厚的表层。接下来探讨如何对其进行优化,使之形成一个薄薄的表层,同时尽量减少被错误识别为边界节点的非边界点(假阳性节点)和被遗漏的边界点(假阴性节点)数。

3. 边界曲面优化

边界曲面优化主要从两方面进行:①扩展密封粗糙边界曲面,使其尽可能靠近真实边界曲面,这样可以降低假阳率和假阴率;②尽量将密封边界曲面变薄,这样可以有效降低假阳率。

1) 边界信标节点扩张

由于 Voronoi 单元格的半径为 k 跳,信标节点可能与真实边界点相差 k 跳之远。因而,很多真实边界点并未包含在密封的粗糙边界曲面中,而且粗糙边界曲面中大部分节点事实上都不是真正的边界点。因此,需要设计一个局部迭代机制来将这些边界信标节点向外推移:如果一个 Voronoi 单元格内存在一个或多个 O 节点,那么最接近当前信标节点的 O 节点将作为该单元格的新信标节点。基于新信标节点可以得到新的边界曲面,图 3.25(a)给出了一个边界信标节点扩张的例子,其中原来的信标节点 A 被 O 节点代替。一个有效的扩张过程应该将 O 节点包含进边界曲面,同时降低余下 O 节点数。显然,O 节点仅存在于边界信标节点所生成的单元格中。重复上述扩张过程,直到不再可能出现有效扩张为止,如图 3.23 (f)所示。

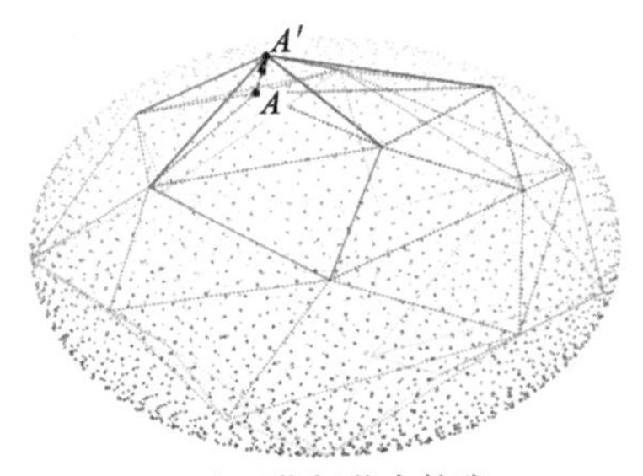

(a) 边界信标节点扩张

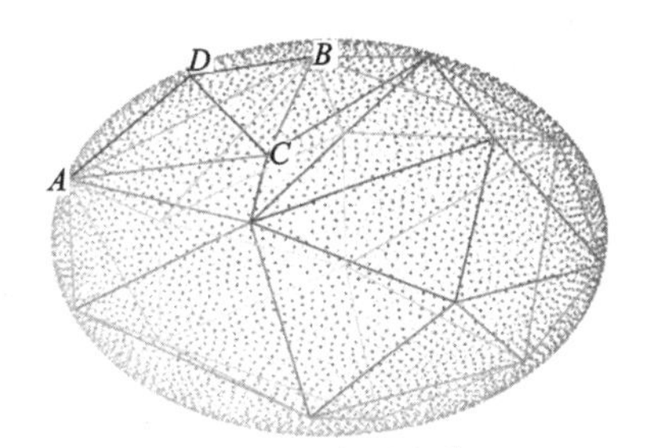

(b) 边界表面分裂

图 3.25 边界表面扩张

2) 边界表面分裂

在扩张边界信标节点后,新的边界信标节点更接近于真实边界。然而,边界三角形表面的边长通常为 $k\sim2k$ 跳,因而生成的边界曲面与真实边界并不十分契合,如图 3.25(b)

所示中的△ABC。显然，将这样的三角形细分成更小的三角形可以有效接近这个问题。如果存在 O 节点与一个三角形边界表面中的三个信标节点距离都相同(或相差 1 跳)，那么这个三角形将由该 O 节点和三个信标节点所组成的三个小三角形所替代。例如，在如图 3.25(b)中的节点 D 是 O 节点，那么△ABC 将被△ACD，△ABD 和△BCD 所替代，它们更加贴近真实边界。图 3.23 (g)给出了边界曲面分裂的结果。

3) 边界曲面细化

边界信标节点扩张与边界表面分裂可有效向外扩张边界表面，得到尽可能接近真实边界的边界曲面，但是一些备选边界点仍然可能引起相对较厚表层的边界曲面。由于 S 节点包含了节点及其一跳邻居，导致这些“宽度”为两跳的节点都可能被识别为边界点。为了消除这些噪声边界节点，对每个 I 节点，若其邻居中具有 1 个 S 节点或 O 节点，则该 I 节点在其两跳邻居内广播一个挖空请求，使得那些处于备选两跳边界节点中处于最内部的节点标记为 I 节点，从而形成一个更加细化的表层，如图 3.23 (h)所示。

4) 边界曲面的细粒度三角化

至此，几乎所有边界点都被识别出来，而未被识别出的边界点为数极少。与此同时，由于仅使用了节点间的连接信息，假阳性节点难以避免，但几乎所有被错误识别出的边界点都处于真实边界点的一跳邻居范围内。也就是说，Coconut 算法在边界识别上是高度精确的。但是到目前为止，这些边界点还是离散的，许多应用(如网络分割、边界映射与路由等)都需要由细小三角形表面所组成的细粒度三角形边界曲面。但上述方法得到的边界曲面中，每个三角形的边长可长达 $2k$ 跳。尽管边界表面分裂过程可以得到较小的三角形，但遗憾的是，并非所有三角形表面都能被确保分裂细化。为此，在边界点中选择一系列新信标节点，使得任意两个信标节点只相隔 δ 跳(参数 δ 用于控制边界到达期望的曲面拟合程度)。然后，利用平面三角化算法[43]来得到细粒度三角形边界曲面，如图 4.23(i)所示。

参考文献

[1] Nowak R, Mitra U. Boundary estimation in sensor networks: Theory and methods. Proc of IEEE IPSN, 2003: 80-95.

[2] Chintalapudi K K, Govindan R. Localized edge detection in sensor fields. Proc of IEEE SNPA, 2003: 273-291.

[3] Fayed M, Mouftah H T. Localised alpha-shape computations for boundary recognition in sensor networks. Elsevier Ad Hoc Networks, 2009, 7(6): 1259-1269.

[4] Fayed M, Mouftah H T. A mapping of wireless network boundaries using localised alpha-shapes. Proc of IEEE GLOBECOM, 2009: 1-6.

[5] Fayed M, Mouftah H T. The relevance of alpha-hulls to the boundary detection problem in sensor networks. Canadian Journal of Electrical and Computer Engineering, 2009, 34(3): 95-98.

[6] Bruck J, Gao J, Jian A. MAP: Medial axis based geometric routing in sensor networks. Proc of ACM MOBICOM, 2005: 88-102.

[7] Karp B, Kung H T. GPSR: Greedy perimeter stateless routing for wireless networks. Proc of ACM MOBICOM, 2000: 243-254.

[8] Bai X, Kumar S, Yun Z, et al. Deploying wireless sensors to achieve both coverage and connectivity. Proc of ACM MOBIHOC, 2006: 131-142.

[9] Yao J,Zhang G,Kanno J,et al. Decentralized detection and patching of coverage holes in wireless sensor networks. Proc of SPIE 7352,Intelligent Sensing,Situation Management,Impact Assessment and Cyber-Sensing,2009 .
[10] Zhang C,Zhang Y,Fang Y. Detecting coverage boundary nodes in wireless sensor networks. Proc of IEEE ICNSC,2006:868-873.
[11] Zhang C,Zhang Y,Fang Y. Localized algorithms for coverage boundary detection in wireless sensor networks. Springer Wireless networks,2009,15(1):3-20.
[12] Ghosh A. Estimating coverage holes and enhancing coverage in mixed sensor networks. Proc of IEEE LCN,2004:68-76.
[13] Cheng W,Teymorian A,Ma L,et al. Underwater localization in sparse 3D acoustic sensor networks. Proc of IEEE International Conference on Computer Communications (INFOCOM),2008.
[14] Ahmed N,Kanhere S S,Jha S. The holes problem in wireless sensor networks:A survey. Proc of ACM SIGMOBILE,2005:4-18.
[15] Fang Q,Gao J,Guibas L J. Locating and bypassing routing holes in sensor networks. Proc of IEEE International Conference on Computer Communications (INFOCOM),2004:2458-2468.
[16] Fekete P S,Kaufmann M,Kröller A,et al. A new approach for boundary recognition in geometric sensor networks. Proc of CCCG,2005:82-85.
[17] Wang Y,Gao J,Mitchell J S B. Boundary recognition in sensor networks by topological methods. Proc of ACM MOBICOM,2006:122-133.
[18] Fekete S P,Kröller A,Pfisterer D,et al. Neighborhood-based topology recognition in sensor networks. Proc of ALGOSENSORS,2004:123-136.
[19] Liu W,Jiang H,Wang C,et al. Connectivity-based and boundary-free skeleton extraction in sensor networks. Proc of IEEE ICDCS,2012:52-61.
[20] Kröller A,Fekete P S,Pfisterer D,et al. Deterministic boundary recognition and topology extraction for large sensor networks. Proc of ACM SODA,2006:1000-1009.
[21] Saukh O,Sauter R,Gauger M,et al. On boundary recognition without location information in wireless sensor networks. ACM Transactions on Sensor Networks,2010,6(3):20. 1-20. 35.
[22] Funke S,Klein C. Hole detection or:How much geometry hides in connectivity? Proc of ACM SoCG,2006:377-385.
[23] Funke S. Topological hole detection in wireless sensor networks and its applications. Proc of ACM DIALM-POMC,2005:44-53.
[24] Ghrist R,Muhammad A. Coverage and hole-detection in sensor networks via homology. Proc of IEEE IPSN,2005:34. 1-34. 7.
[25] Dong D,Liu Y,Liao X. Fine-grained boundary recognition in wireless ad hoc and sensor networks by topological methods. Proc of ACM MOBIHOC,2009:135-144.
[26] Zhou H,Xia S,Jin M,et al. Localized algorithm for precise boundary detection in 3d wireless networks. Proc of IEEE ICDCS,2010:744-753.
[27] Zhong Z,He T. MSP:Multi-sequence positioning of wireless sensor nodes. Proc of The International Conference on Embedded Networked Sensor Systems (SenSys),2007:15-28.
[28] Wu H,Wang C,Tzeng N F. Novel self-configurable positioning technique for multi-hop wireless networks. IEEE/ACM Transactions on Networking (TON),2005,13(3):609-621.
[29] Giorgetti G,Gupta S,Manes G. Wireless localization using self-organizing maps. Procof The International Symposium on Information Processing in Sensor Networks (IPSN),2007:293-302.

[30] Li L, Kunz T. Localization applying an efficient neural network mapping. Procof The 1st International Conference on Autonomic Computing and Communication Systems, 2007:1-9.

[31] Shang Y, Ruml W, Zhang Y, et al. Localization from mere connectivity. Procof ACM Int'l Symposium on Mobile Ad Hoc Networking and Computing (MOBIHOC), 2003:201-212.

[32] Shang Y, Ruml W. Improved MDS-based localization. Proc of IEEE International Conference on Computer Communications (INFOCOM), 2004:2640-2651.

[33] Funke S, Milosavljevi N. Network sketching or: How much geometry hides in connectivity? -Part Ⅱ. Proc of ACM-SIAM Symposium on Discrete Algorithms (SODA), 2007:958-967.

[34] FangQ, Gao J, Guibas L J, et al. GLIDER: Gradient landmark-based distributed routing for sensor networks. Proc of IEEE International Conference on Computer Communications (INFOCOM), 2005:339-350.

[35] Jiang H, Zhang S, Tan G, et al. CABET: Connectivity-based boundary extraction of large-scale 3D sensor networks. Proc of IEEE INFOCOM, 2011:784-792.

[36] Jiang H, Zhang S, Tan G, et al. Connectivity-based boundary extraction of large-scale 3D sensor networks: Algorithm and applications. IEEE Transactions on Parallel and Distributed Systems (TPDS), 2014, 25(4):908-918.

[37] Tan G, Bertier M, Kermarrec A M. Convex partition of sensor networks and its use in virtual coordinate geographic routing. Proc of Proceedings of IEEE INFOCOM, 2009:1746-1754.

[38] Tan G, Jiang H, Liu J, et al. Convex partitioning of large-scale sensor networks in complex fields: Algorithms and applications. ACM Transactions on Sensor Networks (TOSN), 2014, 10(3):41:1-41:23.

[39] Nguyen A, Milosavljevic N, Fang Q, et al. Landmark selection and greedy landmark-descent routing for sensor networks. Proc of Proceedings of IEEE INFOCOM, 2007.

[40] Hoppe H, DeRose T, Duchampy T. Surface reconstruction from unorganized points. Proc of ACM SIGGRAPH, 1992:71-78.

[41] Funke S, Milosavljevic N. Guaranteed-delivery geographic routing under uncertain node locations. Proc of Proceedings of IEEE INFOCOM, 2007:1244-1252.

[42] Zhou H, Wu H, Jin M. A robust boundary detection algorithm based on connectivity only for 3D wireless sensor networks. Proc ofProceedings of IEEE INFOCOM, 2012:1602-1610.

[43] Zhou H, Wu H, Xia S, et al. A distributed triangulation algorithm for wireless sensor networks on 2D and 3D surface. Proc of Proceedings of IEEE INFOCOM, 2011:1053-1061.

第4章 传感器网络的骨架提取

骨架(skeleton)也称为中轴线(medial axis),是物体最大内切圆圆心的轨迹[1],或烧草模型中的熄灭轨迹[2]。骨架能很好地反映物体的几何特性和拓扑特征,因其具有如下特性[3]:同伦性(homotopy)、重建性(reconstruction)、居中性(centeredness)、可靠性(reliability)、等距变换不变性(invariant under isometric transformations)和光滑性(smoothness)等。在计算机视觉领域,很多学者对骨架提取进行了深入研究,提出了很多骨架提取算法[4-12],并将其应用在物体识别、几何建模、路径规划和导航等领域[13-15],同时提出了许多基于骨架的形状识别方法[16-21]。

在计算机视觉和计算机图形学中,基于每个节点的位置信息已知,采用集中式算法来提取骨架。然而在传感器网络领域,节点的位置信息通常未知,节点间的距离为取整的跳数,且节点的能量和计算能力都十分有限。此外,传感器网络通常是大规模部署的,因而传感器网络的骨架提取算法应该具有分布式和低复杂度等特性。这些特点使得传统的骨架提取算法不适用于传感器网络。

另外,传感器网络的骨架信息能反映网络的主要拓扑结构和几何特征,是传感器网络的重要架构。利用骨架信息可以设计出负载均衡和100%成功率的路由协议,也可以为寻找信标节点、实现高精度网络定位提供向导,还能在监测区域发生危险事件时,为用户提供逃生路径。基于此,本章将介绍二维/三维传感器网络中的骨架提取算法。

4.1 基于完全边界的MAP算法

基于完全边界信息的骨架提取算法,首先假定网络边界信息已知,或已经通过现有边界识别算法提取出。在此基础上,通过分布式算法来识别、连接骨架节点,并进行骨架优化。Bruck等[22,23]首次提出将骨架信息应用于网络路由协议设计中,并设计了基于骨架的路由协议(medial-axis based routing protocol,MAP)算法。MAP算法主要包含两部分:①骨架提取;②基于骨架的路由协议。本章仅讨论MAP算法的骨架提取部分,而关于其路由协议的具体设计将在第6章详细介绍。

在连续区域中,曲线 F 的中轴 A 是到曲线有两个或者两个以上最近点(特征点)的点集。我们可以将中轴球(medial ball)定义为一个封闭球,其中心 $a\in A$,半径为 r。中轴 A 上的某个节点若拥有至少三个特征点,则称其为中轴顶点(medialvertex)。在中轴上处于两个中轴顶点间的所有节点组成的边称为中轴边(medial edge)。与连续域中的骨架定义类似,MAP算法对传感器网络中的骨架节点定义为,一个节点若存在两个或两个以上最短(跳数)距离的边界节点,则该节点为骨架节点。但由于传感器网络的离散性和距离度量的舍入误差(rounding error)[①],这种方法所识别出的骨架节点总会包含许多噪声,导致提取骨架中包含许多不必要的细小分支,因而需要后续的优化处理过程。

MAP算法的主要步骤如下。

1. 边界提取

首先对传感区域的边界节点(包括外边界和内部边界)进行采样,如图4.1(b)所示,并假定每个采样节点知道其属于哪个内部边界或外边界。接着通过局部泛洪方式在相互邻近的样品节点建立最短路径,并将最短路径上的所有节点作为新边界节点。这种检测方法可以同时通过不同节点执行。如图4.1(c)所示为通过这种方式从图4.1(b)中识别出的边界点。

2. 中轴节点识别

中轴节点可以通过泛洪来识别。具体地讲,每个边界节点发起一个泛洪信息,其初始信息是边界点ID所处边界的分支ID,以及一个记录了消息经过跳数的计数器。如果某个中间节点接收到来自比当前边界节点更远的边界节点的数据包,则它不再转发这个数据包,否则将接收到的泛洪信息进行转发;如果边界节点几乎同时发起泛洪,且每个包以大概相同的速度传播,那么数据包会在一个薄如细线的子图中进行传输,这将大大减少数据包的转发次数,并保持非常低的通信成本。通过这种方式,每个内部节点记录下其最近边界节点,并根据其数量来确定其是否为中轴节点。因为距离的舍入误差会导致过多内部节点被识别为中轴点,进而产生许多冗余骨架分支,所以将那些最近边界点且处于相同边界上的不稳定中轴节点忽略掉。图4.1(d)给出了中轴节点的识别结果。基于最近边界点所处的边界情况,可以将中轴节点分成两种类型:第一类是最近边界节点所处分支为两个及两个以上的中轴节点;第二类是其余中轴节点。

3. 连接中轴节点,构建骨架

构建中轴时,一个重要步骤是确保这些中轴节点以正确方式连接,形成一条有意义的中轴线。对于连续情形,几何区域内的中轴与障碍物周围的每一个最小环(cycle)相连接。基于这样的观察,以及离散传感器区域是所在区域的一个良好近似体,提出如下中轴节点构造方法:对于两条不同边界 i 和 j,如果存在一组第一类中轴节点,使得其最近边界包含 i 和 j,把它们连接成一个短路径 P_{ij},并将路径上所有节点看成中轴上的节点。对任一边界 i,将与边界 i 相关的所有路径 P_{ij} 连接起来,形成一个环。如果不同路径的两个端点通过同一个环相连,则称它们是相邻的。对 $k(\geqslant 3)$ 个不同路径 $P_1, P_2, \cdots, P_k$ 的 k 个端点 $a_1, a_2, \cdots, a_k$,如果 a_i 和 $a_{i+1}(i=1,\cdots,k-1)$ 是相邻的,那么可用一个星形(star-like)

① 由于节点是离散部署在监测区域中,这些离散点可看作连续区域的离散抽样,使得传感器网络具有离散性;由于节点的坐标信息通常未知,节点间的距离通常由跳数来度量,这就会带来距离度量的舍入误差。

树来连接它们。树的根节点记为中轴图形中的中轴顶点。附近的中轴节点可连接成一条路径，而附近的路径则可连接成环形，或者与根节点在中轴顶点上的最短路径树相连。同样，用局部泛洪来连接所有第二类中轴节点，形成一条路径。这些路径和第一类中轴点所形成的环通过星形树连接起来。最后，将一些短的分支剔除掉，因为它们可能是由边界噪声引起的，对网络路由协议的设计并没多大帮助。这样就得到了将环和路径紧密连接的中轴，其中的中轴顶点或具有 1 个邻居中轴节点，或具有 3 个及 3 个以上邻居中轴节点，如图 4.1(e)所示，它是由图 4.1(d)中的中轴节点连接而成的。中轴图(medial axis graph，MAG)是中轴的紧凑表述，其顶点为中轴上的顶点，边为中轴上两个相邻顶点间的路径。中轴图的大小与传感区域的几何和拓扑特征(如内部空洞)的数量成正比。例如，图 4.1(e)中的中轴图有两个顶点和两条边(其中一个为环)。

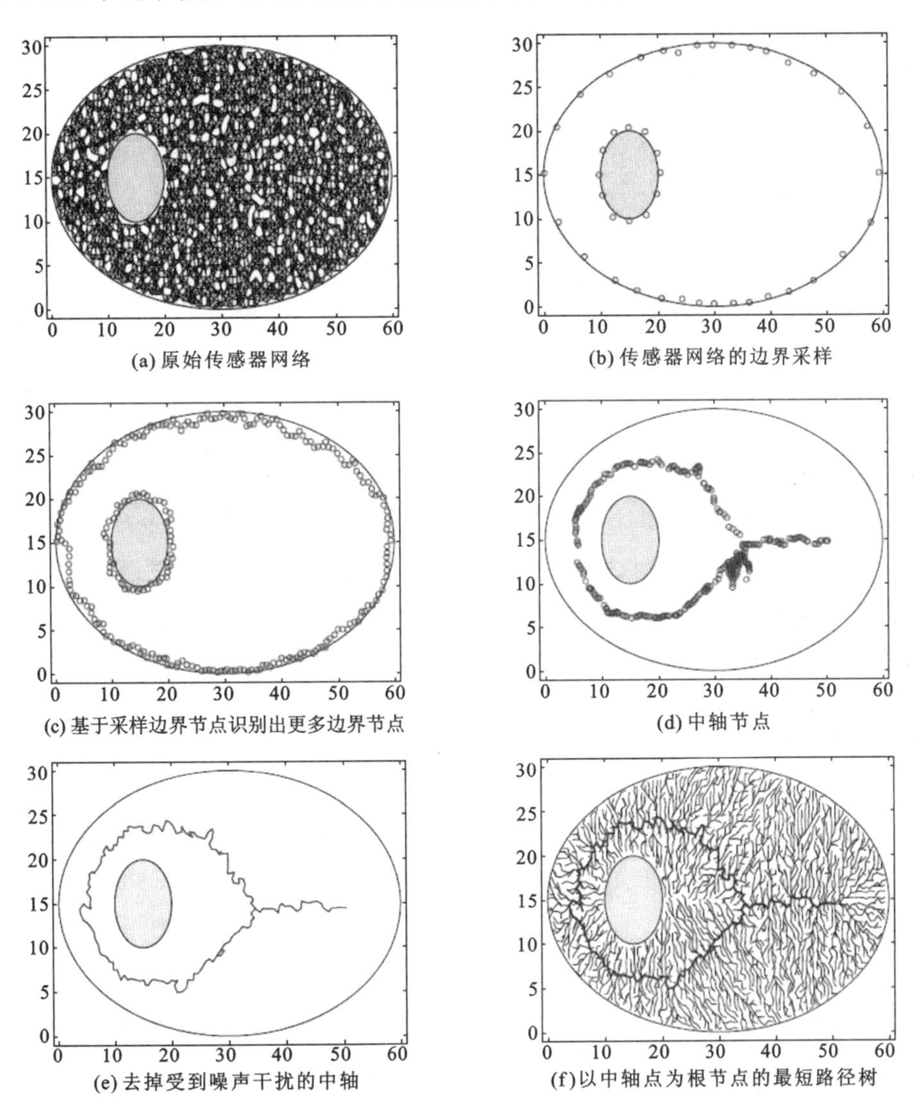

图4.1 部署在一个有障碍物的椭圆形几何区域中的传感器网络。共有 3000 个传感器节点，节点通信半径为 1，节点位置信息仅用于创建网络场景

4.2 CASE 算法

MAP 算法在完全边界信息已知的条件下，把具有两个及两个以上最近边界节点的内部节点识别为骨架节点。MAP 算法的主要缺陷是易受网络边界噪声影响而产生绷带骨架。在离散的传感器网络中，由于节点间的距离通常采用的是最小跳数，这种绷带现象尤为突出。图 4.2(a)是在机场航站楼(terminal)型网络边界已知的条件下，利用 MAP 算法提取的骨架①。尽管 MAP 算法删去了部分骨架噪声(两个最近边界节点的距离小于给定临界值的骨架节点)，但未能从根本上解决绷带骨架问题。从图 4.2(a)可以看出，MAP 算法提取的骨架反映了网络的重要拓扑特征，但同时含有过多冗余的骨架分支。一个理想的骨架应该是在反映物体主要几何和拓扑特征的同时，忽略其他非显著的拓扑特征，如图 4.2(b)所示。

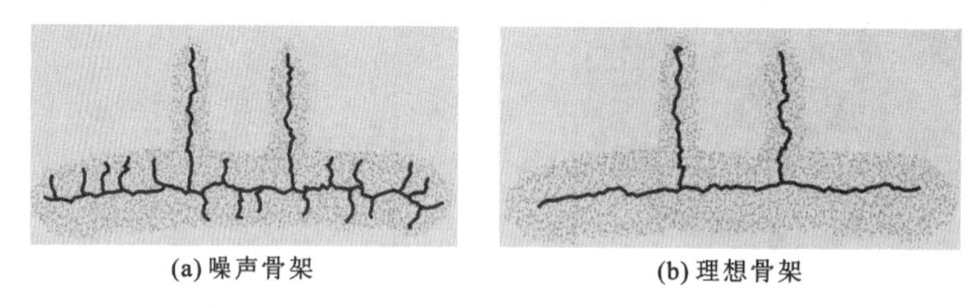

图 4.2 噪声骨架与理想骨架

MAP 算法之所有受到绷带骨架的影响，原因在于没有充分考虑网络的拓扑细节。在计算机视觉中，角点是一种关键点，反映了物体的重要拓扑(或大规模细节)特征。通过识别角点来控制网络边界噪声是一条行之有效的途径。但是，由于节点位置信息未知等传感器网络的固有特点，计算机视觉中的一些角点识别方法不能直接应用。

为解决 MAP 算法对边界噪声的敏感性问题，本节介绍一种二维传感器网络中基于节点连接信息的分布式骨架提取算法(connectivity-based skeleton extraction algorithm, CASE)[24,25]。首先利用节点间的连接信息识别出反映网络主要拓扑特征的角点，以之为基础来将整个网络边界细化为若干条边界分支；接着提出一种基于边界划分的骨架节点识别和连接的新方法。由于边界噪声仅仅反映了网络的次要拓扑细节，而角点识别不易受其影响，因而 CASE 算法比 MAP 算法更加稳健。同时，通过调节角点参数可以生成多尺度(multi-scale)骨架，从而反映网络不同细节的拓扑特征。

4.2.1 理论基础

计算机视觉领域中，角点(图 4.3(b)所示中的点 G, H, I, J 和 K)可用于反映物体的重要拓扑(或大规模细节)特征，是控制边界噪声的有效手段。然而，传感器网络中节点

① 注意，这里节点的位置信息并非是已知的，这里利用了节点位置信息仅仅是为了直观地显示算法结果，而算法中并未真正使用到节点的位置信息，本章的所有算法也都仅仅是利用节点位置信息来显示算法性能。

的位置信息通常未知，且理想算法应具有分布式特性，计算机视觉中的有关方法不能直接应用于传感器网络的骨架提取。本节将介绍一种二维传感器网络骨架的分布式提取算法(connectivity-based skeleton extraction algorithm, CASE)[24,25]。它仅需利用节点间的连接信息识别出边界上的角点，将整个网络边界分割为边界分支(boundary segment)，在此基础上，提出基于边界划分的骨架节点识别方法。由于边界噪声仅反映网络次要拓扑细节，基于角点的CASE算法比MAP算法更加稳健。通过调节角点参数，可以得到多尺度(multi-scale)网络骨架，反映出网络不同规模细节的拓扑特征。

图4.3(a)中，以骨架S上的点$A \sim F$为中心的最大内切圆，在内部与物体P相切于边界、同时又不被任何其他圆所包含[26]，它们与物体P有两个或两个以上的切点。文献[27]指出骨架S是一个几何图，可以分解成数量有限的连接弦，即骨架弦。在骨架弦中，节点度(node degree)为2的骨架节点被称为连接点(connection point)，多条骨架弦相互连接处的骨架节点被称为汇合点(joint point)(如点A，D)；度为1的骨架点称为端点(end point)(如点B，C，E和F)。

计算机视觉中，基于离散演化曲线(discrete evolution curve, DCE)思想[28]，通过计算边界节点曲率(即点的角度微元与弧长微元的比值)识别出角点(图4.3(b)所示中的点G，H，I，J和K)，并将边界划分成若干边界分支(boundary segment)，能充分保留原始物体的重要拓扑特征。基于边界划分的骨架提取算法，可显著减少冗余骨架分支。例如，在图4.3 (b)中，边界存在许多噪声，但基于边界划分提取的骨架(图4.3 (b)中的白色曲线)未产生冗余骨架。因而，对离散的传感器网络来说，网络的离散性和稀疏性会产生过多边界噪声(或小规模细节)，利用角点来反映物体拓扑特征的主要细节，而忽略次要拓扑特征，是控制网络边界噪声的有效途径。

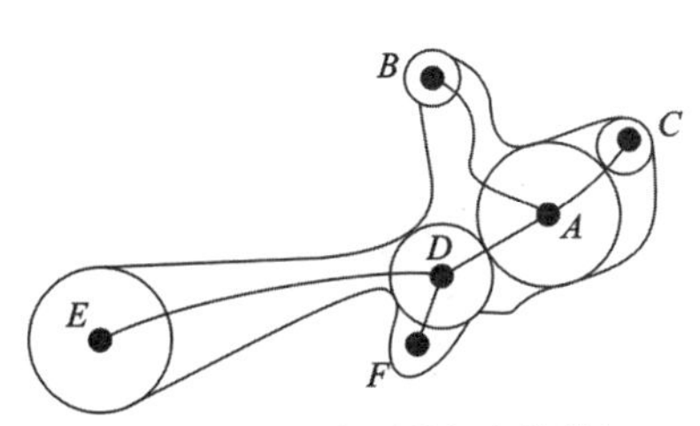

(a) 具有不同类型骨架点的骨架

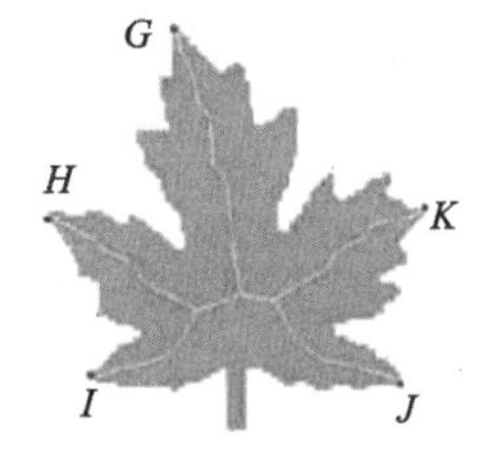

(b) 基于边界划分的骨架

图4.3　骨架点类型与边界划分

CASE算法的主要思想，是通过识别出的角点对边界进行分割，将最近边界点位于同一分支上的骨架节点，视为噪声节点予以删除。结合传感器网络的自身特点，CASE算法给出了传感器网络中节点的***h*跳曲率定义**：

定义4.1　对给定正整数h，定义边界节点p的h跳邻居边界节点为所有与节点p的跳数距离为h的边界点集合，记为$N_h^b(p)$。

定义4.2　对任意边界节点p，记$M_h(p)$为其h跳邻居边界节点$N_h^b(p)$中两节点之间的最大跳数距离，则节点p的h跳曲率定义为

$$c_h(p)=\frac{\sup_{p\in N_h^b(p)} M_h(p)}{2h} \tag{4.1}$$

显然，节点 p 的 h 跳曲率与其对应的内角(inward angle)大小成正比。即 $M_h(p)$ 越小，则节点 p 两侧的 h 跳邻居边界节点(不妨记为 p_1 和 p_2)越近，则 p 和 p_2 间的最短路径与 p 和 p_1 的最短路径所形成的夹角就越小，节点 p 的 h 跳曲率就越小。理论上讲，角点曲率应小于1，而非角点曲率应等于1。但由于边界噪声的存在，使得传感器网络中 h 跳曲率小于1的边界节点数目很多，不能将它们都识别为角点。因此引入阈值 δ_p 来识别角点即可实现噪声控制目的。

定义 4.3 对任一边界点 p，若其 h 跳曲率小于等于给定的曲率阈值 δ_p，则该节点 p 为角点。

在角点阈值一定的情况下，跳数 h 越大，由边界噪声引起角点的可能性越小；反之，跳数 h 越小，识别出的角点越多，也越容易产生冗余骨架分支。因此，跳数 h 是过滤噪声和提取多尺度骨架的重要参数。同样，阈值 δ_p 大导致角点数多，可能识别噪声骨架点，阈值 δ_p 小将减少识别出的角点数，对边界噪声也更稳健。

4.2.2 CASE 算法

由于角点位于网络边界上，要识别骨架节点，必须先获取边界信息。边界识别不是本章的研究范畴，且目前已经有大量关于边界识别的算法。因此，本算法基于已知的网络边界信息，提出一种基于连接信息的骨架提取算法，即 CASE 算法。其主要步骤如下。

1. 角点识别与边界划分

利用文献[28-39]中的方法识别出网络边界后，通过在边界上发起洪泛，计算每个边界节点 p 的 h 跳邻居和最短路径距离 $M_h(p)$。利用式(4.1)计算节点 p 的 h 跳曲率，并根据给定阈值来判断自身是否为角点。

识别出角点后，将边界划分成若干分支，使得任意两相邻角点间的所有边界节点组成一个连通分量，即边界分支(如图 4.4(b) 所示)。之后，每个边界节点记录其所属分支 ID。

2. 骨架节点识别

根据边界划分结果，让每个边界点同时向网络内部发起洪泛信息，每个内部节点记录其到边界的距离和最近边界分支编号。**若节点 p 的最近边界节点处于不同分支、且最近距离差小于给定参数 Δ**，则节点 p 为骨架点。图 4.4(c)是 $\Delta=1$ 时识别的骨架节点，其中具有相同边界分支的骨架节点组成一个连通分量，相邻连通分量中的骨架节点是汇合节点(如图 4.4(c)所示中的黑色节点)。

3. 骨架弦与粗糙骨架

在每个连通分量中，利用贪婪算法生成最远骨架节点间的最短路径(其中每个节点均为骨架点)，得到一条近似的骨架弦。若连通分量中存在角点或汇合节点，让这些节点发起泛洪信息，得到距离它们最远的骨架节点，这两个节点间的最短路径即为一骨架弦。图 4.4(d)给出了蝴蝶形网络的骨架弦。因骨架弦间往往不连通，为保证骨架与网络具有相

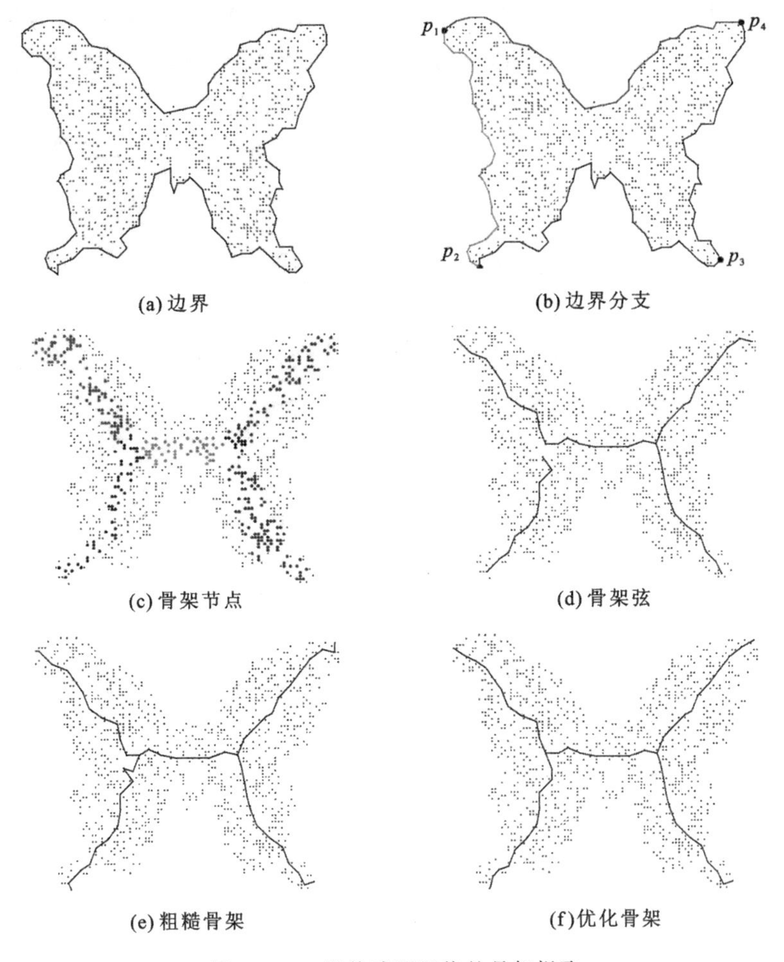

图 4.4　二维传感器网络的骨架提取

注：节点数 1025，平均度为 27，$h=2$，曲率阈值 $\delta_p=0.5$。

同连通性，将这些骨架弦依次连接起来，形成粗糙骨架。

4. 优化骨架

粗糙骨架可能存在骨架环或短的骨架分支。例如，图 4.5(a)中，p_3 是 p_4 和 p_5 的邻居节点，但 p_3 到 p_5 间的骨架并非最短，应将 p_4 去掉，连接 p_3 和 p_5；图 4.5 (b)中，p_5p_6 和 p_3p_4 间存在交叉，需将 p_3 与 p_5 相连，而将节点 p_4 和 p_5 去掉。通过在粗糙骨架上发起泛洪，建立最短路径树，消除较短分支后得到优化骨架(见图 4.4(f))。

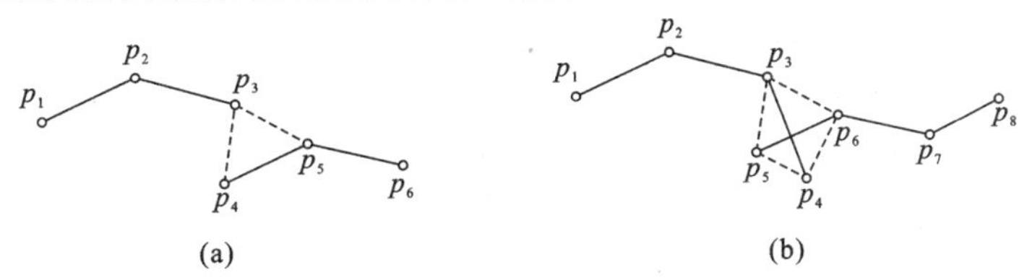

图 4.5　粗糙骨架需要优化的几种情形

CASE算法中，不同角点阈值 δ_p 可将网络边界划分成不同规模的边界分支，提取出不同尺度的骨架。阈值越小，角点越少，算法提取的骨架分支也越少，因而受边界噪声的影响越小；反之，阈值越大，提取的骨架分支越多。因此，通过调节阈值，可得到多尺度骨架(multi-scale skeleton)，如图4.6所示。其中，由小的角点阈值生成的骨架分支，包含在由大的角点阈值生成的骨架分支中。

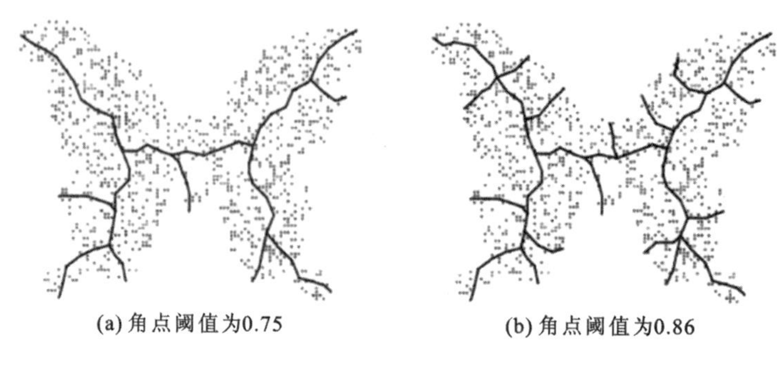

图4.6 算法的多尺度骨架提取，$h=2$

4.3 基于距离变换的骨架提取

CASE算法比MAP算法更加稳健，但它们都需要完整的边界信息，潜在地限制了其应用范围。这是因为，现有的边界识别算法在某些场景下无法准确识别出网络边界。例如，在稀疏或具有“瓶颈”的网络中，文献[29]提出的算法性能较差(见图4.7(a))。图4.7(b)是文献[30]中的算法识别的网络边界。幸运的是，在任何网络中，基于节点邻居数的大小可以提取出不完全的边界信息[31](见图4.7(d))。根据识别出的部分边界节点信息，可建立边界节点间的最短路径，提取出完整边界。然而，这种朴素(naive)算法不能保证边界的准确性(见图4.7(c))。显然，基于不准确边界提取的骨架，无法准确反映出原始网络的拓扑特征。图4.7(e)～图4.7(g)给出了基于图4.7(a)～图4.7(c)中的边界利用MAP算法提取的骨架。可以看出，图4.7(e)和图4.7(f)中的骨架忽略了许多重要分支，图4.7(g)却产生了一些冗余分支。这说明在稀疏网络中，MAP算法和CASE算法不能提取反映网络真实拓扑的骨架。

本节介绍一种二维传感器网络中、基于距离变换的骨架提取新方法(distance transform based skeleton extraction from incomplete boundaries, DIST)[32,33]。DIST算法不需要完整边界信息，因而比其他两种算法更加实用。图4.7(h)是在不完全边界信息下提取的网络骨架。图4.8给出了在网络平均度为11.9的椭圆形网络中(见图4.8(a))，MAP算法、CASE算法和DIST算法的对比实验结果。由于未识别出角点，CASE算法将所有的骨架节点当成一个连通分量，其提取的骨架(见图4.8(b))只是真实骨架的一部分；MAP算法提取的骨架(见图4.8(c))相对完整但存在冗余分支。图4.8(d)是DIST算法提取的骨架，没有冗余分支却准确抓住了网络主要拓扑特征。人为降低网络通信半径得到稀疏网络后，图4.8(e)是DIST算法提取的骨架，与图4.8(d)相比，它稍显粗糙但整体上仍然反映了主要拓扑特征。

与 DIST 算法类似,文献[34]提出在每条边界闭环上,依次为每个边界节点分配唯一标识符。对每个内部节点,其所有最近边界点的标识符形成一个或多个连续区间;若具有多个区间,则该内部节点识别为骨架点,否则为非骨架点。这种方法对边界噪声具有一定的鲁棒性,但仍然无法从根本上解决绷带骨架问题,且要求网络边界信息完全已知。

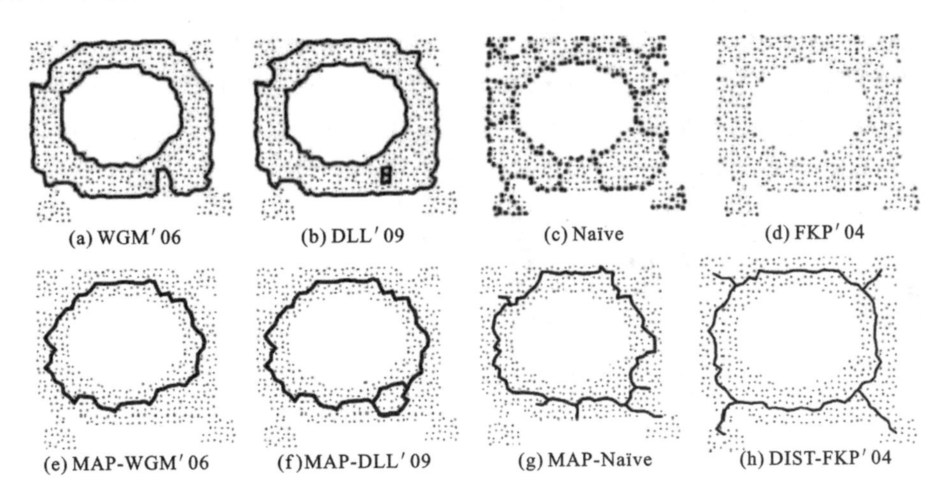

图 4.7 不同的边界识别方法及其对骨架提取的影响

注:该 Flower 型网络具有 577 个节点,平均节点度为 4.95。第 1 行:不同的边界识别方法;第 2 行:基于不同方法识别出的边界的骨架提取。(a)~(c)中的黑色曲线代表网络边界,(e)~(h)中的黑色曲线代表骨架。(a) 利用文献[29]中的方法识别的边界;(b) 利用文献[30]中的方法识别的边界;(c) 简单连接(d)中的部分边界节点形成的边界曲线;(d) 利用节点邻居数大小来识别的部分边界节点;(e) 基于(a)中的边界和 MAP 算法得到的骨架;(f) 基于(b)中的边界和 MAP 算法得到的骨架;(g) 基于(c)中的边界和 MAP 算法得到的骨架;(h) 基于(d)中的边界和 DIST 算法得到的骨架。

(a) 原始网络,网络平均度为11.9

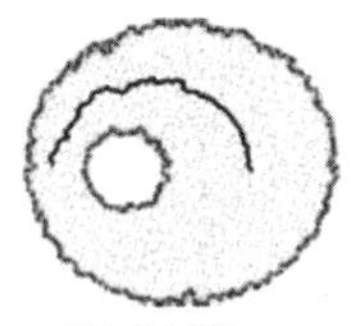

(b) CASE

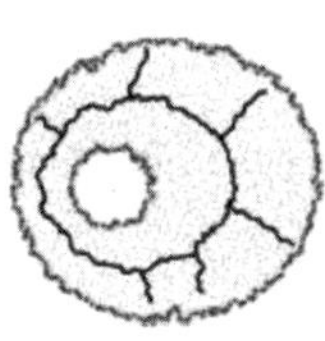

(c) MAP

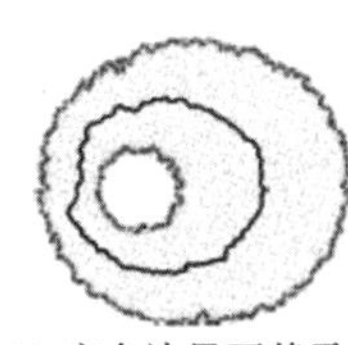

(d) 完全边界下基于距离变换的骨架

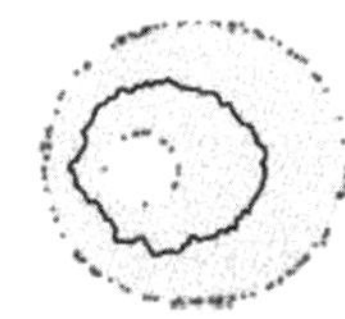

(e) 降低通信半径后,网络平均度仅为6.1,50%边界节点被识别时基于距离变换的骨架

图 4.8 Eclipse 型网络的骨架提取

(网络节点数为 5392,灰色节点为边界节点,黑色曲线表示骨架。)

4.3.1 距离变换

物体的距离变换(Distance transform)[35,36],指根据一定的距离方式,对分散在物体中的各点生成距离图,其中点的距离值为其与边界的最近距离。对于物体 D,令 ∂D 表示物体 D 的边界,$d(p,q)$表示 D 中 p,q 间的距离。定义物体 D 的距离变换 $DT(D)$为

$$DT(D)=\begin{cases}\min\limits_{q\in\partial D} d(p,q), & p\in D\\ 0, & p\notin D\end{cases} \tag{4.5}$$

对任一点 p，$d(p)=\min\limits_{q\in\partial D} d(p,q)$ 表示 p 点到边界的距离，距离度量可以是欧式或曼哈顿距离等，不同度量方式会影响到骨架的“居中性”[37]。图 4.9(a)是一个原始二值图像，图 4.9 (b)是图 4.9 (a)的距离变换。

传感器网络中，度量节点间的距离方式通常为取整数值的跳数(hop count)，因而网络距离变换也称为跳数变换(hop count transform)或跳数地图(hop count map)。相应地，图 4.9(c)～图 4.9(d)是 Bone 型网络的原始图与跳数变换。由于骨架点处于距离变换的脊(ridge)上，基于距离变换的大小，来识别骨架节点完全可行。

(a) 原始骨架

(b) 骨架图的距离变换

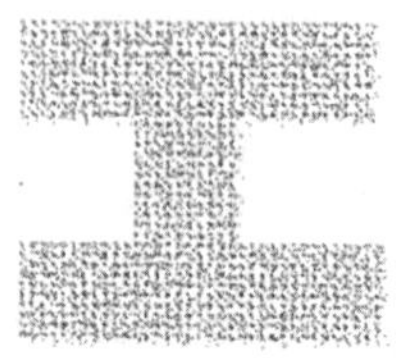
(c) 骨架网络

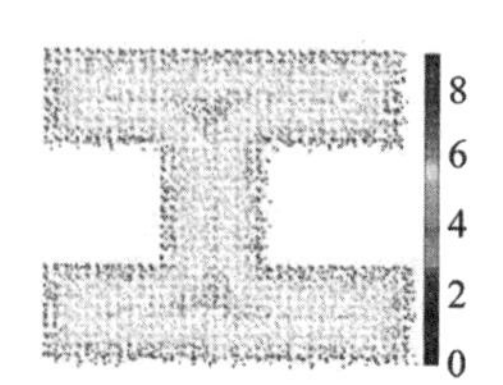

(d) 骨架网络的跳数变换

图 4.9 距离变换示意图

4.3.2 基于距离变换的骨架定义

对任意节点 p 和给定常数 r，令 $N_r(p)$ 表示其所有 r 跳邻居，即所有到节点 p 的跳数距离小于等于 r 的节点集。在连续域中，若点 p 为骨架点，则以点 p 为圆心、其距离变换 $d(p)$ 为半径的圆 $D(p,d(p))$ 就是最大内切圆(maximally inscribed disk)。判断节点 p 是否为最大内切圆的圆心，可通过比较点 p 与其邻居点的距离变换实现：若点 p 存在邻居点 q，使得以点 q 为圆心、距离变换 $d(q)$ 为半径的圆 $D(q,d(q))$ 包含圆 $D(p,d(p))$，则 $D(p,d(p))$ 就不是最大内切圆。因此，要判断 $D(p,d(p))$ 是否为最大内切圆，只需检验是否存在这样的邻居节点 q，满足 $D(q,d(q))$ 包含 $D(p,d(p))$ 当且仅当[38]

$$d(q)\geqslant d(p)+d(p,q) \tag{4.6}$$

由于以点 p 为圆心的最大内切圆的半径等于点 p 的距离变换，因此最大内切圆圆心的集合，与距离变换局部最大的点集等价[39]。

传感器网络中，可基于跳数变换、采用类似式(4.6)的方法来识别骨架节点。对节点 p，其任意邻居节点 q 都满足

$$d(p)>d(q) \tag{4.7}$$

则节点 p 为骨架节点。由于跳数距离会带来取整误差，因此对式(4.7)稍作修改，给出如下基于距离变换的骨架节点定义。

定义 4.4 若节点 p 的距离变换 $d(p)$ 局部极大，即

$$d(p)>\max\{d(q)\mid q\in N_1(p)\}$$

则节点 p 为骨架节点。

基于定义 4.4 识出别的骨架节点，理论上处于网络对称中心，是连续情形下骨架定义的离散近似。但它仍会受边界噪声影响，引起冗余分支。为此，DIST 算法利用参数 r 来

控制边界噪声。

定义 4.5 若节点 p 满足 $d(p) \geqslant \max\{d(q) \mid q \in N_r(p)\}$，则节点 p 为关键骨架点。

显然，关键骨架点必为骨架点，但反之不成立。因此，定义 4.5 给出了骨架节点识别的必要而非充分条件。

4.3.3 DIST 算法

DIST 算法主要包含以下几个步骤。

1. 距离变换的建立

通过基于节点的邻居节点数信息，识别出部分边界节点。所有边界节点同时发起网内泛洪，建立以边界点为根节点的最短路径树，称为边界树；最近边界节点相同的节点都加入同一最短路径树中，根节点为树上每个节点的最近边界点。每个节点与相应根节点间的距离为该点的距离变换。

文献[1,2]中，若边界节点以相同时间和速度发起洪泛，则建立距离变换所引起的通信成本仅为 $O(n)$。因节点 q 的距离变换大于其父节点 $P(q)$，如果节点 q 为非关键骨架节点，则其 $P(q)$ 也不是，故推出如下关于关键骨架点识别的必要条件：

定理 4.1 如果节点 q 是关键骨架节点，则 q 一定是叶子节点。

根据定理 4.1，要识别关键骨架节点，仅需判断每个叶子节点是否为关键骨架节点。这就把识别关键骨架节点局限于叶子节点集中，可显著降低关键骨架节点识别的成本。

2. 关键骨架节点识别

前面提到，满足 $d(p) \geqslant \max\{d(q) \mid q \in N_r(p)\}$ 的节点 p 为关键骨架节点。要识别关键骨架节点，*DIST* 算法设计如下分布式方法，来判断出每个叶子节点的距离变换是否为 r 跳邻居中的最大者。每个叶子节点 q 发起限制性洪泛(controlled flooding)，洪泛信息中包含节点 q 的 ID、距离变换及计数器(初始化为 r)。当节点 q' 接收到来自 q 的洪泛信息后，若信息中计数器值大于 0，且节点 q' 的距离变换小于节点 q，则节点 q' 将计数器减 1 后，将洪泛信息转发至邻居节点，此时称节点 q 是 q' 可达的；否则，节点 q' 丢弃该信息，此时称节点 q 是 q' 不可达的。对跳数距离小于 r 的叶子节点 p，q，若节点 p 是 q 可达的，则 $d(p) > d(q)$；否则，$d(p) \leqslant d(q)$，因此有

定理 4.2 叶子节点 q 是关键骨架节点，当且仅当它没有一个 r 跳邻居节点 s，满足 s 是 q 可达的。

基于定理 4.2，为判断叶子节点 q 是否为关键骨架节点，只需判断是否存在一个 q 可达的 r 跳邻居节点。即若节点 q 未接收到来自其他叶子节点的洪泛信息，则 q 为关键骨架节点；否则，节点 q 不是关键骨架节点。图 4.10(a)给出了 $r=4$ 时 DIST 算法识别出的关键骨架节点。

3. 粗糙骨架

骨架至少应该具有两个基本性质：①处于网络中心；②与原始网络有相同的连接性。

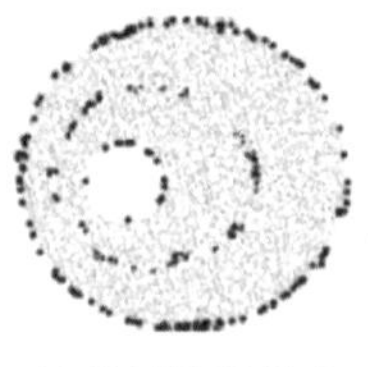
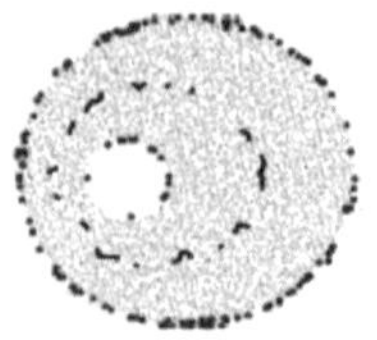
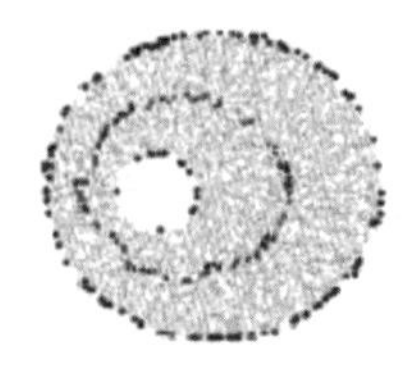
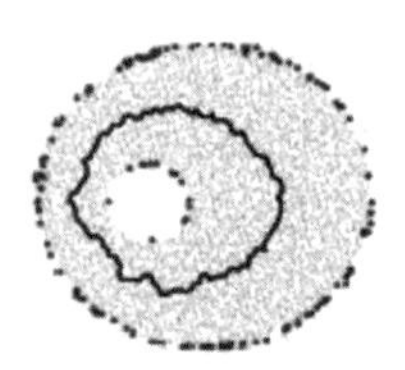
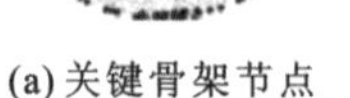

(a)关键骨架节点　(b)骨架弦　(c)骨架树　(d)粗糙骨架

图 4.10 不完全边界信息下基于距离变换的骨架提取

注：Eclipse 型网络，5392 个节点。

从图 4.10(a)看出，DIST 算法所识别出的关键骨架节点是不连通的，因而只满足骨架的第一个基本性质。下面设计一种分布式算法来识别中间节点(称为连接骨架节点)，这些节点处于网络对称中心，且将关键骨架节点连接起来，形成粗糙骨架。

在识别连接骨架节点之前，先通过限制泛洪来建立一系列骨架弦。具体过程如下：每个关键骨架节点发起泛洪信息；如果接收到泛洪信息的节点为非关键骨架节点，则丢弃该信息；否则该节点将接收到的信息进行转发。通过这种方式可以得到一系列关键骨架节点连通分量，在每个连通分量中，距离最远的两个节点间的最短路径构成一条骨架弦，如图 4.10(b)所示，相同弦上的每个节点被分配统一的骨架弦编号(如弦上的最大节点 ID)。为简化叙述，下面仅将骨架弦上的节点称为关键骨架节点。

在建立骨架弦之后，基于距离地图的斜率，介绍一种分布式算法来识别连接骨架节点，以连接相邻两条骨架弦。在连续情形中，骨架弦跟随着距离地图中具有最陡峭斜率的直线方向[13]，其中点 x 和点 y 连线的斜率定义为

$$S_E(x,y)=\frac{d(y)-d(x)}{d_E(x,y)}$$

其中，$d(y)$和 $d(x)$分别为 y 和 x 的距离变换；$d_E(x,y)$为 y 和 x 间的欧氏距离。当节点 x 被识别为骨架节点后，x 的邻居节点中与 x 连线的斜率最大的节点将被识别为新的骨架节点[40]。这种基于斜率的方法可以保证被识别的骨架节点处于网络中心[36]。

在离散的传感器网络中，定义两个节点 p 和 q 连线的斜率为

$$S(p,q)=\frac{d(q)-d(p)}{d(p,q)}$$

如果 p 和 q 为邻居节点，则其斜率简化为

$$S(p,q)=d(q)-d(p)$$

假定节点 q'为关键骨架节点 q 的邻居节点，如果 q'满足

$$S(q',q)=\max_{s\in N_1(q)}\{S(s,q)\}$$

则节点 q'处于网络对称中心，并称 q'为连接骨架节点；若 q_1 和 q_2 是与关键骨架节点 q 距离相同的两个节点，且满足 $d(q_1)>d(q_2)$，则 $S(q_2,q)>S(q_1,q)$。

因此，可按如下方法识别连接骨架节点：首先，骨架弦上的每个节点同时在网络内部进行泛洪，泛洪信息形式为$(\mathrm{ID}_i,d(\mathrm{ID}_i))$，其中 ID_i 是第 i 个中转节点 ID，$d(\mathrm{ID}_i)$是节点 ID_i 的距离变换。其次，当节点 q 接收到节点 q'转发的来自关键骨架节点 p 的泛洪信息时，进行如下操作。

(1) 如果节点 q 没有接收到类似消息，则节点 q 加入以关键骨架节点 p 为根节点的最短路径树，记录其父节点 q' 的 ID(用 $P(q)$ 表示)和距离变换，将$(q,d(q))$追加到泛洪信息后转发给邻居节点，并利用节点 q 及其祖先节点的距离变换，计算其平均距离变换值 AHCT(q)，即节点 q 及其祖先节点的距离变换的简单平均数。

(2) 如果节点 q 已经接收到类似消息，则节点 q 对转发节点 q' 和父节点 $P(q)$ 的距离变换进行比较，若 $d(q')>d(P(q))$，则节点 q 将 q' 作为新的父亲节点，并将泛洪信息更新后转发。

(3) 否则节点 q 直接将该信息丢弃。

这样，以关键骨架节点 p 为根节点的最短路径树 $T_s(p)$就建立起来了，这样的最短路径树 $T_s(p)$被称为骨架树，对树上的每个节点 q，令 $r(q)$为其根节点。

注意到两棵骨架树可能相交，表明其对应的骨架弦可以相互连接起来。为此，定义两棵骨架树相交的节点集合为 Cut 点集，记为 $C(i,j)$，其根节点分别是骨架弦 i 和 j 上的关键骨架节点。

在以贪婪方式建立起骨架树后，在 Cut 点集中寻找一个 cut 对来连接对应的骨架弦。cut 对定义如下。

定义 4.6 cut 对(q_1,q_2)是指满足如下条件的两个节点：

(1) q_1,q_2 是 Cut 点集中的邻居节点；

(2) q_1,q_2 的根节点在不同的骨架弦上；

(3) q_1,q_2 的平均距离变换分别是所在 Cut 点集中满足条件(1)和条件(2)的对应两节点中的最大值。

对于一个 cut 对(q_1,q_2)，其中的每个节点被称为 cut 对节点。基于每个节点的平均距离变换 AHCT 值，很容易通过上述泛洪过程识别出 Cut 点集和 cut 对(图 4.10(c))；cut 对中的每个节点与其根节点的最短路径，以及 cut 对中两个点间的最短路径，就形成一条连接路径，将对应的两根骨架弦连接起来，得到一条更长的骨架弦。下面的定理表明，连接路径上的节点是连接骨架节点，即它们都处于网络中心。

定理 4.3 假定(q_1,q_2)是 Cut 点集 $C(i,j)$中的 cut 对，节点 q 是从节点 q_1 到其根节点 $r(q_1)$连接路径上的节点，满足 $d(q,r(q_1))=k$。对 $C(i,j)$点集中任一以 $r(q_1)$为根节点、且满足 $d(q,r(q_1))=k$ 的节点 s，有

(1) AHCT$(q)\geqslant$AHCT(s)；

(2) $S(q,r(q_1))\geqslant S(s,r(q_1))$；

(3) q 是连接骨架节点。

证明 (1) 假定 s 在另一 cut 对节点 $q'\in C(i,j)$与 $r(p_1)$间的最短路径上，因为算法以贪婪方式建立骨架树，所以有 AHCT$(q_1)\geqslant$AHCT(q')。下面以数学归纳法证明，对于满足题意的任意节点 s，必有 AHCT$(q)\geqslant$AHCT(s)。

初始步骤：当 $k=1$ 时，AHCT$(q)\geqslant$AHCT(s)是显然成立的。这是因为骨架树以贪婪方式构造，因而有 $d(q)\geqslant d(s)$，AHCT$(q)=d(q)\geqslant d(s)=$AHCT(s)。

递归步骤：假定 $k=l$ 时，有 AHCT$(q)\geqslant$AHCT(s)。下面证明当 $k=l+1$ 时

$AHCT(q) \geqslant AHCT(S)$依然成立。记$P(q)$，$P(s)$分别为节点$q$和$s$在骨架树$T_s(r(q_1))$的父节点，则显然有

$$d(P(q),r(q_1))=k \qquad d(P(s),r(q_1))=k$$

因此有

$$AHCT(P(q)) \geqslant AHCT(P(s)) \tag{4.8}$$

成立。由于骨架树建立的贪婪性，则

$$d(P(q)) \geqslant d(P(s)) \tag{4.9}$$

和

$$d(q) \geqslant d(s) \tag{4.10}$$

同时成立。

又因为

$$AHCT(q)=\frac{k \cdot AHCT(P(q))+d(q)}{k+1} \tag{4.11}$$

$$AHCT(s)=\frac{k \cdot AHCT(P(s))+d(s)}{k+1} \tag{4.12}$$

结合式(4.8)～式(4.12)，有$AHCT(q) \geqslant AHCT(s)$。因此对任意的$k$，都有

$$AHCT(q) \geqslant AHCT(s)$$

(2) 从证明过程(1)中已经知道，不等式$d(q) \geqslant d(s)$成立，由题意知

$$d(P(q),r(q_1))=k \qquad d(P(s),r(q_1))=k$$

显然有

$$S(q,r(q_1)) \geqslant S(s,r(q_1))$$

成立。

(3) 假定$p_1,p_2,\cdots,p_{k-1}$是从cut对节点$q \in C(i,j)$到根节点$r(q_1)$的最短路径上的$k-1$个节点，$s_1,s_2,\cdots,s_{k-1}$是从另一cut对节点$q' \in C(i,j)$到$r(q_1)$路径上的$k-1$个节点，满足$d(p_i,r(q_1))= d(s_i,r(q_1))=i\ (i=1,2,\cdots,k-1)$，则由过程(1)、(2)可知

$$d(p_1) \geqslant d(s_1) \qquad S(p_1,r(q_1)) \geqslant S(s_1,r(q_1))$$

即p_1满足

$$S(p_1,r(q_1))=\max_{v \in N_1(r(q_1))}\{S(v,r(q_1))\}$$

因此，p_1为连接骨架节点。同样，节点$p_2,\cdots,p_{k-1}$和q都是连接骨架节点。

根据定理4.3，每个cut节点根据其平均距离变换的大小来判断其是否为cut对节点，由于连接路径中的每个节点具有最大斜率，因而这些节点也是连接骨架节点。这些连接骨架节点连同骨架弦上的骨架节点共同组成一个连通分量，即粗糙骨架(图4.10(d))。

4. 优化骨架

在前面得到的粗糙骨架中，两个节点间的路径可能并非最短路径，存在冗余骨架节点或骨架分支，需要进行剪枝优化。为此，在粗糙骨架上的每个骨架节点p被赋予一个随机的计数器。当计数器归零时，骨架节点p发送一个数据包至其邻居节点，数据包的内容包括骨架节点p的ID和计数器。当邻居节点q接收到节点p发来的数据包时，如果q

不是骨架节点，则将该包丢弃；如果 q 是骨架节点，则比较 p 和 q 的计数器的大小，若 p 的计数器小于 q 的计数器，那么节点 q 加入以 p 为根节点的骨架树中，否则节点 p 加入以 q 为根节点的骨架树中。这样，在粗糙骨架节点中，建立了以具有最小计数器的骨架节点为根节点的最短路径树。对该最短路径树进行剪枝（如剪掉长度小于 k 的分支），形成网络优化骨架，如图 4.8(e)所示。

4.4 无边界信息的骨架提取

骨架节点识别是骨架提取的关键，传统算法本质上都是基于节点的距离变换，这就要求完全或部分边界信息已知。有些场景下，完全准确边界信息很难获得，而基于部分边界信息提取的骨架不能保证处于对称中心时，研究无边界信息条件下的骨架提取，便成为了十分重要的研究工作。文献[31]指出，边界或附近节点的邻居节点数，通常要比内部节点的邻居节点数更小。显然，骨架处于网络中心，骨架节点邻居数应相对较大。但由于传感器网络的离散性和节点分布的随机性，仅凭节点邻居数识别骨架节点，会导致许多内部节点被错误地识别为骨架节点。

骨架是最大圆圆心的集合，说明以骨架点为圆心的内切圆的面积是局部最大的。离散的传感器网络中，节点的邻居节点数对应于此处的内切圆面积，因而可利用节点邻居数来识别传感器网络的骨架节点。除了骨架节点具有较大邻居节点数数，其邻居节点在概率意义上也具有如此特性。因此，文献[41]提出了一种无边界信息的骨架提取算法(centrality-based skeleton extraction algorithm，CENT)。它是在边界信息完全未知条件下，仅利用节点间的连接信息（或邻居节点数），设计一指标来反映节点的居中程度，指标值越大的节点，越可能处于网络的中心，因而越可能是真实的骨架节点。

此外，对任意骨架点，逐步增大以其为圆心的圆半径直至与边界相切时，整个圆都包含于物体中。当圆半径大于最大内切圆半径时，该圆仅有部分区域处于物体内。根据这一特性，在边界信息未知条件下，我们可以采取逐步扩张的办法，计算出每个点与“边界”的距离，进而识别骨架[42]，这种方法称为扩张方法。

4.4.1 CENT 算法理论基础

我们首先回顾一下在连续域中的骨架定义。假设物体 D 是二维实平面上一个有界的开集，∂D 是物体 D 的边界。令 $d_E(x,y)$ 表示物体 D 中两个点 x，y 间的欧氏距离。根据 Blum 的骨架定义，物体 D 的骨架 $\mathrm{SK}(D)$ 是一系列最大圆（被物体 D 包含但不被其他内切圆完全包含的内切圆）圆心的集合。假定 $D(v,r(v))$ 是以 D 中点 v 为圆心、$r(v)$ 为半径的圆，则 $\mathrm{SK}(D)=\{v\in D\mid D(v,r(v))$ 是最大圆$\}$。进一步地，称线段 xy（点 $x\in\mathrm{SK}(D)$ 与其最大圆切点 $y\in\partial D$ 的连线）为骨架弦，并称弦 xy 是由骨架节点 x 生成的。显然，任意骨架节点具有两条骨架弦，而对于非骨架节点，有如下两个引理成立[22,23]。

引理 4.1 对任意点 $v\notin\mathrm{SK}(D)$，如果 v 在骨架弦 xy 上，其中 $x\in\mathrm{SK}(D)$，$y\in\partial D$，则 y 是 v 唯一的最近边界点。

引理 4.2 对任意点 $v\notin SK(D)$，它一定处于唯一的骨架弦上。

令 $D_i(v,r(v))$为内切圆 $D(v,r(v))$与物体 D 的交集(简称相交圆)，即 $D_i(v,r(v))=D(v,r(v))\cap D$，令 $\lambda(g)$ 是二维平面上的面积函数，则 $\lambda(D_i(v,r(v)))$ 是相交圆 $D_i(v,r(v))$的面积，且有

$$0<\lambda(D_i(v,r(v)))\leqslant\lambda(D(v,r(v)))$$

定理 4.4 假定 xy 是一个骨架弦，$x\in SK(D)$，$y\in\partial D$，$R\leqslant d_E(x,y)$是一个实数。对骨架弦 xy 上的任意点 $v\in D$：①如果 $R<d_E(x,y)$，则有 $\lambda(D_i(v,R))\leqslant\lambda(D(x,R))$；②如果 $R=d_E(x,y)$，则有 $\lambda(D_i(v,R))<\lambda(D(x,R))$。

定理 4.4 给出了骨架点识别的充分而非必要条件。

定理 4.5 对由任意骨架节点 x 生成的骨架弦 xy，以弦上任一点 v 为圆心、半径为任意实数 R 的相交圆的面积是距离 $d_E(x,v)$的连续函数。

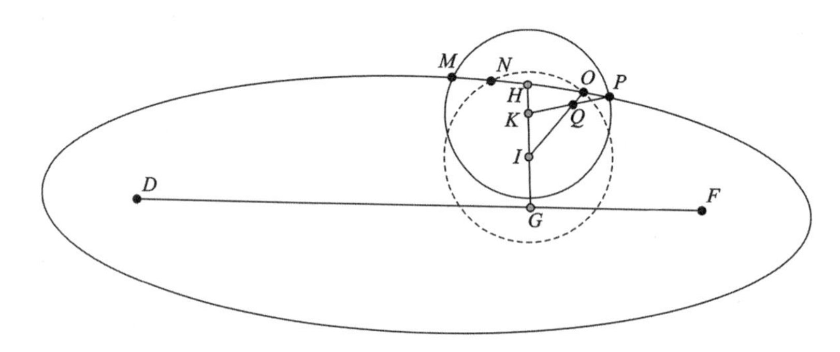

图 4.11 定理 4.5 示意图

根据定理 4.5，以边界点为中心、实数 R①为半径的相交圆，其面积小于同一骨架弦上以其他点为圆心的相交圆面积，文献[31]正是利用这个结论识别边界节点。相反，以骨架点为圆心的圆面积则比以骨架弦上其它点为圆心的圆面积大。因此，CENT 算法给出一种定量度量节点中心程度的指标，即"ε-中心度"(ε-Centrality)。

定义 4.7 对任意点 v，若正实数 ε 满足所有与 v 点距离小于 ε(即点 v 的 ε 邻居)都包含在 D 中，则定义 v 的 ε 中心度 $C_R^{\varepsilon}(s)$为

$$C_R^{\varepsilon}(s)=\frac{\iint_{v\in N_{\varepsilon}(s)}\lambda(D_i(v,R))\mathrm{d}x\mathrm{d}y}{\lambda(N_{\varepsilon}(s))}$$

显然，点 v 的 ε 中心度 $C_R^{\varepsilon}(s)$是所有以 v 的 ε 邻居为中心、半径为 R 的相交圆的面积的平均值，因此也可以称 v 的 ε 中心度 $C_R^{\varepsilon}(s)$为其所有 ε 邻居的相交圆的平均面积。基于该定义，有如下定理。

定理 4.6 对任意正实数 R，骨架节点 x 的 ε 中心度 $C_R^{\varepsilon}(x)$是由 x 生成的骨架弦上所有节点的最大值。

推论 4.1 对由骨架节点 x 生成的骨架弦 xy 上的点 $u,v\in SK(D)$，如果 $d_E(x,v)>d_E(x,u)$，则 $C_R^{\varepsilon}(v)\leqslant C_R^{\varepsilon}(u)$。

① 在形状相对规则的传感器网络中，这里的半径 R 可以是任意实数。

推论 4.2 对骨架节点 v,有 $C_R^\varepsilon(v) < \lambda(D_i(v,R))$;对边界点 u,有 $C_R^\varepsilon(u) > \lambda(D_i(u,R))$。

总之,骨架节点的相交圆面积以及其 ε 中心度都是相同骨架弦上所有其他节点的最大者。基于这种性质,下面将介绍在离散传感器网络中骨架节点的识别方法。

下面研究在离散传感器网络中的骨架节点识别问题。如果将传感器网络节点的部署看成所在区域的离散抽样,那么在连续域中的骨架节点的性质很容易推广到离散的传感器网络中。假定节点以相同概率部署在检测区域中(节点服从均匀分布),R 是传感器节点的通信半径,$N_k(p)$是节点 p 的 k 跳邻居,即与节点 p 的跳数距离小于等于 k 的节点集合。对任意节点 p,其他节点落入以 p 为圆心、kR 为半径的相交圆 $D_i(p,kR)$的概率 $P(p,kR)$为$\dfrac{\lambda(D_i(p,kR))}{\lambda(D)}$,则落入相交圆 $D_i(p,kR)$中的节点数(节点 p 的 k 跳邻居节点数)服从二项分布 $b(n,P(p,kR))$。显然,节点 p 的 k 跳邻居节点数期望为

$$E(N_p(kR)) = nP(p,kR))$$

注意到这里的 k 跳邻居节点数实际上是连续域中相交圆面积的离散近似。骨架节点的相交圆面积是其所在骨架弦上的最大者,因此,骨架节点 p 的 k 跳邻居节点数在期望意义上,应该是同一骨架弦上的最大值。这就说明,利用节点的邻居数来识别骨架节点在理论上是可行的:邻居节点数局部最大的节点应该是骨架节点。为此,下面给出基于节点邻居数的骨架定义。

定义 4.8 如果节点 p 的 k 跳邻居数是局部最大的,则称节点 p 为骨架节点。

由于传感器网络的离散型和节点距离的舍入误差,上述定义可能会将一些非骨架节点识别为骨架节点,尤其是在稀疏网络中。注意到定理 4.4 说明了骨架节点的中心度是同一骨架弦上其他点的最大值,为此,在传感器网络中引入类似中心度的度量(l 中心度)。

定义 4.9 对正整数 l,定义节点 p 的 l 中心度 $C_l(p)$为其 l 跳邻居节点的 k 跳邻居节点数的平均值。

显然,节点 p 的 l 中心度为 $C_l(p)$,是连续域中 ε 中心度的离散近似,因此骨架节点的 l 中心度是相同骨架弦上所有其他节点的 l 中心度的最大值。综上所述,一个骨架节点应该是 k 跳邻居数和 l 中心度局部最大,CENT 算法中的骨架节点识别方法正是基于这两个度量构建的组合指标,这比仅仅用其中一个度量(如 k 跳邻居数)更加稳健。

定义 4.10 对于任意节点 p,定义 p 的指标 $i(p)$为 k 跳邻居数和 l 中心度的算术平均数,即

$$i(p) = \frac{|N_k(p)| + c_l(p)}{2}$$

事实上,节点 p 的指标也可以定义为 $i(p) = f(|N_k(p)|) + g(c_l(p))$,其中 $f(g)$,$g(g)$均为单调增函数。如果一个节点的指标是局部最大,则其一定是骨架节点,但反之不成立。

定义 4.11 如果节点 p 的指标 $i(p)$是局部最大的,则称 p 为关键骨架节点。

CENT 算法引入了两个参数 k 和 l,一般将其设置为较小值(如 $k=l=4$)即可。

4.4.2 CENT 算法

CENT 算法是完全基于节点邻居数的分布信息，但识别的骨架节点往往不连通，因此，如何连接这些骨架节点也是一个需要解决的问题。CENT 算法主要由以下几部分组成。

1）骨架节点识别

每个节点通过两次网内洪泛操作，收集 l 跳邻居（包括节点本身）的 k 跳邻居数。第一次洪泛中，每个节点 p 记录其 k 跳邻居及 k 跳邻居节点数。第二次洪泛时，每个节点将其 k 跳邻居节点数广播至 l 跳邻居。之后，每个节点计算其中心度指标。根据定义 4.16，中心度指标局部最大的节点被识别为关键骨架节点（如图 4.12(b)所示中的加粗节点所示）。

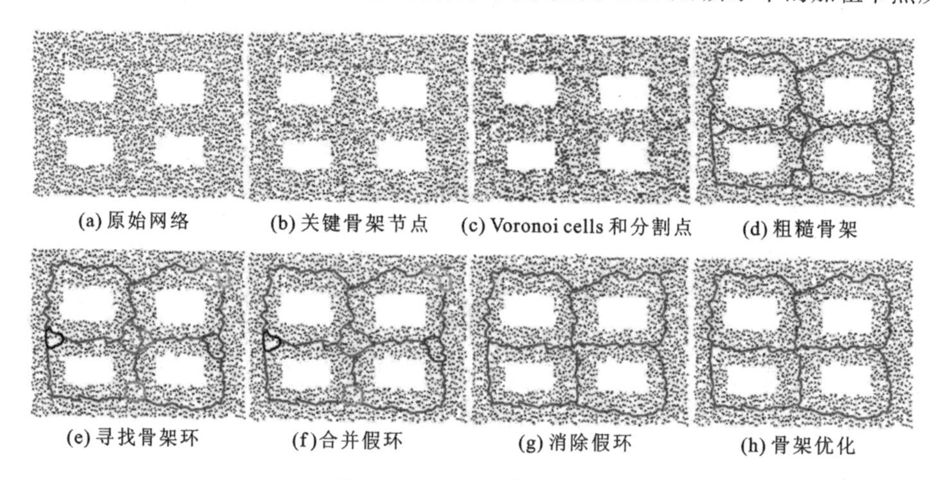

图 4.12　CENT 算法示例

2）构建 Voronoi 图

已识别的关键骨架节点往往不是连通的，为保持骨架与原始网络具有相同的连接性，需要将这些关键骨架节点连接起来，形成一条有意义的曲线。为此，本章算法首先构建网络 Voronoi 图，这是该算法建立粗糙骨架的基础，然后介绍如何生成粗糙骨架。

构建 Voronoi 图的分布式算法如下：首先每个关键骨架节点通过泛洪建立以其自身为根节点的最短路径树，泛洪信息包含关键骨架节点 ID，以及一个表明信息经过的跳数的计数器。接着假定 $d(p,q)$ 表示节点 p 和 q 间的跳数距离。当中间节点 q 接收到来自关键骨架节点 p 的泛洪信息时，按照如下准则执行。

(1) 如果节点 q 尚未接收过来自任何关键骨架节点的泛洪信息，则节点 q 加入以 p 为根节点的路径树，并将计数器加 1 后转发。

(2) 如果节点 q 已接收到来自其他关键骨架节点 p' 的泛洪信息（q 可能接收到来自多个关键骨架节点的泛洪信息，这里用 p' 表示距离最近、ID 最小的关键骨架节点），如果 $|d(p,q)-d(p',q)|\leqslant\alpha$（$\alpha$ 为用户定义的参数，在本章仿真实验中，$\alpha=1$），则 q 记录节点 p 的 ID 后不转发该消息。

(3) 否则节点 q 将接收到的泛洪信息被丢弃。如果关键骨架节点以近似相同的时间发起泛洪，且泛洪信息以几乎相同的速度传输，则上述过程产生的通信成本将会非常低。最终，每个关键骨架节点建立起以自身为根节点的最短路径树，每个节点记录其最近关键骨架节点ID及跳数距离，与同一关键骨架节点距离相同的所有节点构成一个子区域。

假定网络中有 m 个关键骨架节点，$L=\{l_i,i=1,2,\cdots,m\}$ 是这 m 个关键骨架节点ID，$C=\{C_i,i=1,2,\cdots,m\}$ 是相应的 m 个子区域，其中，C_i 是所有与关键骨架节点 l_i 最近的节点集合，即对任意点 $q\in C_i$，有 $d(q,l_i)=\min\limits_{j\neq i} d(q,l_j)$。

定理 4.7 对任意 C_i，它是连通的。

推论 4.3 $C=\{C_i,i=1,2,\cdots,m\}$ 构成网络的 Voronoi 图，每个子区域 C_i 都是 Voronoi cell。

网络被分解成为了若干 Voronoi cell，在每个 Voronoi cell 中有且仅有一个关键骨架节点，因此也称这些关键骨架节点为 site。注意到两个 Voronoi cell 间存在一些与这两个 Voronoi cell 中 site 距离几乎相当的节点，称这样的节点为分割节点(这里的几乎相当，是指节点到两个 site 距离之差小于等于给定参数 α)，如图 4.12(c)所示。

3）建立粗糙骨架

基于建立的 Voronoi 图，依次连接每个 Voronoi cell 中的 site，可得网络粗糙骨架。具体路线如下：首先，在相邻两个 Voronoi cell 中识别分割点。分割点识别方法很简单：在前面关键骨架节点泛洪后，接收到两个及两个以上泛洪信息的节点被识别为分割点。如果两个 Voronoi cell 间有多个分割点，则称这两个 Voronoi cell 是边相邻的，否则称它们是点相邻的。边相邻和点相邻统称为相邻。注意到可能存在三个 Voronoi cell 彼此相邻，此时存在与这三个 Voronoi cell 中 site 距离相同的节点称为 Voronoi 点。接着通过在所有分割点中进行限制性泛洪，选择指标最大的分割节点，该分割节点及其与最近两个 site 的最短路径，实现两个关键骨架节点间的连接，生成网络粗糙骨架(图 4.12(d))。在不造成混淆的情况下，仅将粗糙骨架上的节点标记为骨架节点。

4）优化骨架

在生成粗糙骨架后，粗糙骨架上可能存在错误的骨架环，或者冗余的骨架分支，因此需要进行优化。一般来说，骨架环的产生有两种可能：①网络内部存在障碍物，或者网络节点失效，导致网络内部存在空洞，骨架环的存在可以反映网络的这种拓扑特征，因而这种环是真实的骨架环；②在两个相邻 Voronoi cell 的 site 连接过程中，由于三个或三个以上 Voronoi cell 相邻而产生了骨架环。这种骨架环的存在违反了提取骨架与原始网络间的同伦性，因而需要消除这种错误的骨架环，这是骨架优化过程的重点内容。

骨架优化过程主要有如下三方面内容。

(1) 定位骨架环。粗糙骨架中可能包含真实的骨架环，也可能含有错误的骨架环。因此，要消除错误的骨架环，必须首先定位并识别骨架环。为此，在每两个相邻 Voronoi cell 产生的分割点中，选择两个距离最远的节点，称其为分割端点。直观地讲，分割端点可能是网络边界点，也可能是 Voronoi 点。让所有的分割端点发起泛洪信息，为防止泛洪信息穿过粗糙骨架，当泛洪信息到达粗糙骨架的一跳邻居节点时，这些一跳邻居节点丢弃该泛洪信息。通过这种方式，在网络中产生许多以粗糙骨架为界限的环，称为端点环。如果端点环上的节点数目很少，则说明这个端点环中包含 Voronoi 点，这个端点环所在的 Voronoi cell 的所有 site 所组成的骨架环为错误的骨架环；否则这个端点环所对应的骨架环为真实的骨架环，如图 4.12(e)所示。其中，最大的端点环为网络外边界，而其余的端点环为网络内边界。

(2) 合并和消除错误骨架环。一种可能的情形是，两个错误骨架环可能相邻，即它们有共同的骨架节点，首先将这两个错误骨架环进行合并。错误骨架环的合并很容易实现：在部分骨架节点被识别为错误骨架环上的节点时，如果某骨架节点处于两个错误关键环上，则该节点放弃自己作为骨架节点的身份，即标示自己为普通节点。这样就将两个错误骨架环合成一个大的骨架环，如图 4.12(f)所示。接着，以余下的错误骨架环为外边界的内部节点组成一个子网络，利用 MAP 算法(或者 CASE 算法)提取各子网络的骨架，再让所有错误骨架环上的节点(除关键骨架节点外)都变成普通节点，达到消除骨架环的目的，如图 4.12(g)所示。

(3) 骨架剪枝。消除骨架环后的骨架仍然可能包含冗余的骨架分支，需要进行剪枝处理。骨架剪枝操作类似于前面介绍的处理方法，在此不再一一赘述。最后，网络的优化骨架如图 4.12(h)所示。

在骨架提取与优化过程中，我们也得到了算法的两个副产品：网络分割结果和网络边界。在构建 Voronoi 图时，整个网络被分解为若干 Voronoi cell，如图 4.13(a)所示；而在定位骨架环时，网络边界也随之被识别，如图 4.13(b)所示。

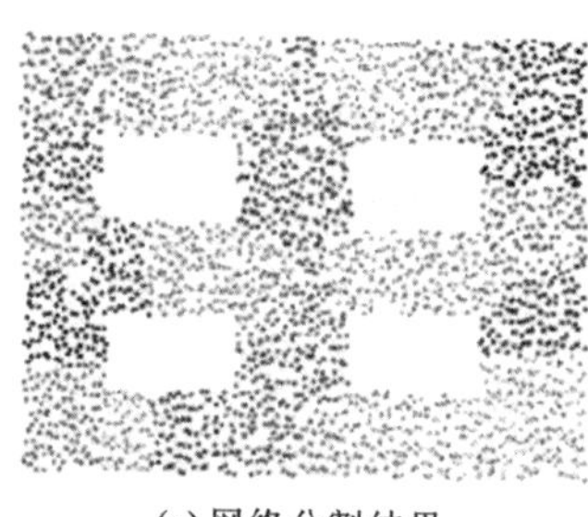

(a) 网络分割结果

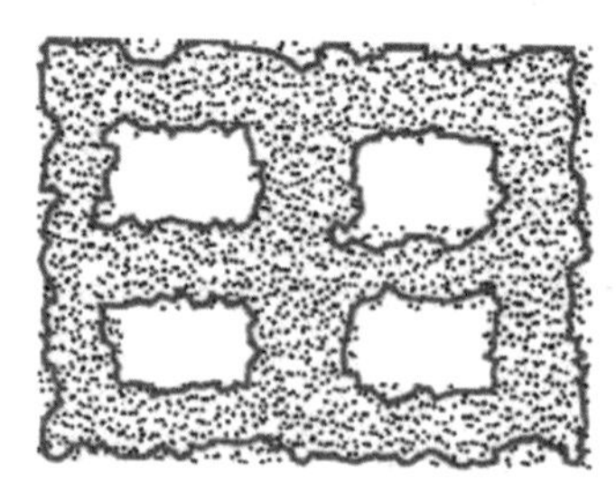

(b) 网络边界

图 4.13　算法的副产品

4.4.3　扩张算法理论基础

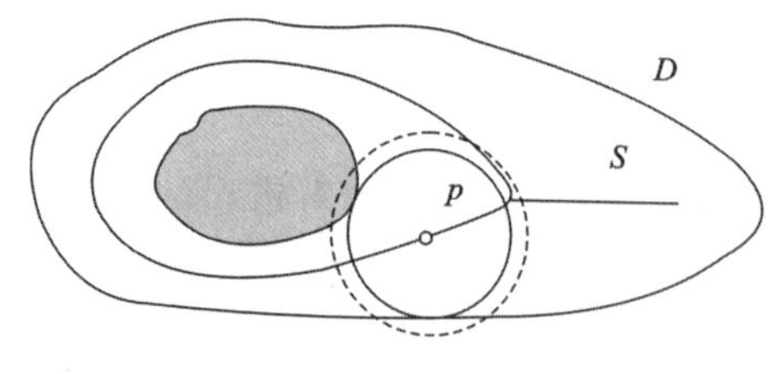

图 4.14　骨架示意图

扩张算法实际上是模拟计算最大内切圆半径来实现的。如图 4.14 所示，物体 D 是一个空心的不规则平面，S 为 D 的骨架，由一系列最大圆的圆心(如点 p) 组成。其中，黑色圆表示以点 p 为圆心的最大圆，它与物体 D 的边界相切于两点；灰色圆不是最大圆，因为它没有完全包含于物体 D。显然，p 到两个切点的距离相同，且均为最大圆的半径，因此最大圆实际上就是最大内切圆，并称 p 到任意切点之间的线段为弦。记圆心为 p 的最大圆的半径为 $r(p)$，对于任意正数 $r \leqslant r(p)$，以 p 为圆心、r 为半径的圆 $D(p,r)$ 都完全包含于物体 D，则 $D(p,r)$ 与 D 相交的面积为 $\mu(D(p,r) \cap D) = \pi^2$；当 $r > r(p)$ 时，$D(p,r)$ 与 D 的交的面积 $\mu(D(p,r) \cap D) = \pi r^2$。因此，我们可以通过计算圆 $D(p,r)$ 与物体 D 的交集的面积是否（首次）小于 πr^2（或者 $\mu(D(p,r) \cap D)/r^2\pi)$）来判断其是否为最大圆。

引理 4.3 对于骨架节点 p、正数 $r(p)$ 和任意实数 $\delta > 0$，如果满足

$$\mu(D(p,r(p)+\delta) \cap D)/(r(p))+\delta < \pi$$

则 $D(p,r(p))$ 为最大（内切）圆。

引理 4.4 对于物体 D 内的任意点 q，如果存在实数 $r > 0$，使得对任意的实数 $\delta > 0$，都满足：

(1) $\mu(D(q,r) \cap +D)/r^2 = \pi$；

(2) $\mu(D(q,r+\delta) \cap +D)/(r+\delta)^2 < \pi$.

则圆 $D(q,r)$ 为内切圆，r 为内切圆的半径。

显然，引理 4.4 给出了骨架节点的必要而非充分条件，即对于骨架节点 p，一定存在正实数 $r = r(p)$，满足引理 4.4 中的式(1)和式(2)，但反之不成立。

引理 4.5 若 $D(q,r)$ 为内切圆，其中 l 为内切圆的一个切点，则以弦 ql 上任意一点为圆心的内切圆必然与物体 D 相切于 l 点。

推论 4.4 设 $D(q_i,r_i)$，$D(q_j,r_j)$ $(i \neq j)$ 为具有某一相同切点的两个内切圆，若 $r_j > r_i$，则 $D(q_i,r_i)$ 必包含于 $D(q_j,r_j)$。

定理 4.8 设 $D(q_i,r_i)$ $(i=1,2,\cdots)$ 为具有某一相同切点 p 的内切圆的集合，若 $r_j = \max\limits_{i=1,2,\cdots}(r_i)$，$j \in \{1,2,\cdots\}$，则 q_j 为骨架节点。

推论 4.5 若 $D(q_j,r_j)$ 是所有内切圆中半径最大者，则 q_j 必为骨架节点。

推论 4.6 若 q 为骨架节点，则最大（内切）圆 $D(q,r)$ 必有两个切点。

前面介绍了连续域中的骨架及性质，浅显而又直观。然而，要将其推广到离散无线传感器网络却面临诸多问题：在传感器节点的位置信息未知时，如何判断一个圆是否为内切圆，如何找出内切圆对应的切点与半径等。

为叙述方便，假定节点在监测区域内均匀分布，每个节点有相同的通信半径 r 及唯一的标志。令 V 表示所有传感器节点的集合，对于任一传感器节点 p，令 $N_k(p)$ 为节点 p 的 k 跳邻居集合，即 $N_k(p)$ 中的任一节点到 p 的跳数距离为 k。显然，$N_k(p)$ 表示位于以节点 p 的位置为圆心、kr 为半径的圆 $D(p,kr)$ 的内部的传感器节点集合。令 $|N_k(p)|$ 表示节点 p 的 k 跳邻居个数（对应于连续域中的圆的面积）。一般地，k 越大，$D(p,kr)$ 的面积越大，则处于区域 $D(p,kr)$ 中的传感器节点个数 $|N_k(p)|$ 在期望意义上也越大。然而，正如在连续域中，当 kr 小于等于最大圆半径时，$\mu(D(p,kr)+D)/(kr)^2$ 等于一个常数 π；当 kr 大于最大圆半径时，则有 $\mu(D(p,kr)+D)/(kr)^2 < \pi$，在离散域中，$|N_k(p)|/k^2$ 也具有类似行为，即 $|N_k(p)|/k^2$ 在某个适当范围内保持相对稳定（在某一个常数周围波动），但超过某一临界值时则可能显著降低。

定义 4.12 对于节点 p，给定正数 $\delta>0$，如果整数 k 满足

$$\frac{|N_k(p)|}{k^2}\bigg|\frac{|N_k+(p)|}{(k+1)^2}>1+\delta$$

则称 k 为节点 p 的中心度，记为 $c(p)$。

显然，$c(p)$对应于连续域中的内切圆的半径，它可以被用来反映一个节点的居中程度。一般来说，$c(p)$值越大，节点 p 越可能是骨架节点。

定义 4.13 若节点 p 满足 $c(p)=\max\limits_{q\in V}c(q)$，则 p 为骨架节点。

4.4.4 扩张算法

扩张算法分为如下几部分。

1）骨架节点识别

每个节点首先在网络内部进行泛洪，收集其 h 跳邻居信息（h 为用户事先设定的一个整数，可以设定为一个较大的值，如 $h=10$）。对于给定的参数 $\delta>0$，每个节点利用首先计算其中心度，并将中心度最大的节点识别为骨架节点（如图 4.15(a)所示，其中蓝色节点为骨架节点）。假设该骨架节点为 p，由于 p 的中心度为 $c(p)$，说明在其 $c(p)$跳邻居中至少存在两个邻居节点位于边界上（对应于连续域中的最大内切圆的两个切点）。不妨记这两个边界点为 p_1 和 p_2。由于边界上的节点具有较低的节点度，所以利用 h 跳邻居的个数$|N_n(p)|$可以识别出边界节点 p_1 和 p_2（如果有三个或三个以上的切点，则选择两个相距最远的节点即可）。分别连接骨架节点 p 和边界节点 p_1，p_2，得到一条路径$\overline{p_1pp_2}$，为方便，仍然称其为骨架弦（如图 4.15(b)所示中曲线所示，其中两个端点为边界节点）。

2）网络分解

在得到骨架弦$\overline{p_1pp_2}$之后，$\overline{p_1pp_2}$上的每个节点在网络内部同时泛洪，其他节点记录其到骨架弦的最短距离，并进而将网络分解成若干簇。在每个簇中，节点与骨架弦的距离都相同，且任意两个节点间至少存在一条路径，即每一个簇都是一个连通分量，如图 4.15(c)所示，其中不同簇中的节点用不同颜色。若某簇到骨架弦的距离为 d，则称该簇为 d 簇。通过在每簇中进行限制性泛洪，根据推论 4，簇中具有最大中心度的节点标示为骨架节点（称为簇骨架节点），而两个相距最远的节点为边界节点。这一阶段产生的通信复杂度为 $O(N)$。

考虑到在稀疏传感器网络中，很多节点可能会被小的“空洞”分成过多的簇，识别出过多的骨架节点（进而生成过多的骨架分支）。为此，在识别 d 簇中的骨架节点时，让 d 簇、$(d-1)$簇和$(d+1)$簇中的节点组成一个更大的簇，并将 d 簇节点中具有最大中心度的节点识别为 d 簇骨架节点。图 4.15(d)中的加粗节点为簇骨架节点。特别地，若某一个 d 簇存在两个不连通的$(d+1)$簇，则称该 d 簇为分离簇，表明骨架在该 d 簇骨架节点一分为二；若某一个 d 簇存在两个不连通的$(d-1)$簇，则称该 d 簇为汇合簇，表明骨架在该 d 簇骨架节点合二为一；否则称该 d 簇为普通簇。通过判断某一个 d 簇是分离簇还是汇合簇，或者是普通簇，可以大致判断一个网络的形状。例如，如果网络中既有分离簇，又有汇

合簇，且分离簇与汇合簇的骨架节点存在两条不同的最短路径，这就说明该网络中存在“空洞”。

3）骨架提取

每个水平集中的骨架节点不是一个连通分量，需将它们依次连接起来。由于每个骨架节点记录了其与骨架弦$\overline{p_1pp_2}$的距离（骨架弦$\overline{p_1pp_2}$上所有节点的跳数距离被设置为0），根据距离函数值，将相邻水平集中的骨架点连接起来。具体思路是：每个骨架节点与其相邻水平集的骨架节点通过限制性洪泛，建立一条最短路径来连接两个骨架点，最终形成一条连通的粗糙骨架（如图 4.15(e)所示）。对粗糙骨架进行剪枝优化，得到优化骨架，如图 4.15(f)所示。

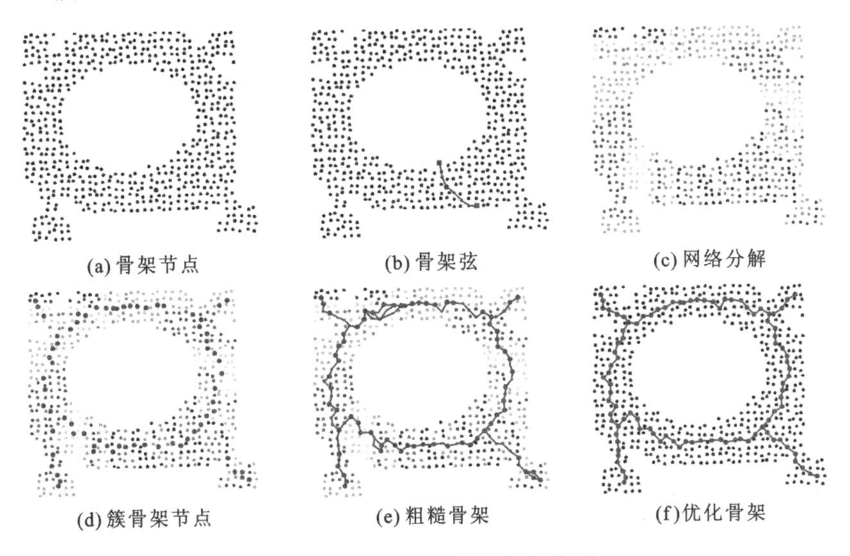

图 4.15 基于 Reeb 图的骨架提取

4.5 三维传感器网络的线骨架提取

前面介绍了三种骨架提取算法，它们针对不同的网络边界条件而设计，但都只能应用于传统的二维场景，如陆地等。实际上，传感器网络还可应用于海底油田地震影像、海流监测、海洋污染监测、河流水质监测及渔业等更广泛的领域[43,44]。近年来，传感器网络还被广泛应用于建筑物的结构健康监测方面[45-57]，通过实时监测，以期对安全事故做到防患未然。例如，香港的汀九桥装有大量加速传感器、温度传感器和压力传感器，以便随时监测桥梁工作状况；广州新电视塔在建时，就在关键位置上安置了传感器节点，通过周期性抽样对结构安全性进行监测。此外，传感器网络在海流监测、海洋污染监测等方面也有成功应用。例如，中国海洋大学利用传感器网络来实时监测海洋水文和气象要素，保障了第 12 届全运会水上比赛项目的顺利进行。与传统应用如环境监测、战场监视及灾难营救等不同，一方面，这里的传感器节点被部署在三维空间区域，形成三维传感器网络，其拓扑结构更加复杂，因而基于二维传感器网络的许多算法都不能直接应用。另一方面,因缺乏对这些复杂场景的持续监测而导致的安全事故时有发生,造成了巨大的人员伤亡和经济损失,如 2012 年哈尔滨阳明滩大桥突然坍塌、2007 年湖南凤凰大桥出现垮塌事故、2007 年美国加利福尼亚州奥罗维尔高速路桥垮塌、2006 年加拿大魁北克一座桥梁垮塌等。因此,对三维传感器网络的关键技术进行深入研究显得尤为迫切。

前面几节讲述了关于二维传感器网络的骨架提取,从中可以看到拓扑特征在传感器网络中的重要作用。类似地,三维传感器网络的性能发挥也与其拓扑特征息息相关,但二维传感器网络中的几何方法不能直接应用于三维网络中。例如,三维物体的骨架通常有两种形式,即面骨架[58-63](surface skeleton,medial surface,medial axis)和线骨架[64-70](curve skeleton,line-like skeleton)。其中,面骨架由一系列二维流形(2-manifold)组成,如图 4.16(a)所示,它是三维物体最大内切球的球心集合,这与二维传感器网络的骨架由一系列一维曲线所组成大为不同;虽然三维物体的线骨架也由一系列线段所组成(因而也被称为中心线(centered line)等),如图 4.16(b)所示,但二者在线骨架节点的识别以及连接等方面却大相径庭。因此,针对三维传感器网络的特点而设计算法显得十分必要。

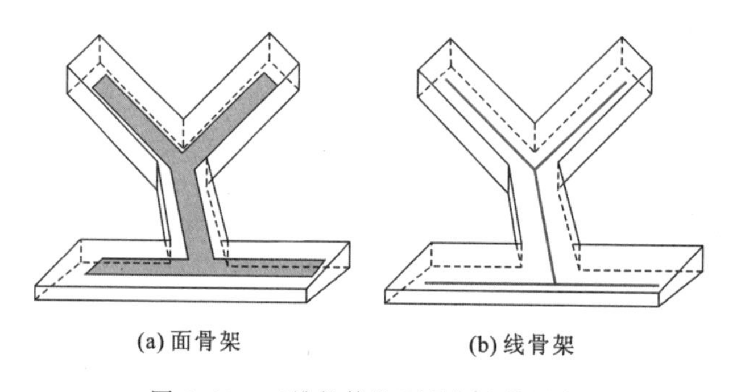

图 4.16　三维物体的面骨架和线骨架

要提取三维传感器网络的线骨架,最简单的办法是利用传统的流函数[71-73],即利用节点到边界的距离(距离变换),但该方法最大的缺陷在于其易受局部极大值影响(可能存在过多距离变换局部极大的内部节点),尤其是在具有两条“平行”边界面的网络中(图 4.17(a)),导致提取的骨架不能连接成一条有意义的曲线(图 4.17(b))。文献[74-75]首次提出一种三维传感器网络线骨架的提取方法,在研究线骨架性质的基础上,提出了骨架节点识别的分布式算法,接着为每个识别出的骨架节点构建指标——重要度,以度量其反映网络拓扑细节的重要程度;然后通过证明该指标具有单调性来构建骨架树,进而连接骨架节点提供指导。由于骨架树存在冗余分支,针对三维传感器网络自身的特点,提出一种全新的骨架优化方法,得到优化骨架,如图 4.17(c)所示。需要说明的是,由于二维传感器网络的线骨架与三维传感器网络线骨架具有类似性质,该方法也适用于二维传感器网络,方便起见,称该算法为线骨架提取的通用算法(unified algorithm for line-like skeleton extraction,UALLSE)[74,75]。

(a) 原始网络，网络节点数为12545，平均度为22.53

(b) 传统流方法[71]提取骨架

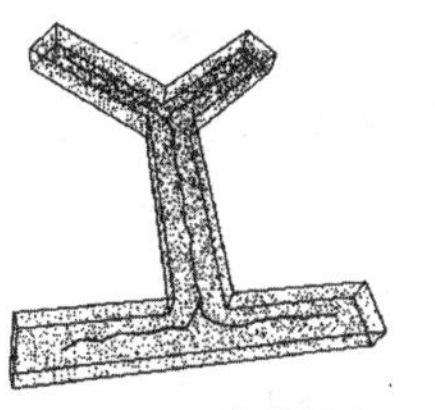

(c) UALLSE算法提取的骨架

图 4.17 Y 型三维传感器网络的骨架提取

4.5.1 理论基础

1. 二维/三维物体的线骨架性质

假设 $D\subset\mathbf{R}^k$ 为一 k 维($k=2,3$)物体，其边界 ∂D 为 $k-1$ 维流形。特别地，对于三维物体 D，假定其边界无穷维连续、紧且无边界。定义 $T: D\rightarrow\mathbf{R}$ 为 D 的距离变换，即

$$T(x\in D)=\begin{cases}\min\limits_{y\in\partial D} d(x,y), & x\in D\\ 0, & x\notin D\end{cases}$$

其中，$d(x,y)$为点 x 和 y 之间的距离。

对任意点 $x\in D$，至少存在一个最近边界点(称为特征点，feature point)。因此，定义 D 的特征变换 $F: D\rightarrow P(\partial D)$如下

$$F(x\in D)=\{z\in\partial D\,|\,d(x,z)=T(x)\}$$

在二维物体中，若 x 具有两个及两个以上最近边界点，即满足$|F(x)|\geqslant 2$，则称 x 为骨架节点，但在三维物体中，满足$|F(x)|\geqslant 2$ 的点，即 $S(D)=\{x\in D\,\|\,F(x)|\geqslant 2\}$，所构成的几何图形并不是一条曲线，而是曲面，即所谓的面骨架 $S(D)$。显然，三维物体面骨架 $S(D)$可分解成两个互不相交的子集：$S_1(D)=\{x\in D\,\|\,F(x)|=2\}$和 $S_2(D)=\{x\in D\,|\,|F(x)|>2\}$，把 $S_1(D)$和 $S_2(D)$中的点分别称为一般骨架节点和特殊骨架节点。

对任意点 $x\in S_1(D)$，假设 x_a, x_b 为其对应的两个特征点；定义 X 为所有一般骨架节点的特征点集合，即 $X=\{(x_a,x_b)\,|\,X\in S_1(D)\}$。定义特征距离函数 $F_d: X\rightarrow\mathbf{R}$ 和函数 $f=F_d\cdot F$，则函数 f 是从 $S_1(D)$到一维实空间的一个映射，即对 $X\in S_1(D)$，$f(x)$是其两个特征点 x_a, x_b 之间的测地距离(geodesic distance)，即沿着物体表面而非穿过物体内部的距离，称 f 为测地距离函数(geodesic distance function，GDF)。特殊地，若某点 z 仅有一个特征函数点，则其 GDF 定义为 0。显然，对 $X\in S_1(D)$，如果在其特征点 x_a, x_b 之间存在两条测地最短路径(geodesic shortest path)，即沿着物体表面而非穿过物体内部的最短路径，则这两条路径一定具有相同长度。因此，函数 f 在 D 和 $S_1(D)$上都有定义。

由于假定物体边界是无穷维连续，即光滑的，可以证明 $S_1(D)$是光滑流形，且 $F: D\rightarrow P(\partial D)$是可微的[76,77]。定义 $\Gamma: S_1(D)\rightarrow\mathbf{R}^2$ 是局部坐标函数，则 Γ 是微分同胚(diffeomorphism) 的。进一步，定义函数 $\Psi: \mathbf{R}^2\rightarrow\mathbf{R}$ 使得对任意点 $X\in D$，都有 $\Psi(\Gamma(x))=$

$f(x)$成立。因此,从微分几何角度看,函数 f 在 x 点处可微,当且仅当 Ψ 在 $\Gamma(x)$处可微。

引理 4.6 函数 f 在 $S_1(D)$上没有局部极小值。

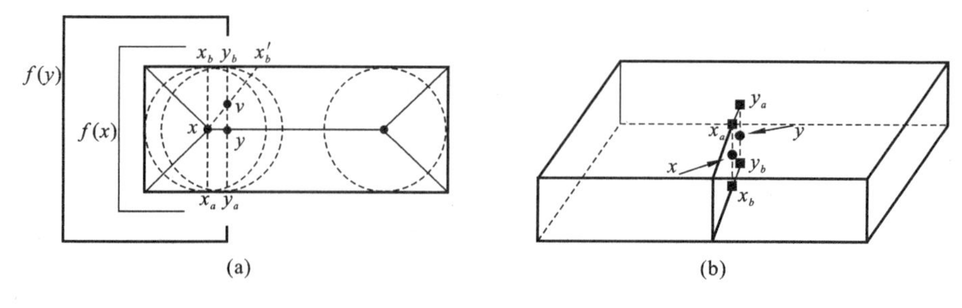

图 4.18 引理 4.6 和定理 4.1 的示例

引理 4.7 函数 f 并非处处可微。

定义 4.14 函数 $g:\mathbf{R}^k\to\mathbf{R}$ 被称为是局部 Lipschitz 连续的,如果对任意点 $x\in\mathbf{R}^k$,存在一个常数 $K\geqslant 0$ 和实数 $\varepsilon>0$,使得对任意满足$|g(x)-g(y)|<\varepsilon$ 的点 $y\in\mathbf{R}^k$,下列不等式

$$|g(x)-g(y)|<K||x-y||$$

成立。

显然,物体 D 的距离函数 T 是局部 Lipschitz 连续的,因为对任意点 $x,y\in\partial D$,

$$T(x)\leqslant T(y)+1\cdot||x-y||$$

始终成立。

引理 4.8 函数 Ψ 是局部 Lipschitz 连续的。

利用引理 4.7 和引理 4.8,根据 Rademacher 定理[78],f 函数的奇异点集具有零 Lebesgue 测度意味着它们由一维曲线组成,即线骨架[77],如图 4.18(b)所示。换句话说,如果函数 f 在点 v 处不可微,则 v 是一个线骨架节点。

2. 二维/三维物体线骨架识别

然而,由于传感器节点的能量有限,在传感器网络中计算函数 f 的奇异点因太烦琐而不切实际。不过幸运的是,文献[74-75]证明了如下命题成立。

定理 4.8 对函数 f 的任意非奇异点,其特征点间仅有一条测地最短路径;而对任意奇异点,存在两条等长最短路径,将物体边界划分为多个连通部分。

定理 4.8 给出了识别线骨架节点的简单方法:如果点 v 对应的测地最短路径形成一个特征环形(由一系列特征点之间的边界点组成的环形),将网络边界划分为多个连通分量,则点 v 为骨架节点,否则点 v 不是骨架节点。下面考虑 $S_2(D)$中的骨架节点,即具有至少 3 个特征点的特殊骨架节点。这些点处于 $n(\geqslant 3)$个具有边界的二维流形交界处,可以证明对$S_2(D)$中的任一点,其邻居点并不一定属于 $S_2(D)$。也就是说,$S_2(D)$并非二维流形。因此,它由一些孤立点和一维曲线组成。显然,对任意 $S_2(D)$中的点,在其多个特征点之间至少存在三条及三条以上测地最短路径,自然形成了至少一个特征环形并将网络边界划分为多个连通部分。

注意到二维物体的骨架节点也具有类似特征,即特征点之间的最短路径形成一条曲

线，将边界划分成多个分支。因此，下面给出二维/三维物体线骨架节点的统一定义。

定义 4.15 一个点 v 是线骨架节点，当且仅当其特征点间的测地最短路径将边界划分为多个连通分量。

3. 线骨架节点的重要度

根据定义 4.15 识别出的骨架点通常是孤立而非自连接(self-disconnected)的。基于文献[71-73]中的流复型(flow complex)方法易受局部极大值的影响，导致最终形成的是多个不连通的骨架弦，而非一条连通的线骨架。接下来介绍一种度量骨架点重要程度的指标—重要度(Importance measure)。基于节点的重要度，可使这些骨架节点自然连接为一条曲线。在 MAP 等算法中，衡量骨架点的重要程度是利用节点的距离变换大小：距离变换越大的骨架点，越能反应拓扑细节，反之则越不重要。这种方法实际上有很大局限性。

1) 二维物体中骨架节点的重要度

假设 D 是一个无洞的二维物体，其骨架 $S(D)$ 为距离变换 $T:D\to\mathbf{R}$ 的奇异点，记∇T 为 D 的梯度场(gradient field)，则显然∇T 在在 $S(D)$上无定义。传统的流方法是每个边界点依梯度方向“流”到骨架 $S(D)$上，导致这样的骨架节点不连通。鉴于此，本章定义一种新的流场(flow field)V，使得边界点在流到骨架 $S(D)$上以后，继续沿着骨架方向流，直到到达 D 的唯一点，称为核心点(core point)，记为 CP(D)，从而得到自连通(self-connected)骨架。具体来说，对于非骨架节点 z，其驱动器(driver)$d(z)$为 z 的唯一特征点[71-73]；而对于骨架节点 v，定义其驱动 $d(v)$为 GDF 函数最小的 v 的邻居点，而非其自身；核心点 CP(D)的驱动为其自身。相应地，定义流场 V 如下

$$V(z)=\begin{cases}\dfrac{z-d(z)}{|z-d(z)|}, & z\neq d(z)\\[2mm] 0, & z=d(z)\end{cases}$$

受流场 V 的控制，每个非骨架节点将首先流到 $S(D)$上，然后沿着骨架流向核心点 CP(D)。由于物体 D 内部没有空洞，其骨架为树形结构。因此，每个骨架节点都可以将骨架分为两个子树(sub-tree)，相应地，通过骨架节点的流将物体分局成若干连通分量，并且流源(origins of the flows)也将边界分成多个连通分量，记为 $C_1(p),C_2(p),\cdots,C_i(p)(1\geqslant 2)$。

定义 4.16 骨架节点 p 的重要度$\rho(p)$定义为

$$\rho(p)=1-\max_i\frac{\{/(C_i(p))\}}{\lambda(\partial D)}$$

其中，$\lambda(\partial D):\Omega\to\mathbf{R}$ 是 Lebesgue 测度，将 n 维空间映射至一维实空间。

直观地讲，骨架节点的重要度反映了流入该点的轨迹(trajectory)数。由于所有轨迹在核心点处汇聚，核心点具有全局最大的重要度。

引理 4.9 每个物体具有唯一的核心点。

定理 4.9 骨架节点 p 的重要度$\rho(p)$是关于 p 到核心点距离的单调函数。

定理 4.9 说明，一方面，骨架节点越接近于核心点，其重要度越大；另一方面，核心点是全局唯一的局部节点也是全局重要度最大的节点。因此，基于该重要度，可以形成一条自连通的线骨架。

2）三维物体中骨架节点的重要度

类似于二维情形，这里的目标依然是构建流场 V，以保证每个非骨架节点首先沿着梯度方向流向线骨架，然后沿着线骨架方向继续流向唯一核心点 $\mathrm{CP}(D)$。然而，在三维物体中定义流场更具挑战性，因为不适当的流场将可能得到面骨架，而非线骨架。

这里采取分而治之的策略。首先将三维物体细分成若干切片，然后在切片上利用二维模型来构建流场。假设 D_S 是具有边界 $\partial D_S \in D$ 的任一切片，其核心点 $\mathrm{CP}(D_S)$ 称为局部核心点。在切片 D_S 内定义流场 V_S，即对任一非骨架节点 $z \in D_S$，其驱动 $d(z)$ 定义为其唯一最近特征点；一般骨架节点的驱动则定义为 GDF 函数最小的邻居骨架节点。但需要注意的是，局部核心点 $\mathrm{CP}(D_S)$ 的驱动不能定义为其自身，否则会导致三维物体的骨架节点不能自连通。为此，注意到每个切片（和切片边界）将物体（和物体边界）切成两部分，如果切片 D'_S 边界将物体边界分成两等份，则称 $\mathrm{CP}(D'_S)$ 为全局核心点。这样，每个局部核心点的驱动为距离 $\mathrm{CP}(D'_S)$ 最远的局部核心点，而全局核心点的驱动为其自身。类似地，得到三维物体的流场 V 如下

$$V(z)=\begin{cases}\dfrac{z-d(z)}{|z-d(z)|}, & z\neq d(z)\\ 0, & z=d(z)\end{cases}$$

此处切片的选择非常重要，它应满足法线方向与 D 的梯度方向相垂直，从而每个起源于切片边界的轨迹始终保持在切片内部。注意到这里的切片边界对物体边界进行了分割，让我们自然联想到前述的关于骨架节点的性质：骨架节点的特征点之间存在多条测地最短路径，它们形成至少一个环形，因而将物体分解成多个连通分量。显然，线骨架节点正好对应切片的局部核心点。因此，这个环形就是切片边界很好的近似，距离同一环形最近的点组成一个切片。这样，类似于定义 4.16，可以给出三维物体线骨架的重要度定义；而全局核心点则是所有轨迹汇聚的地方，具有最大的重要度。当然，这里的重要度依然是关于到全局核心点的距离呈现单调性。

4.5.2 传感器网络的线骨架提取通用算法

UALLSE 是基于连接信息的分布式线骨架提取算法，其主要步骤如下。

1. 骨架节点识别

对每个内部节点，为识别其特征点，边界节点首先在网络内部进行一次泛洪，每个内部节点将来自最近边界点的泛洪信息进行转发，最终，每个内部节点将其特征点记录下来，并从属于以其中一个特征点为根节点的边界树。由于传感器网络的离散性（因为节点分布是离散而非连续的，且节点间的距离通过跳数来度量，而非实际距离），在稀疏网络或者网络宽度为偶数跳的网络中，有些真实骨架节点可能识别出的特征点数较少，导致特征点间的测地最短路径不能对边界进行分割，以至于不能被正确识别出来。为此，在本章的算法中，如果某个内部节点距离最近边界点的跳数为 k，则把距离该内部节点 k+1 跳的边界点也看成特征点，称这样的特征点为扩展特征点。基于这些识别的特征点，和 DIST

算法一样，算法并不要求每个节点都进行骨架节点识别，只需要让每个边界树的叶子节点判定其是否为骨架节点。具体操作如下。

1）特征连通分量的构建与连接

每个叶子节点的特征点在边界上发起限制性洪泛，构建一个或多个连通分量（简称为特征连通分量），并为每个连通分量分配唯一标识符。之后，设计分布式算法建立特征连通分量间的测地路径，把特征连通分量连接起来。特征点和测地路径上的点统称为特征点，如图 4.19(b)所示。

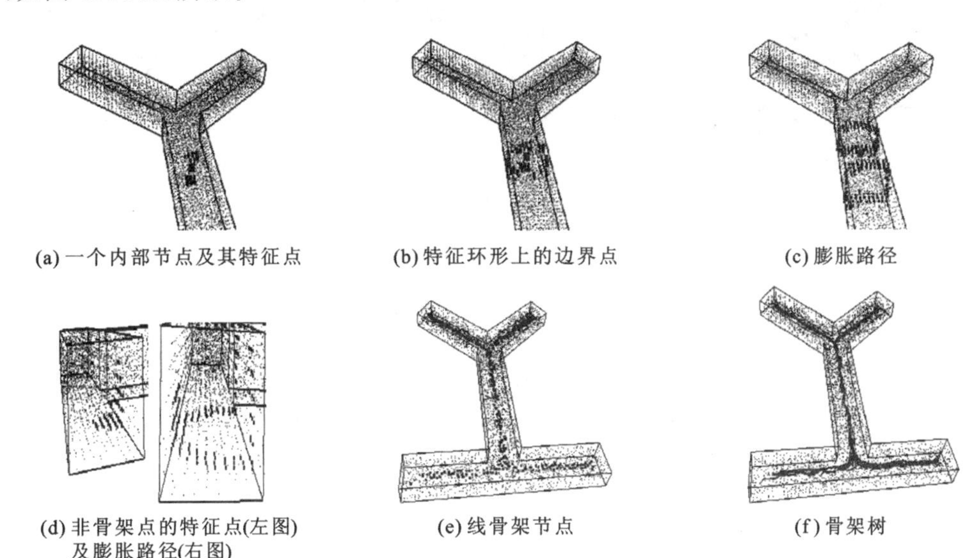

图 4.19 三维传感器网络的线骨架提取算法示例

2）特征环形识别

三维连续域中的每个线骨架点，其特征点间的测地路径形成封闭的特征环形，而非骨架点对应的路径形成非闭曲线，如图 4.21(a) 所示。因而，识别叶子节点是否为骨架节点的关键在于是否存在特征环形。一个朴素(naive)的做法是：让任意特征点发起洪泛，在识别的特征点中建立最短路径树，如果两相邻特征点仅有一个共同祖先节点(即根节点)，这些特征点就够成了一个环形。然而，在稀疏网络中，这种方法可能产生伪特征环形，如图 4.21(b) 所示。UALLSE 算法引入了膨胀路径来避免伪特征环。所谓膨胀路径(expanded path)，指与特征点距离小于给定参数(如 2 跳)的节点集合，如图 4.21(c)所示。若膨胀路径的边界包含多条闭合曲线，即距离特征点 2 跳的节点组成多个连通分量，如图 4.19(c)所示，说明存在真实特征环形，对应的内部节点应该为骨架点；否则，它就是非骨架点，如图 4.19(d)所示。最后识别的骨架点如图 4.19(e)和图 4.20(d)所示。

2. 重要度计算与骨架树构建

为将识别出的骨架点连接起来，每个骨架点被分配一个重要度指标，以度量其在反映网络拓扑细节方面的重要性。骨架节点的重要度具有单调性，可为骨架树和粗糙线骨架的建立提供重要基础。

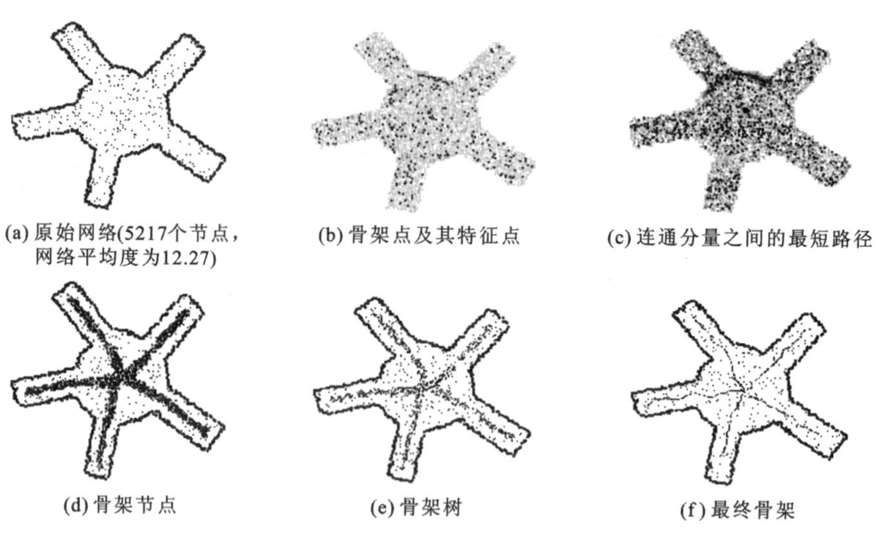

图 4.20　二维传感器网络的骨架提取

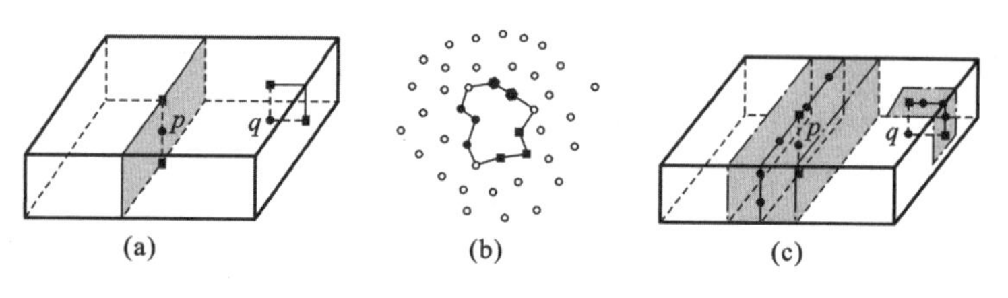

图 4.21　特征环形识别

注：(a) p 点的特征环形曲线与 q 点的非特征环形曲线；(b) 伪特征环形，实心点为特征点，相同形状及颜色的实心点在同一特征连通分量中，空心点为其他边界点。显然，这里的特征环形曲线并没有将边界分成多个连通分量，因此它是一个伪特征环形；(c) 膨胀路径（点画线）是指到同一特征环形（●—●—●线）距离小于给定值的点集。p 和 q 的膨胀路径边界分别有 2 条和 1 条闭合曲线，因此，p 识别为线骨架节点，而 q 为非骨架节点。

对二维/三维传感器网络，骨架点的特征环形都会把整个网络边界分解成多个连通分量。因此，对骨架点 p，假设其特征点间的测地路径所形成的特征环将网络分解成 $l(\geqslant 2)$ 个连通分量，分别为 $C_1(p), C_2(p), \cdots, C_l(p)$，且满 $C_1(p) \leqslant C_2(p) \leqslant \cdots \leqslant C_l(p)$，则骨架点 p 的重要度 $\tau(p)$ 计算如下：

$$\tau(p) = 1 - C_l(p)/|C|$$

其中，C 为所有边界点集合。

计算出骨架点的重要度后，根据重要度的单调性，每个骨架点选择其重要度最大的邻居骨架点作为父节点，最终形成以核心骨架节点为根的骨架树，如图 4.19(f) 和图 4.20(e) 所示。核心节点是所有骨架点汇聚处，因而具有全局最大的重要度。

3. 骨架优化

从图 4.19(f) 和图 4.20(e) 中可以看出，骨架树中存在许多冗余分支，这是因为识别骨架点时引入了扩展特征点，导致骨架树中的很多骨架分支具有部分共同(扩展)特征点。为消除冗余分支，对每个骨架分支计算分支相似度，在此基础上对骨架进行剪枝优化，得到无冗余线骨架。

定义 4.17 假设 B_1, B_2 为两条具有相同父节点 p 的骨架分支，L_1, L_2 分别表示其分支长度。对分支 B_1, B_2 上距 p 节点 i 跳的节点 p_1^i, p_2^i，如果 p_1^i, p_2^i 互为邻居，那么定义函数 $I(p_1^i, p_2^i)=1$，否则 $I(p_1^i, p_2^i)=0$。分支 B_1 和 B_2 在 B_1, B_2 间的相似度 $\mathrm{Sim}(B_1|B_2)$ 和 $\mathrm{Sim}(B_2|B_1)$ 分别定义如下

$$\mathrm{Sim}(B_1|B_2)=\sum_{i=1}^{L} I(p_1^i, p_2^i)\Big/L_1$$

$$\mathrm{Sim}(B_2|B_1)=\sum_{i=1}^{L} I(p_1^i, p_2^i)\Big/L_2$$

进一步地，若节点 p 有 I 个子节点，对应 I 个骨架分支，则节点 p 的骨架分支 $B(p)$（包含节点 p 及 I 个骨架分支）的相似度为

$$\mathrm{Sim}(B(p))=\max_{i,j\leqslant I, i\neq j}\{\mathrm{Sim}(B_j|B_i)\}$$

关于分支相似度计算的基本原理，详见图 4.22。基于分支相似度，通过递归方法对骨架树进行剪枝优化：首先删除相似度为 1 的分支，若同一父节点下所有分支相似度都大于给定临界值，仅保留最长分支。然后，给定步长 $\delta\in(0,1)$，删除相似度大于 $1-\delta$ 的分支，再删除相似度大于 $1-2\delta$ 的分支，直至无分支可被删除为止。余下的骨架分支便构成了网络最终骨架，如图 4.17(c)和图 4.20(f)所示。通过对骨架重要度设置不同临界值 τ，可生成网络多尺度骨架，如图 4.23 所示。

4. 复杂网络的骨架提取

对于网络内部存在通道(tunnel)的 n 亏格(genus-n)网络，骨架点的特征环形无法将网络分解成多个连通分量。这时需要人为将复杂网络分解为形状简单的单亏格(genus-0)网络，使上述骨架提取方法仍然适用。例如，首先识别出最大边界节点 ID 所在的特征环形，然后让特征环形上的边界点在网络边界上同时发起洪泛，距离该特征环形距离相同的边界节点组成$(n-1)$个环形。若将每个环形看成一个虚拟节点，上述洪泛过程将形成一个以虚拟节点为根节点的虚拟树。虚拟树在通道一侧分叉，在另一侧汇合。每个汇合处对应的环形网络边界一分为二，这样就可轻易实现复杂网络分解，如图 4.24(a)所示。在此基础上，利用 UALLSE 算法提取线骨架，如图 4.24(b)所示。

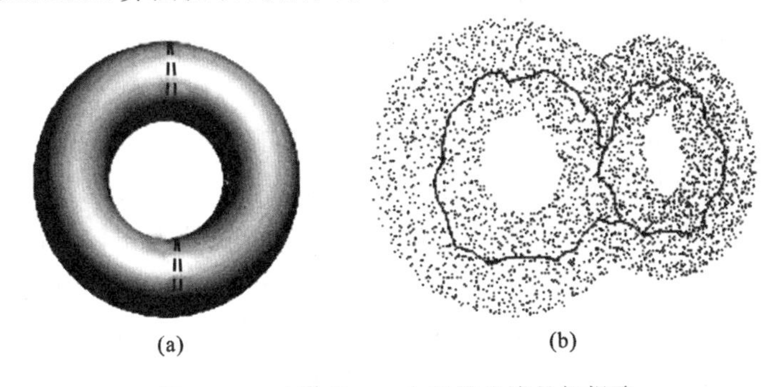

图 4.24 三维 Genus-1 网络的线骨架提取

(a)复杂形状的分解。以下侧环形区域所在节点为虚拟根节点的最短路径树，在上侧环形区域汇合。利用汇合处的环形可将复杂网络分解为简单形状；(b)双花环形(double torus)网络的线骨架。

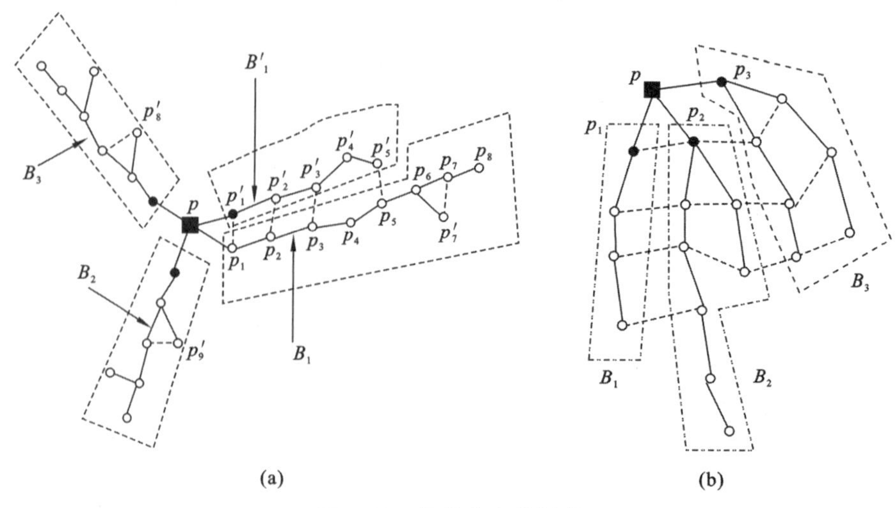

图 4.22　骨架分支相似度

注：父节点 p 有多个子节点(实心圆表示)，因而有多个骨架分支(多边形框内节点)；空心圆点表示普通骨架节点，两个骨架节点间的实线表示它们处于同一骨架分支上，虚线表示它们是邻居节点。(a)骨架分支 B_1，B'_1 有 4 对共同邻居骨架点，因而 B_1，B'_1 的相似度分别为 $\mathrm{Sim}(B_1|B'_1)=4/9=0.44$，$\mathrm{Sim}(B'_1|B_1)=4/8=0.5$；(b)节点 p 有 3 个骨架分支。由于相似度 $\mathrm{Sim}(B_1|B_2)=1.0$，$\mathrm{Sim}(B_2|B_1)=4/6=0.66$；$\mathrm{Sim}(B_2|B_3)=2/6=0.33$；$\mathrm{Sim}(B_3|B_2)=3/6=0.5$。因此，$\mathrm{Sim}(B_1)=1.0$，$\mathrm{Sim}(B_3)=0.5$。

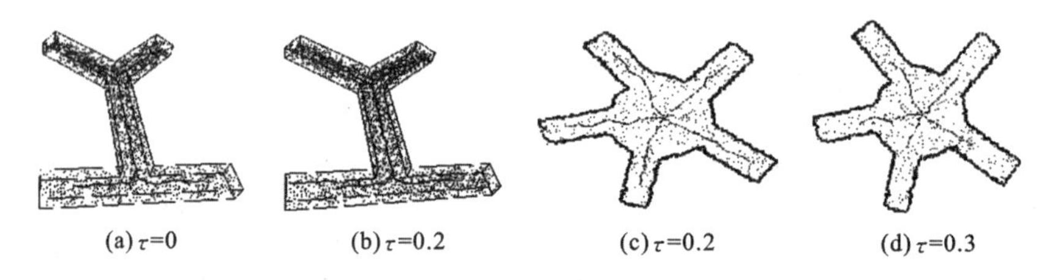

图 4.23　算法提取的网络多尺度线骨架

4.6　三维传感器网络的面骨架提取

上节提到了三维传感器网络具有线骨架和面骨架两种形式，介绍完线骨架提取的 UALLSE 算法，接下来我们着重介绍三维传感器网络的面骨架提取算法。

Xia 等[79]首次提出了计算三维传感器网络面骨架的分布式算法。它是在建立单位四面体元(unit tetrahedron cell，UTC)网络结构基础上，模拟骨架计算的烧草模型(grassfire model)，以递归方式从内、外边界同时"剥离"(peel off)UTC 网络结构的每一层(Layer)，直至没有任何层可以剥开而不破坏骨架的连通性为止，最后剩下的这一层就是网络面骨架。但这种基于形态细化(morphological thinning)的骨架提取方法，对所使用的距离度量方法十分敏感，通常无法准确计算面骨架点[80]。它还受边界噪声影响而产生绷带骨架，且依赖于 UTC 网络结构。文献[81]指出，建立 UTC 结构需要网络密度较大，在稀疏网络、存在小空洞且仅有连接信息(而非节点坐标信息)可用时，构建准确的 UTC 结构十分困难。由于 UTC 结构需要事先构建，文献[80]中的方法不能解决网络动态性带来的面骨架更新。在节点失效或新节点加入而引起网络拓扑改变时，重新构建UTC会产生巨大通信成本。

本节我们介绍的是基于连接信息下、三维传感器网络面骨架提取的稳健分布式算法[82]。它通过计算扩展特征点形成的连通分量来识别面骨架点，以降低网络边界噪声和低密度等因素带来的不利影响，具有比文献[79]更广泛的应用空间。构建面骨架点的最大独立集，并进行三角化得到面骨架。

4.6.1 理论基础

1. 连续域中的面骨架

连续域中三维物体 $D\subset R^3$ 的面骨架 SK(D)，由一系列具有两个及以上特征点的节点组成。令 ∂D 为 D 的边界曲面，$d(x,y)$表示点 x，y 间的欧式距离，DT:$D\rightarrow R$ 为网络距离变换。

定义特征变换 $F:D\rightarrow P(\partial D)$，为每个点 $x\in D$ 分配特征点集合。其中 P 表示幂集合(power set)，即 $F(x)=\{y\in\partial D\,|\,d(x,y)=\mathrm{DT}(x)\}$。面骨架点至少具有一个特征点，其特征尺寸(feature size)即特征点的个数，应大于1；若某点特征尺寸等于1，那么它一定不是面骨架点。

我们利用节点的特征尺寸来判断其是否为面骨架点，即

定义 4.18 点 x 是面骨架点，当且仅当其特征尺寸$|F(x)|\geqslant 2$。

基于定义 4.16 可得到由具有二维流型(2-manifold)的薄片(sheet)(也可能含一维曲线)组成的面骨架①，图 4.25(a)给出了三维立方体的面骨架。两个相邻薄片的交集称为 Y 曲线(Y-intersection curve, Y-curve)[83]，或内支架(medial scaffold)[84,85]。Y 曲线上的面骨架点至少有三个特征点，因而被称为 Y 曲线点。三个及以上薄片公共交集中的 Y 曲线点，称为连接点(junction point)。也就是说，Y 曲线和/或物体边界共同构成薄片边界。

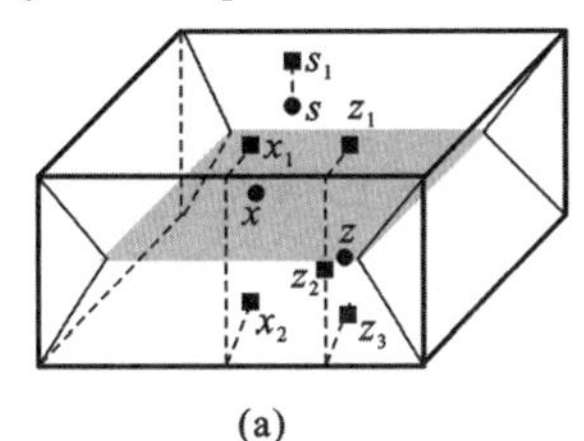

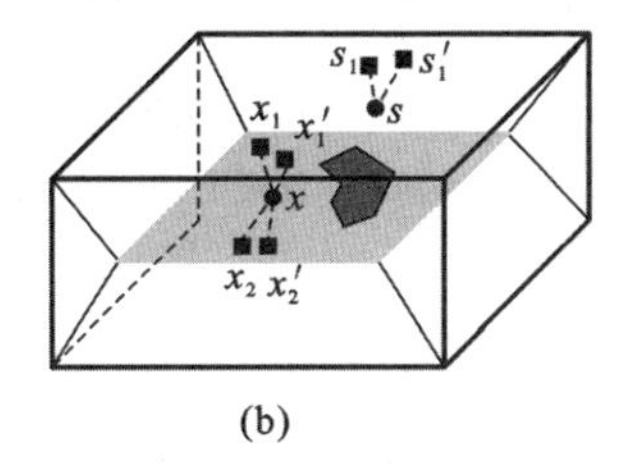

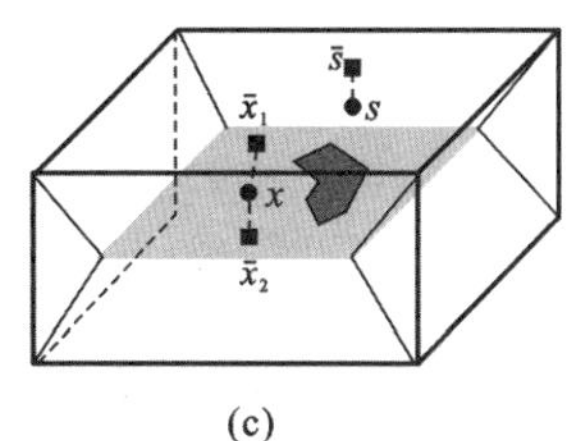

图 4.25 立方体面骨架示意图

注：立方体的面骨架由13个薄片组成，每个薄片由Y曲线和/或网络边界构成，仅中间薄片用阴影显示。Y曲线(红色实线)是两个及两个以上薄片的交集。(a)在连续空间中，节点间的距离用欧氏距离度量，点 x、z 和 s 的特征点用实矩形表示，其中 x 是普通面骨架节点，z 是 Y 曲线点(也是连接点)，s 是非面骨架节点；(b)节点间距离用整数(如跳数)来度量时的情形，直观上点 x 应是面骨架节点而 s 不是，然而由于距离取整，s 实际上有两个特征点，阴影区域中多边形区域是因立方体的宽度为偶数造成的；(c)点 x 有两个连通分量 $\bar{x}_1$ 和 $\bar{x}_2$，而 z 只有一个连通分量，因此 x 是面骨架节点而 z 是普通点。

① 在圆柱体这种特殊的退化情形下，面骨架可能只包含一维曲线，此处不予考虑。

2. 传感器网络的面骨架

传感器网络中节点间距离的舍入误差(rounding error)、网络边界噪声和网络稀疏性等不利因素,给传感器网络的面骨架点识别带来巨大挑战。我们先介绍这些因素对二维传感器网络骨架点识别带来的挑战与解决方案,再将该方案扩展至三维传感器网络。

首先,由于距离的舍入误差、网络稀疏性和偶数宽度等原因,许多骨架节点可能只有一个严格意义上的特征节点,导致连续域中的骨架提取算法无法识别出这些真实骨架点。解决此问题的一个办法是,计算每个节点的扩展特征点:

定义 4.19 对节点 p,假设其到边界的距离(即节点 p 与其特征点间的距离)为 k,则其扩展特征点 $\overline{F}$ 定义为距离 p 点跳数不大于 $k+1$ 的边界点集,即

$$\overline{F}(p)=\{q\in\partial B\mid d_h(p,q)\leqslant k+1\}$$

其中,∂B 为网络边界;$d_h(p,q)$ 为两节点间的跳数距离。

其次,距离的舍入误差和边界噪声等因素,会引起非骨架点存在两个或多个特征点,如图 4.26(a)中的 p 点。这种不稳定节点的存在会导致骨架包含过多冗余分支。有鉴于此,文献[34]提出的解决方案是,若某节点的特征节点形成两个或以上区间(如果一些特征节点 ID 依次连贯排列,则这些节点 ID 形成一个区间),则该节点识别为骨架点,如图 4.26 (a)中的节点 q。如果某节点仅有一个特征节点区间,则该节点为非骨架点,如图 4.26(a)中的 p 点。

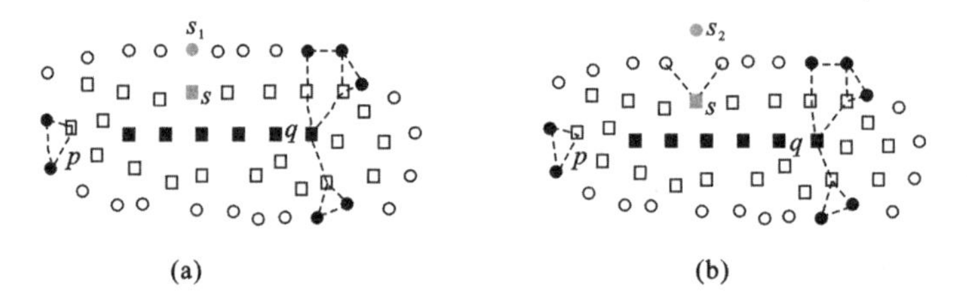

图 4.26　文献[19]中的骨架点识别方法与缺陷

空心圆表示边界节点,实心圆和实心矩形分别表示特征点和骨架点

注:(a)非骨架点 p 只有一个特征节点区间,骨架节点 q 有两个特征节点区间;(b) 边界上的小凸起将产生一个新骨架点 s。

上述方法还不能从根本上消除不稳定节点,边界噪声仍然会产生冗余骨架分支。如果图 4.26 (a)中的 s_1 点移动到 4.26 (b)中的 s_2 点,原本只有一个特征节点区间的 s 点,因 s_2 的存在而被一分为二,从而将 s 点识别为骨架点。类似于文献[86],引入等价关系 $\sim_\varepsilon$ 可有效解决此问题。

定义 4.20 若节点 a, b 间的测地距离小于给定正实数 ε,称它们测地 ε 等价,记为 $a\sim_\varepsilon b$。

同样,如果节点 p 有两个特征节点区间 I_1,I_2,且测地距离小于 ε,我们说这两个区间测地 ε 等价。把这两个区间合并为一个区间,称为 ε 区间。基于 ε 区间的骨架识别方法是:只有一个 ε 区间的节点为非骨架点,具有两个或多个 ε 区间的节点为骨架点。这种识

别方法的优点，在于其对边界噪声、节点失效和网络低密度等因素具有鲁棒性，这是因为：

定理 4.10 边界上的小凸起将节点 p 的某特征节点区间分为两个测地 ε 等价的区间，不会改变节点 p 的身份（即是否为骨架点）。

三维传感器网络中距离的舍入误差、边界噪声等因素，给面骨架提取带来的挑战更加严峻。如，偶数跳宽度的网络中，有些面骨架点无法识别出来，导致面骨架中存在空洞，如图 4.25(b)所示，使得面骨架与原始网络不具备相同亏格。同时，网络中更多不稳定点的存在，给面骨架带来更大挑战。此外，基于特征节点区间的骨架点识别方法，只适用于一维流形的线边界，而三维传感器网络的边界面是二维流型，即便是非骨架点的特征节点，也难以形成一个连贯的特征节点区间。接下来我们就介绍如何将二维传感器网络中的解决方案，应用于三维网络的面骨架提取。

由于二维网络中，一个特征节点区间事实上对应的是一个由边界点组成的连通分量。也就是说，非骨架点的特征节点只形成一个连通分量，而骨架点有两个或以上连通分量。由于连通分量既适用于一维边界曲线，也能应用于二维边界曲面，我们自然可以通过连通分量的个数来识别面骨架点。具体来说，对每个节点 p，根据定义 4.17 来计算其扩展特征节点，并将这些扩展特征节点组成一个或多个连通分量（如图 4.25(b)所示）。利用测地 ε 等价关系，把测地距离小于 ε 的连通分量合并成一个更大连通分量，称为 ε 连通分量。记 $\overline{F}(p)$ 为点 p 的 ε 连通分量集合，则每个 ε 连通分量与连续域中每个特征点相对应。因此，给出三维传感器网络中面骨架的识别方法如下：

定义 4.21 对任意节点 p，若 $|\overline{F}_{\varepsilon}(p)|\geqslant 2$，则节点 p 为面骨架点。

4.6.2 面骨架提取算法

假定网络边界信息已有现有算法[87-90]识别出。在此基础上，利用节点间的连接信息，通过面骨架节点识别与建立两个步骤，提取网络面骨架。

1. 面骨架节点识别

如果节点的扩展特征节点组成两个以上 ε 连通分量，该节点被识别为面骨架点。因此，算法首先计算出每个内部节点的扩展特征节点，并让它们在网络边界上发起限制性洪泛，建立由扩张特征节点组成的连通分量。给定系统参数 ε，采取逐跳扩张（Hop-by-Hop Expansion）策略[74,75]，计算连通分量之间的测地距离。若两个连通分量间的测地距离小于 ε，则将它们合并成一个 ε 连通分量。基于 ε 连通分量个数和性质 6.2，每个节点判断其自身是否为面骨架点：如果 ε 连通分量个数大于等于 2，则该节点为面骨架点，如图 4.27 (b)所示；否则，它是非骨架点，如图 4.27 (c)所示。图 4.27 (d)显示了图 4.27(a)中的三维 Y 型传感器网络的所有面骨架节点。

2. 面骨架建立

为了避免舍入误差、边界噪声等因素带来的不良影响，面骨架点识别利用了扩展特征节点而非严格意义上的特征节点。虽然这样识别出的面骨架点也都处于网络中心，但识别出的面骨架点较多，尤其对于具有平行边界的三维网络。为此，在识别出的面骨架节点中构造极大独立集(maximal independent set, MIS)，再对 MIS 中的骨架点进行三角化，得到最终面骨架。

对无向面骨架图 $G_S=(V_S,E_S)$(V_S 表示面骨架节点集合，E_S 表示面骨架节点间的边集)，V_S 的独立集是一个子集 $V'_S \subset V_S$，且 V'_S 中的任意两个节点都不是邻居。特别地，如果 V'_S 中的节点数是所有独立集中最多的，则该独立集为最大独立集(Maximum Independent Set)[91]。最大独立集的计算是 NP 难问题，我们只需求解一个极大独立集 V'_S，使得 V_S 中的任意点都不能再进入 V'_S 中，否则将破坏独立性(independency)。利用类似文献[92]中的方法，构造出面骨架点的极大独立集，其中任意两点间的跳数距离大于1且小于3，如图 4.27 (e)所示。这种做法的好处是得到的面骨架点分布相对均匀。利用 MIS 中的节点生成 Voronoi 图，其中每个 Voronoi 元有且仅有 MIS 中的一个点。基于该 Voronoi 图，利用文献[92]中的方法得到其对偶图(dual graph)，即 Delaunay 三角化，从而得到网络的面骨架，如图 4.27(f)所示。

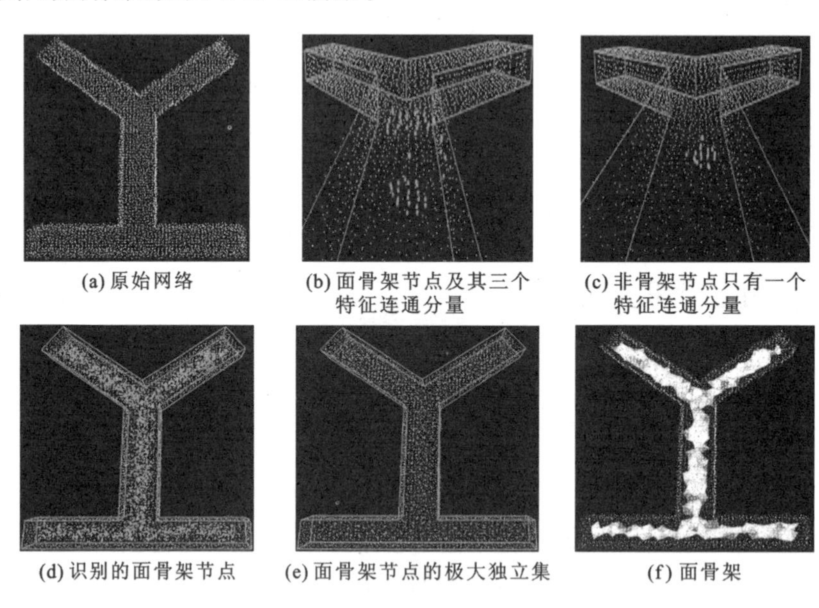

图 4.27 算法示例

参考文献

[1] Blum H. Transformation for extracting new descriptors of shape, models for the perception of speech and visual form. MIT Press, 1967: 363-380.

[2] Blum H. Biological shape and visual science (part I). Theoretical Biology, 1973, 38: 205-287.

[3] Cornea N D, Silver D, Min P. Curve-skeleton properties, applications and algorithms. IEEE Transactions on Visualization and Computer Graphics, 2007, 13(3): 530-548.

[4] Brandt J W, Algazi V R. Continuous skeleton computation by voronoi diagram. CVGIP: Image Understanding, 1992, 55(3): 329-338.

[5] Choi W P, Lam K M, Siu W C. Extraction of the euclidean skeleton based on a connectivity

criterion. Pattern Recognition,2003,36(3):721-730.

[6] Coupriea M,Coeurjollyb D,Zrourc R. Discrete bisector function and euclidean skeleton in 2D and 3D. Image and Vision Computing,2007,25(10):1543-1556.

[7] Ge Y, Fitzpatrick J M. On the generation of skeletons from discrete euclidean distance maps. IEEE Transactions on Pattern Analysis and Machine Intelligence (TPAMI),1996,18(11):1055-1066.

[8] Leymarie F, Levine M. Simulating the grassfire transform using an active contour model. IEEE Transactions on Pattern Analysis and Machine Intelligence (TPAMI),1992,14(1):56-75.

[9] Niblack C, Gibbons P, Capson D. Generating skeletons and centerlines from the distance transform. CVGIP:Graphical Models and Image Processing,1992,54(5):420-437.

[10] Schaefer S, Yuksel C. Example-based skeleton extraction. Proc of Eurographics Symposium on Geometry Processing,2007:153-162.

[11] Talbot H, Vincent L. Euclidean skeletons and conditional bisectors. Proc of Visual Communications and Image Processing (VCIP),1992,1818:862-876.

[12] Vincent L. Efficient computation of various types of skeletons. Proc of SPIE Medical Imaging V, 1991:297-311.

[13] Adluru N,Latecki L J,Lakaemper R,et al. Contour grouping based on local symmetry. Proc of IEEE ICCV,2007:1-8.

[14] Sherbrooke E C,Patrikalakis N M,Bris-son E. Computation of the medial axis transform of 3-D polyhedral. Symposium on Solid Modeling and Applications,1995:187-200.

[15] Sherbrooke E C,Patrikalakis N M,Brisson E. An algorithm for the medial axis gransform of 3D polyhedral solids. IEEE Trans on Visualisation and Comp Graphics,1996,2(1):44-61.

[16] Siddiqi K,Shkoufandeh A,Dickinson S,et al. Shock graphs and shape matching. Proc of ICCV, 1998:222-229.

[17] Sebastian T B,Klein P N,Kimia B B. Recognition of shapes by editing their shock graphs. IEEE Trans Pattern Anal Mach Intell(PAMI),2004,26(5):550-571.

[18] Aslan C, Tari S. An axis based representation for recognition. Proc of ICCV,2005:1339-1346.

[19] Hilaga M, Shinagawa Y, Kohmura T, et al. Topology matching for fully automatic similarity estimation of 3D shapes. Proc of ACM SIGGRAPH,2001:203-212.

[20] Zhu S C, Yuille A L. FORMS:A flexible object recognition and modeling system. Int J Comput Vis,1996,20(3):187-212.

[21] Torsello,Hancock E R. A skeletal measure of 2D shape similarity. Computer Vision and Image Understanding (CVIU),2004,95(1):1-29.

[22] Bruck J,Gao J,Jiang A A. MAP:Medial axis based geometric routing in sensor networks. Proc of ACM MOBICOM,2005:88-102.

[23] Bruck J,Gao J,Jiang A A. MAP:Medial axis based geometric routing in sensor networks. Wireless Networks,2007,13(6):835-853.

[24] Jiang H, Liu W, Wang D, et al. Case:Connectivity-based skeleton extraction in wireless sensor networks. Proc of IEEE INFOCOM,2009.

[25] Jiang H,Liu W,Wang D,et al. Connectivity-based skeleton extraction in wireless sensor networks.

IEEE Transactions on Parallel and Distributed Systems (TPDS),2010,21(5):710-721.

[26] Choi H I,Choi S W,Moon H P. Mathematcal theory of medial axis transform. Pacific J Math, 1997,181(1):57-88.

[27] Ge Y,Fitzpatrick J M. On the generation of skeletons from discrete euclidean distance maps. IEEE Transactions on Pattern Analysis and Machine Intelligence (TPAMI),1996,18(11):1055-1066.

[28] Bai X,Latecki L,Liu W. Skeleton pruning by contour partitioning with discrete curve evolution. IEEE Transactions on Pattern Analysis and Machine Intelligence (TPAMI),2007,29:449-462.

[29] Wang Y,Gao J, Mitchell J S B. Boundary recognition in sensor networks by topological methods. Proc of ACM MOBICOM,2006:1000-1009.

[30] Dong D,Liu Y, Liao X. Fine-grained boundary recognition in wireless ad hoc and sensor networks by topological methods. Proc of ACM MOBIHOC,2009:135-144.

[31] Fekete S P, Kroeller A, Pfisterer D, et al. Neighborhood-based topology recognition in sensor networks. Algorithmic Aspects of Wireless Sensor Networks: First International Workshop (ALGOSENSOR),2004:123-136.

[32] Liu W,Jiang H,Bai X,et al. Distance transform-based skeleton extraction and its applications in sensor metworks. IEEE Transactions on Parallel and Distributed Systems (TPDS),2013,24(9): 1763-1772.

[33] Liu W,Jiang H,Bai X,et al. Skeleton extraction from incomplete boundaries in sensor networks based on distance transform. Proc of IEEE ICDCS,2012.

[34] Zhu X,Sarkar R,Gao J. Shape segmentation and applications in sensor networks. Proc of IEEE INFOCOM,2007.

[35] Niblack C,Gibbons P,Capson D. Generating skeletons and centerlines from the distance transform. CVGIP:Graphical Models and Image Processing,1992,54(5):420-437.

[36] Ge Y,Fitzpatrick J M. On the generation of skeletons from discrete euclidean distance maps. IEEE Transactions on Pattern Analysis and Machine Intelligence (TPAMI),1996,18(11):1055-1066 .

[37] Talbot H, Vincent L. Euclidean skeletons and conditional bisectors. Proc of Visual Communications and Image Processing(VCIP),1992,1818:862-876.

[38] Brandt J W, Algazi R R. Continuous skeleton computation by Voronoi diagram. CVGIP: Image Understanding,1992,55(3):329-338.

[39] Vincent L. Efficient computation of various types of skeletons. Proc of SPIE Medical Imaging V, 1991:297-311.

[40] Coupriea M,Coeurjollyb D, Zrourc R. Discrete bisector function andEuclidean skeleton in 2D and 3D. Image and Vision Computing,2007,25(10):1543-1556 .

[41] Liu W,Jiang H,Wang C,et al. Connectivity-based and boundary-free skeleton extraction in sensor networks. Proc of IEEE International Conference on Distributed Computing Systems (ICDCS),2012.

[42] Zhu D,Wang Y,Xing J,et al. A novel skeleton extraction algorithm in sensor networks. Advanced Technologies in Ad Hoc and Sensor Networks,2014:27-35.

[43] Doddavenkatappa M,Chan M,Ananda A. INDRIYA: A low-cost,3D wireless sensor network testbed.

Proc of ICST Conference on Testbeds and Research Infrastructures for the Development of Networks and Communities (TRIDENTCOM),2011.

[44] Werner-Allen G, Swieskowski P, Welsh M. Motelab: A wireless sensor network testbed. Proc of ACM/IEEE IPSN,2005.

[45] Zhang T, Wang D, Cao J, et al. Elevator-assisted sensor data collection for structural health monitoring. IEEE Transactions on Mobile Computing,2012, 10:1555-1568.

[46] Wang F, Wang D, Liu J. EleSense: Elevator-assisted wireless sensor data collection for high-rise structural monitoring,Proc IEEE INFOCOM'12,Orlando,FL,2012.

[47] Wang F, Liu J. Utilizing elevator for wireless sensor data collection in high-rise structure monitoring. Quality of Service (IWQoS),2011 IEEE 19th International Workshop on,1,9,6-7.

[48] Li B, Wang D, Wang F, e al. High quality sensor placement for structural health monitoring systems: Refocusing on application demands. Proc IEEE INFOCOM'10,San Diego,CA,2010.

[49] Li B,Wang D,Ni Y Q. Demo:On the high quality sensor placement for structural health monitoring. IEEE INFOCOM'09,Rio de Janeiro,Brazil, 2009.

[50] Li B,Wang D,Ni Y Q. Demo: An imote2 compatible high fidelity sensing module for SHM sensor networks. IEEE INFOCOM'10,San Diego,CA,2010.

[51] Jiang X D, Tang Y L,Lei Y. Wireless sensor networks in structural health monitoring based on ZigBee technology. Anti-counterfeiting, Security and Identification in Communication, 2009: 449,452.

[52] Liu X F,Cao J N, Song W Z,et al. Distributed sensing for high quality structural health monitoring using wireless sensor networks. Real-Time Systems Symposium (RTSS),2012 IEEE 33rd,2012: 75,84.

[53] Ling Q,Tian Z, Yin Y J,et al. Localized structural health monitoring using energy-efficient wireless sensor networks. Sensors Journal,IEEE,2009,9(11):1596,1604.

[54] Harms T, Sedigh S, Bastianini F. Structural health monitoring of bridges using wireless sensor networks. Instrumentation & Measurement Magazine,IEEE,2010,13(6):14,18.

[55] Niu J J, Deng Z D, Zhou F G,et al. A structural health monitoring system using wireless sensor network. Wireless Communications, Networking and Mobile Computing, WiCom '09 5th International Conference on, 2009:1,4,24-26.

[56] Yi W J, Gilliland S, Saniie J. Wireless sensor network for structural health monitoring using System-on-Chip with Android smartphone. SENSORS,IEEE, 2013 :1,4,3-6.

[57] Li F M, Xiong L,Liu XH,et al. Data transfer protocol in bridge structural health monitor system using wireless sensor network. Intelligent Control and Automation,WCICA 2006. The Sixth World Congress on,2006,(1):5102,5105.

[58] Reniers D, van WijkJ J, TeleaA. Computing multiscale curve and surface skeletons of genus 0 shapes using a global importance measure. Visualization and Computer Graphics, IEEE Transactions on, 2008,14(2):355,368.

[59] Strand R. Surface skeletons in grids with non-cubic voxels. Pattern Recognition, ICPR 2004. Proceedings of the 17th International Conference on, 2004:548,551.

[60] Tam R, Heidrich W. Shape simplification based on the medial axis transform. Proc of IEEE Visualization Conference,2003.

[61] Sheehy D J, Armstrong C G, Robinson D J. Shape description by medial surface construction. Visualization and Computer Graphics,IEEE Transactions on, 1996,2(1):62,72.

[62] Reniers D, Telea A. Robust segmentation of voxel shapes using medial surfaces. Shape Modeling and Applications,SMI 2008. IEEE International Conference on,2008:273,274.

[63] Leymarie F F, Kimia B B, Giblin P J. Towards surface regularization via medial axis transitions. Pattern Recognition,ICPR 2004. Proceedings of the 17th International Conference on,2004,3:123,126.

[64] Serino L, Di Baja G S. Pruning the 3D curve skeleton. Pattern Recognition (ICPR),2014 22nd International Conference on,2014:2269,2274,24-28.

[65] Livesu M, Guggeri F, Scateni R. Reconstructing the curve-skeletons of 3D shapes using the visual hull. Visualization and computer graphics,IEEE Transactions on,2012,18(11):1891,1901.

[66] Wang Y S, Lee T Y. Curve-skeleton extraction using iterative least squares optimization. Visualization and Computer Graphics,IEEE Transactions on,2008,14(4):926,936.

[67] Cornea N D, Silver D, Min P. Curve-skeleton applications. Visualization,VIS 05. IEEE,2005:95,102.

[68] Hassouna M S, Farag A A. On the extraction of curve skeletons using gradient vector flow. Computer Vision,ICCV 2007. IEEE 11th International Conference on, 2007:1,8.

[69] Hassouna M S, Farag A A. Variational curve skeletons using gradient vector flow. Pattern Analysis and Machine Intelligence,IEEE Transactions on,2009,31(12):2257,2274.

[70] Cornea N D, Demirci M F, Silver D,et al. 3D object retrieval using many-to-many matching of curve skeletons. Shape Modeling and Applications,2005 International Conference,2005:366,371.

[71] Zhu Z J, Sarkar R, Gao J. Segmenting a sensor field: Algorithms and applications in network design. ACM Transactions on Sensor Networks,2009.

[72] Dey T K,Giesen J,Goswami S. Shape segmentation andmatching with flow discretization. Proc Workshop on Algorithmsand Data Structures,2003:25-36.

[73] Dey T K,Giesen J,Goswami S. Shape segmentation andmatching from noisy point clouds. Proc of the First Eurographics Conference on Point-Based Graphics,2004.

[74] Liu W, Jiang H, Yang Y,et al. A unified framework for line-like skeleton extraction in 2D/3D sensor networks. Computers,IEEE Transactions on,2015,64(5):1323,1335.

[75] Liu W P,Jiang H B, Yang Y,et al. A unified framework for line-like skeleton extraction in 2D/3D sensor networks. Network Protocols (ICNP),2013 21st IEEE International Conference on,2013:1,10.

[76] Attali D,Boissonnat J D,Lieutier A. Complexity of the delaunay triangulation of points on surfaces: The smooth case. Proc of the Nineteenth Annual Symposium on Computational Geometry,2003.

[77] Dey T K, Sun J. Defining and computing curve-skeletons with medial geodesic function. Proc of Symposium on Geometry Processing,2006.

[78] Federer H. Geometric Measure Theory (Classics in Mathematics). Springer-Verlag,1996.

[79] Xia S, Ding N, Jin M, et al. Medial axis construction and applications in 3D wireless sensor networks. Proc of IEEE INFOCOM, Mini-Conference, 2013.

[80] Bouix S, Siddiqi K. Divergence-based medial surfaces. Proc of European Conference on Computer Vision, 2000.

[81] Yu X, Yin X, Han W, et al. Scalable routing in 3D high genus sensor networks using graph embedding. Proc of IEEE INFOCOM, Mini-Conference, 2012.

[82] Liu W, Yang Y, Jiang H, et al. Surface skeleton sxtraction and its application for data storage in 3D sensor networks. Proc of the Annual ACM International Symposium on Mbile Ad Hoc Networking and Computing(ACM MOBIHOC), 2014.

[83] Damon J. Global medial structure of regions in R^3. Geometry and Topology, 2006, 10: 2385-2429.

[84] Leymarie F F, Kimia B B. Computation of the shock scaffold for unorganized point clouds in 3D. Proc of IEEE Conference on Computer Vision and Pattern Recognition, 2003.

[85] Leymarie F F, Kimia B B. The medial scaffold of 3D unorganized point clouds. IEEE Transactions on Pattern Analysis and Machine Intelligence, 2007, 29(2): 313-330.

[86] Reniers D, Telea A. Segmenting simplified surface skeletons. Proc of the 14th IAPR International Conference on Discrete Geometry for Computer Imagery, 2008.

[87] Jiang H, Zhang S, Tan G, et al. CABET: Connectivity-based boundary extraction of large-scale 3D sensor networks. Proc of IEEE INFOCOM, 2011.

[88] Li F, Luo J, Zhang C, et al. Unfold: uniform fast on-line boundary detection for dynamic 3D wireless sensor networks. Proc of ACM MOBIHOC, 2011.

[89] Zhou H, Wu H, Jin M. A robust boundary detection algorithm based on connectivity only for 3D wireless sensor networks. Proc of IEEE INFOCOM, 2012.

[90] Zhou H, Xia S, Jin M, et al. Localized algorithm for precise boundary detection in 3D wireless networks. Proc of IEEE ICDCS, 2010.

[91] Andrade D, Resende M, Werneck R. Fast local search for the maximum independent set problem. Journal of Heuristics, 2012, 18(4): 525-547.

[92] Zhou H, Jin M, Wu H. A distributed Delaunay triangulation algorithm based on centroidal Voronoi tessellation for wireless sensor networks. Proc of ACM MOBIHOC, 2013.

[93] Azimi N, Gupta H, Hou X, et al. Data preservation under spatial failures in sensor networks. Proc of ACM MOBIHOC, 2010.

[94] Fang Q, Gao J, Guibas L, et al. GLIDER: Gradient landmark-based distributed routing for sensor networks. Proc of IEEE INFOCOM, 2005.

第5章 网络分解

在传感器网络的应用中，高效的传感器网络设计的先决条件是了解部署环境中，传感器节点的几何形状。大规模的无线传感器网络的全局拓扑往往是复杂而不规则的，其中可能含有障碍物或空洞。因此，在实际应用中，传感器网络很少部署在一个形状简单的区域，如正方形或一个圆盘。例如，地理路由是一个典型的无线传感器网络路由方案，其中一个节点进行路由决策时采用贪婪的策略，所以路由决策往往只是利用了本地坐标中的小部分。不规则的传感器区域对无线传感器网络的许多应用(如路由、定位等)有许多不利影响，现在已经有许多方法致力于改善传统算法的性能，使之适应不规则的区域。但是这种做法缺点明显，它们大多只是针对特定应用而设计，不具备普适性。

为应对不规则形状所带来的挑战，越来越多的研究人员开始关注无线传感器网络的分割/凸分区问题，即如何将一个形状不规则的传感器网络分解成若干凸网络。注意这里考虑的只是形状分割，而不是数据分割或信号区域分割。在将网络分割成若干凸的子区域后，传统的算法就可以分别应用于这些形状简单的几何区域。这样一来，无须对特定算法作大规模修改，就可在每一个凸区域中使传统的算法性能得到大幅提升，同时解决了跳数距离与直线最短路径存在显著偏差的问题。

现有的网络分解算法基于分解结果可以分为(近似)凸分解和一般分解(不能保证分解后的网络是凸或近似凸的)。也可以基于应用场景分为二维传感器网络的分解与三维传感器网络的分解。

5.1 近似凸分解ACD算法

绝大多数算法是假设网络所存在的区域形状规则(如凸的)，所以这些算法在规则的网络区域里表现良好，但是在形状不规则的网络区域中，如网络边界上有凹点，或者网络存在洞，这些算法的性能便急剧下降[1]。因此，对网络进行形状分解，在每个分解后的子区域中采用要求形状规则的已有算法，如GPSR路由算法和MDS-MAP定位算法等，可以显著提高这些算法的性能。本节将介绍一种近似凸分解算法(approximate convex decomposition，ACD)[2,3]，目的是将网络分解成一些近似凸的子网络，使得在每个子网络中。为了对近似凸分解有更加直观的认识，如图5.1、图5.2所示。图5.1(b)和图5.2(b)是对凹度不同的两个网络进行凸分解的结果，可以看出整个网络都被分解为两个形状较规则的子网络。下面详细介绍ACD算法的几个主要步骤。

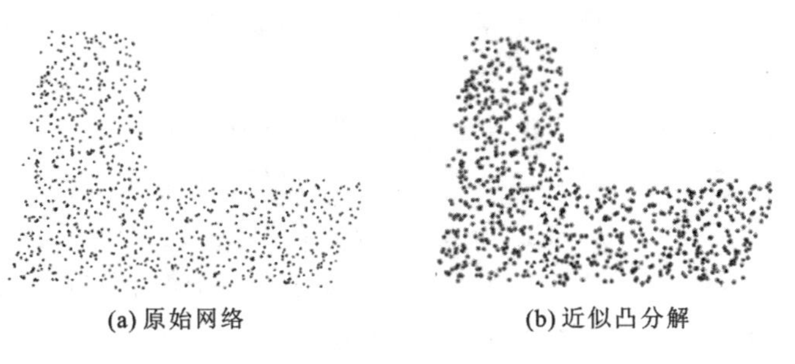

(a) 原始网络　　(b) 近似凸分解

图 5.1　L 型网络

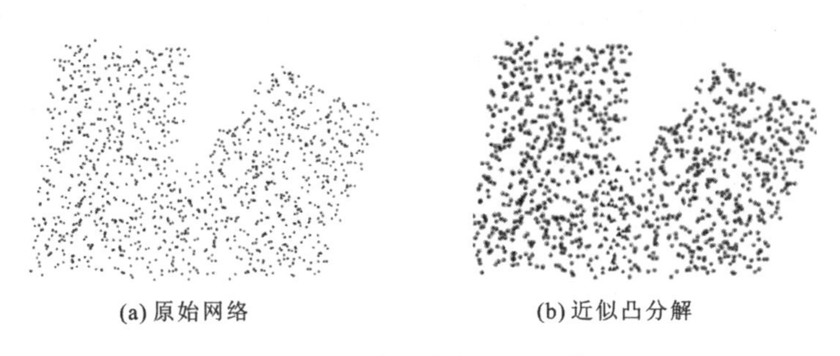

(a) 原始网络　　(b) 近似凸分解

图 5.2　凹度更大的 L 型网络

5.1.1　凹/凸点识别与边界分割

因为网络中凹点和凸点位于网络边界上，所以 ACD 算法首先需要知道网络边界信息。关于获取网络边界信息的边界识别算法很多[4-9]。接着对任意边界节点 p 进行局部泛洪，得到其 k 跳邻居 $N_k(p)$（定义为与节点 p 之间的跳数距离小于等于 k 的节点集合）和 k 跳邻居 $\partial N_k(p)$（定义为与节点 p 之间的跳数距离等于 k 的节点集合）。在边界节点 p 的 k 跳邻居中，对位于 p 不同侧的两个边界节点 p_1 和 p_2，通过在边界节点 p 的 k 跳邻居中进行限制性广播，可以得到 p_1 和 p_2 间的圆周距离，以及节点 p 的 k 跳曲率。这里节点 p 的 k 跳邻居中任意两个节点 p_1 和 p_2 间的最短圆周路径 $D_k^p(p_1,p_2)$ 为所有在 p_1 和 p_2 最短路径上的节点集合；而相应地，定义其间的圆周 $|D_k^p(p_1,p_2)|$ 为 $D_k^p(p_1,p_2)$ 上的节点个数减去 1。对边界节点 p，假定 p_1 和 p_2 是两个边界节点，且都在节点 p 的 k 跳邻居上，那么定义节点 p 的 k 跳曲率为

$$c_k(p)=\frac{|D_k^p(p_1,p_2)|}{\pi\times k}$$

给定正实数 δ_1 和 δ_2，如果 $C_k(p)>1+\delta_1$，那么节点 p 是凹点；如果 $C_k(p)<1-\delta_2$，那么节点 p 是凸点。

以图 5.3 为例，在图 5.3(a)中，边界节点 p 的 3 跳邻居节点是箭头周围的实心节点集合，边界节点 p_1 和 p_2 间的最短路径是图中箭头连接的节点集合。根据定义，图中 p_1 和 p_2 间的圆周距离 $|D_3^p(p_1,p_2)|=13-1=12$，节点 p 的 3 跳曲率为 $C_3p=\frac{12}{3\pi}=1.27$，若 $\delta_1<0.27$，那么节点 p 便是凹点。

显然，节点和间的圆周距离是计算节点凹度的重要依据，接下来介绍如何通过贪婪方式来得到最短圆周路径。首先，让节点 p_1 在节点 p 的 k 跳邻居节点中发起限制性泛洪信息。当中间节点 q 接收到 p_1 发出的信息后，若节点 q 有一个邻居节点 q'，它是 p 的 k 跳邻居，且 q' 没有接收到 p_1 发出的信息，那么 q 将信息发送给 q'。若这样的节点 q' 不存在，那么中间节点 q 将信息发送给 p 的 $(k-1)$ 跳邻居节点。重复这样的过程，直到 p_1 发出的信息到达节点 p_2，这样，仅利用节点 p 的 k 跳邻居节点，构建出节点 p_1 和 p_2 间的一条最短路径（最短圆周路径），如图 5.3(b)所示。如果节点 p_3 不能寻找到节点 p 的 3 跳邻居节点当成转发信息的下一跳节点，那么节点 p_3 会把节点 p 的 2 跳邻居节点 p_4 当成转发信息的下一跳节点；相同的道理，因为节点 p_4 不能找到节点 p 的 3 跳邻居节点作为转发信息的下一跳节点，那么节点 p_4 将 p_5 当成转发信息的下一跳节点。之后，节点 p_5 发送信息给节点 p 的 3 跳邻居节点，直到被转发的信息最终被节点 p_2 所接收到。此时我们称节点 p_4 和 p_5 为辅助节点。相应地，p_1 和 p_2 间的圆周距离可以用公式 $|D_k^p(p_1,p_2)|-\delta$ 来计算，其中 δ 是 k 与辅助节点到节点 p 的距离之差。在图 5.3(b)中，$\delta=3-2=1$，p_1 和 p_2 间的圆周距离等于 $(14-1)-1=12$，节点 p 的 3 跳曲率为 $C_3p=\frac{12}{3\pi}=1.27$。若 $\delta<0.27$，那么节点 p 是凹点。

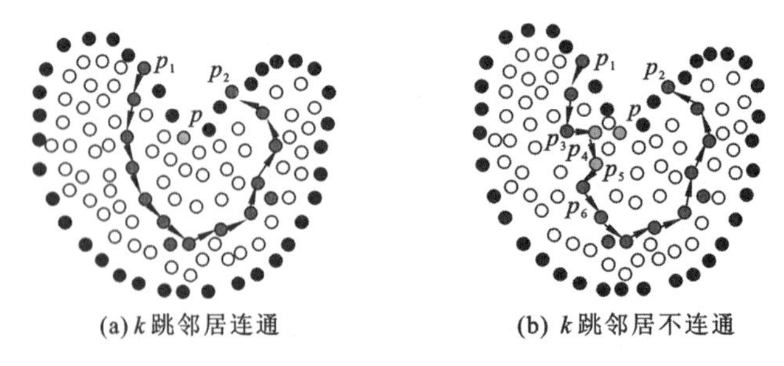

图 5.3　凹点识别示意图

当我们得到网络中的所有凹点和凸点后（图 5.4(b)），利用这些节点可以将网络边界分割成多个分支，其实现方法如下：每个凸点在边界上发送限制性泛洪信息，在节点 q 接收到凸点发送出的信息后，若 q 是边界节点但不是凸节点，那么 q 转发这个信息，否则 q 丢弃这个信息。按照这样的方法，接收到相同两个凸点发送出的信息的边界节点就组成了一个连通分量，即一个边界分支，并且把两个凸点中的最小 ID 当成这个连通分量的 ID。若在某一个边界上没有找到凸点，就将这条边界整个作为一个边界分支，其最小边界节点 ID 作为对应的连通分量 ID。这样就实现了整个网络边界的分割过程，如图 5.4(c)所示。

5.1.2　网络近似凸分解

实现近似凸分解最关键的一步就是构造网络中的分割线，将整个网络分割成形状规则的子区域，在降低凹点凹度的同时，也保证分解的凸区域数尽可能地少。这里所说的分割线是一个非空连通分量，它的两个端点都是边界节点并且分别在不同的边界分支上，两个端点中至少有一个端点是凹点。寻找这样的分割线并不简单，如图 5.5(a)所示。若简

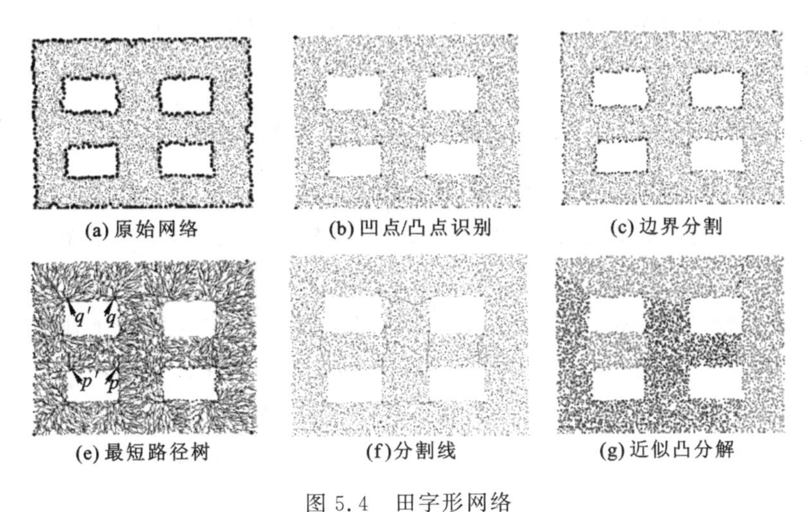

图 5.4 田字形网络

注:节点数为 5184,平均度为 12.77,$k=5$,$\delta_1=0.5$,$\delta_2=0.2$。

单地将两个凹点用最短路径连接,那么在进行分割后,这两个凹点的凹度并不能保证一定小于给定临界值。因此,在大多数情况下,需要构建一条曲线分割线方能达到此目的,如图 5.5(a)所示的 l_2 和 l_3。此外,由于分割线是分割后子网络的边界,还需要保证分割线上没有新的凹点存在。

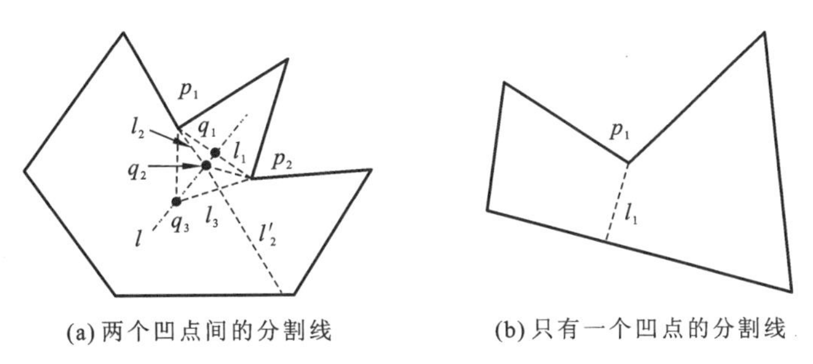

图 5.5 分割线

要找到满足这样条件的分割线,每个凹点在网络中采用泛洪方式来构建最短路径树,这里的泛洪信息包括凹点的节点 ID、凹点所在边界分支的 ID,以及代表该条泛洪信息所经过跳数的计算器 C。当节点 q 收到凹点 p 发出的泛洪信息时,节点 q 执行的策略是:若节点 q 没有收到任意一个凹点所发出的泛洪信息,那么节点 q 将加入以凹点 p 为根节点的最短路径树 $T(p)$,并将计数器 C 加 1 后,将更新的泛洪信息转发到节点 q 的邻居节点;否则节点 q 会把接收到的泛洪信息丢弃。最后,按照这种方法构建了以每个凹点为根节点的最短路径树,如图 5.4(d)所示。

两个最短路径树可能相邻,表明其对应的根节点(凹点) 可以连接起来,形成一条分割线来降低两个根节点的凹度。但为降低分割个数,分割线的两个端点应处于不同边界分支上。因此,ACD 算法仅考虑具有不同边界分支 ID 上的两个凹点是否能相连成一条分割线。假定 q_1 和 q_2 是两条不同边界分支上的凹点,若 $T(q_1)$和 $T(q_2)$相邻,则将所有到 q_1 和 q_2 跳数距离之差不大于 1 的节点集合称为 q_1 和 q_2 的 Cut(记为 $C(q_1,q_2)$);若

$C(q_1,q_2)$中的节点 l(根节点为 q_1)和 l'(根节点为 q_2)分别属于不同的最短路径树,则称 l 和 l'为 Cut 对,记为(l,l')。

显然,一条分割线应该至少通过凹点 q_1 或 q_2 的 k 跳邻居节点 s,满足$\frac{H_k(s)}{\pi\times k}<1+\delta_1$,称这样的节点 s 为备选分割点。因此,对于任意 Cut 对(l,l'),若节点 l(或 l')与其根节点之间的最短路径上存在备选分割点,则 l(和 l')与其根节点之间的最短路径形成一条备选分割线,如图 5.4(e)所示。

由上述备选分割线的构建过程可以看出,每个凹点都至少有一条分割线与之对应,且其凹度小于给定的临界值 $1+\delta_1$。但是,这些分割线并不能保证分解后的每个子网络都是近似凸的(每个子网络的凹度都小于 $1+\delta_1$)。这是因为当备选分割线的两个端点都是凹点时,在作为子网络边界的分割线上,可能存在凹度大于 $1+\delta_1$ 的节点。因此,需对备选分割线上节点的凹度进行识别和处理。

假定分割线 l 将网络分割成两部分 S_1 和 S_2,则分割线 l 上的节点是 S_1 和 S_2 的边界节点;假定分割线的两个端点为凹点 p_1 和 p_2,其对应的 Cut 对记为(l,l')。由于分割线上 l 与 p_1 以及 l'与 p_2 之间的部分均为最短路径,那么分割线上 l 与 p_1 以及 l'与 p_2 之间的节点凹度小于$1+\delta_1$。为此,可以把 l 与 l'看成一个虚拟节点 l'',如果 l''的凹度小于 $1+\delta_1$,则两个子网络 S_1 和 S_2 均为近似凸的。注意到 l''在 S_1 和 S_2 中可能具有不同凹度,记 l''的最大 k 跳曲率为 $c_k(l'')$。显然,如果(l,l')和(q,q')是对应于相同两个凹点 p_1 和 p_2 的 Cut 对 $C(p_1,p_2)$,且满足 $d(l,p_1)+d(l',p_2)<d(q,p_1)+d(q',p_2)$,则有 $c_k(l'')<c_k(q'')$,这里 q''是 q 与 q'形成的虚拟节点。

自然地,若(l,l')满足

$$d(l,p_1)+d(l',p_2)=\min_{(q,q')\in C(p_1,p_2)} d(q,p_1)+d(q',p_2)$$

且

$$c_k(l'')<1+\delta_1$$

则其对应的备选分割线 I 上所有节点的凹度均小于 $1+\delta_1$,因而备选分割线 I 就是所求的凹点 p_1 和 p_2 间的分割线;否则将 l 与 p_1(或 l'与 p_2)之间的最短路径延长直至与网络边界相交,备选分割线 I 以及延长线即为所求的分割线。

注意并非在每两个凹点间都要实现上述过程,这是因为如果两个凹点间的分割线长度与其最短路径相等,则该分割线上的节点的凹度均小于 $1+\delta_1$。

在特殊情形中,有些凹点,如如图 5.4(d)所示中的 q',可能不存在这样的 Cut 对。为此,在以凹点 q'为根节点的最短路径树上,寻找满足如下条件的边界节点 l:

(1) l 属于 $T(q')$,且和 q'处于不同的边界分支上;

(2) l 和 q'的最短路径上存在备选分割点;

(3) q'的凹度是满足条件(1)的所有节点凹度的最大值。

显然,l 和 q'的最短路径即为一条分割线,能将 q'的凹度降低至 $1+\delta_1$ 下,如图 5.5(b)所示。

找到网络分割线后,利用在分割线上进行限制性泛洪的方法,可以为每条分割线分配唯一的 ID。然后,每条分割线上的节点开始进行泛洪,这里的泛洪信息包含对应分割线的 ID。每个中间节点会把所收到的信息中包含的分割线 ID 当成该节点所在区域的区域 ID。这样，具有相同区域 ID 的节点组成了连通分量，从而将网络进行近似凸分解，使得每个子区域的凹度都小于 $1+\delta_1$，如图 5.4(f)所示。

5.2 CONVEX 凸分解算法

在离散网络中，由于节点覆盖有限或者障碍物的存在，许多网络拓扑中存在空洞，严重影响了网络路由性能。考虑到不均匀的节点分布以及有限的节点密度，CONVEX 算法[10,11]的目标是将网络分解成近似的凸多边形子区域(或分割)，其思路是：首先基于边界点的邻居节点数来识别凹点，并从凹点引入角平分线(bisector)来实现网络凸分解。其中几个比较关键的术语介绍如下。

(1) r 跳内部节点：如果某个节点距离其最近边界节点至少为 r 跳，那么该节点就是一个 r 跳内部节点。给定参数 r，区域中的 r 跳节点密度 D_r 是指某一区域中所有 r 跳内部节点的平均 r 跳邻居大小。

(2) r 跳临界度：一个边界节点 p 的 r 跳临界度为 $C_r(p)=\frac{|N_r(p)|}{D_r/2}$。临界度反映了边界节点邻居区域的形状。如果节点 p 位于一条直边界线的中央，那么其邻居区域近似是一个半圆盘，则 $C_r(p)$接近于为 1。如果 $C_r(p)$远远偏离于 1，则节点 p 可能处于内边界的拐角附近。

(3) 凹关键点与凸关键点：给定 $1>\delta_1>0$ 与 $0<\delta_2<1$ 两个系统参数，对边界节点 p，如果 $C_r(p)>1+\delta_1$，则 p 是凹关键点，如果 $C_r(p)<1-\delta_2$，则 p 是凸关键点。

如果我们用多边形来粗略地表示网络区域边界，那么关键点对应于多边形上的顶点。其中，内角大于 π 的顶点是凹节点，而内角小于 π 的顶点是凸节点。

在介绍这些术语之后，接下来介绍 CONVEX 凸分解算法的详细过程。同 ACD 算法一样，CONVEX 算法需要首先假定边界节点已被识别出，然后每个空洞被分配唯一 ID，且每个属于某一个特定的洞的边界节点都记录其所在的空洞 ID。然后，CONVEX 算法通过识别关键点、构建角平分线和分割识别来实现网络凸分解。

5.2.1 识别关键点

关键点的识别是基于节点的 r_0 跳临界度(r_0 是一个小的常系统参数) 的大小来进行。在选取 r_0 时，应使网络里面有足够多的 r_0 跳内部节点。在不引起混淆的情况下，我们常常将节点的跳临界度简写为临界度。如果 p 是一个凹关键点，那么它的临界度应该大于 1，并且其临界度在同一边界上的所有 r_0 跳邻居中也应该是局部最大的；反之，如果 p 是凸关键点，其临界度应该小于 1，并且在同一边界上的所有 r_0 跳邻居中也应该是局部最小的。如果一个边界节点 p 位于足够长的直线边界的中间，则它的临界度应该接近于 1。因此判断 p 是否是一个关键点，需要计算其邻居节点数 $|N_{r_0}(p)|$ 和节点 D_r 密度，实现方法如下：节点 p 在其 r_0 跳邻居中进行局部泛洪，并沿着相反路径收集所有的回复信息。为计算 D_{r_0}，首先让许多内部节点按一定概率分布在网络上。特别地，每一个非边界

节点以一个小概率进行环搜索来寻找最近的边界节点。这个搜索限定在 p 的 r_0 跳距离之内。如果 p 发现其最近边界节点在 r_0 跳环上或者在 r_0 跳环之外，那么 p 就是一个 r_0 跳内部节点。通过这种方式，我们就可以得到 $|N_{r0}(p)|$。然后，我们可以根据临界度的定义来计算得到 $C_{r0}(p)$，并通过比较 $C_{r0}(p)$ 与 1 的大小来判断 p 是否是一个关键点。如果 $C_{r0}(p)>1+\delta_1$，并且 $C_{r0}(p)$ 在同一边界上节点 p 的所有 r_0 跳邻居中局部最大，那么 p 是一个凹关键点；如果 $C_{r0}(p)<1-\delta_1$，并且 $C_{r0}(p)$ 在同一边界上节点 p 的所有 r_0 跳邻居中局部最小，那么 p 是一个凸关键点；否则 p 不是一个关键点。δ_1 与 δ_2 是两个系统参数，参数 δ_1 与 δ_2 决定了上述过程对于噪声的敏感程度。如图 5.6(a)所示，在一个图中识别的关键点，它们粗略地反映了洞的形状。

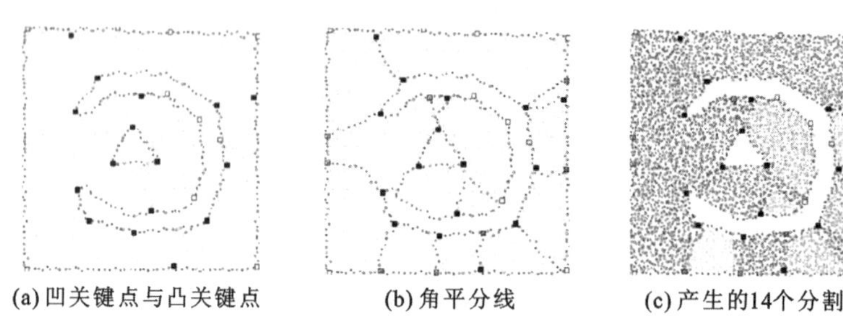

图 5.6　CONVEX 算法示例

5.2.2　角平分线构建

传感器网络区域可视为一个多边形区域，其中区域外边界与内部洞都是简单多边形，网络分割的结果则是许多凸多边形的集合。在 CONVEX 算法中，网络凸分解的关键是在每个凹关键点的内角处画一条角平分线。在一个分布式环境中，画一条线可被视为从某一点出发、按照已知方向连续移动某点经过这个平面，如图 5.7(a)所示。我们假定这个方向已经确定了，现在每个凹关键点 p 向外发出一个点 q。在点 q 移动的过程中，可能会碰到一条线(这条线要么是一个已经存在的区域/洞的边界，要么完全或部分是从另一点出发画的平分线)，那么此时移动将终止于此交点处，线段变成了某个新分割的一条边，而 q 则形成了一个交点。当 q 移动时，它可能会偶尔碰到从其他某个点处发出的另一个移动的点。这时候比较起始点(凹点) 的节点 ID，来自较大 ID 起始点的点将继续移动，而其他点则停止，并且形成了一个新的分割边。继续移动的点最终将会碰到某一条边界边，并且形成另一条分割边，如图 5.7(b)所示。

类似于在二维平面上画角平分线，在一个离散的传感器网络中，我们需要识别一条被称为从凹关键点 p 出发的角平分线路径，参见图 5.6(b)。角平分线节点应该与 p 的两条相邻边界路径有近似相同的距离。如果 p_0 与 p_1 是 p 所在边界上分别在顺时针方向上和逆时针方向上、且距离 p 为 r_0 跳的两个节点，那么在一条角平分线路径上的节点与节点 p_0 和 p_1 的距离应该是近似相等的。如果我们找到这样一条角平分线路径的终点 q，那么整条路径就可以看成是 q 与 p 间的近似最短路径。

我们按照如下方法来寻找 p 的角平分线终点 q。首先，p 找到两个节点 p_0 与 p_1。然后 p 指令 p_0 与 p_1 分别执行一个泛洪操作。当一条泛洪信息抵达中间节点 v 时，v 记录

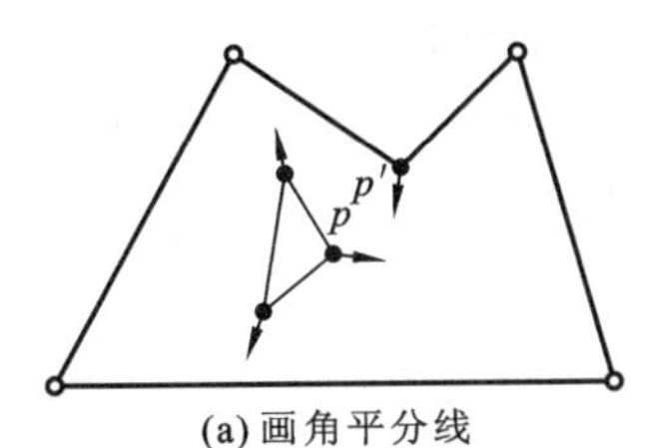

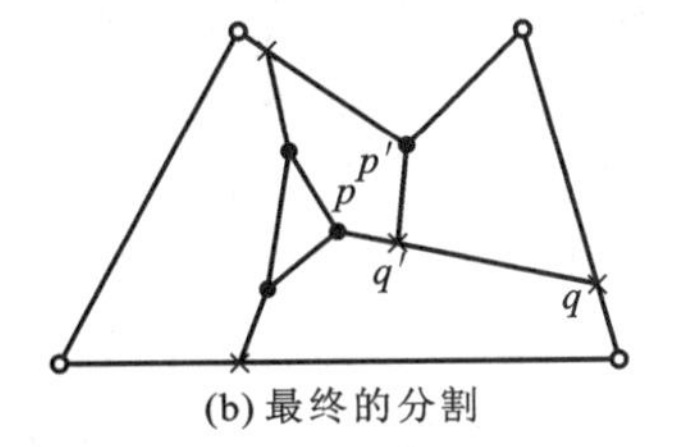

图 5.7　一个多边形的凸分解

注：传感器区域是非阴影区。关键点和交点都是最终分割上的顶点。

其父节点（p 从父节点处收到信息）以及这条信息当前已经过的跳数。只有当 v 不是边界节点时，v 才转发这条信息到它的邻居节点。如果 v 在区域/洞边界上，并且已经收到来自于 p_0 与 p_1 的信息，它就要比较其距离 p_0 与 p_1 的跳数距离。如果这个距离是相同的，或者只相差一个极小的常数，那么 v 立刻沿着相反路径发送一个回复信息到节点 p；这条信息将会记录下所有已经过节点的 ID。在收到多条回复信息的情况下，p 选择距离节点 p_0 与 p_1 有最小平均距离的那个节点，然后发送一个确认信息经过记录在 q 的回复中的相反路径到达被选择的节点 q，因此这条路径就是角平分线路径。当确认信息经过时，在其路径上的节点（不包含 p 与 q）标记自身为角平分线节点（也是边界节点），并且记录两个端点 p 与 q。注意，这里的角平分线节点也是分解后区域的边界节点。

我们可以使用几个策略来避免产生被过度分割的区域。首先，当我们找到一个边界节点 q（其与 p_0 与 p_1 间的距离相等）的时候，q 进行局部的 2 跳广播来寻找附近现存的关键点或者备选角平分线端点。如果另一个边界节点是一个关键点，或者距离 p_0 与 p_1 的平均距离更小，或者距离 p_0 与 p_1 的距离差更小一些，那么 q 放弃与 p 间建立一条角平分线路径的机会。其次，当两个现存的关键点碰巧发现彼此都是期望的角平分线端点时，有较大 ID 的关键点将会决定角平分线路径。

由于角平分线路径的产生是不同步的，一些路径可能会互相交叉。为了避免这种现象，每个凹关键点 p 在某一时期周期性地发送一条信息经过角平分线路径 (p,q)，直到这个阶段结束。当这条信息经过时，中间节点 x 检查它的 1 跳邻居是否包含在另一条角平分线路径 (p',q') 的角平分线节点 x'。如果包含，它就比较 $\mathrm{ID}(p)+\mathrm{ID}(q)$ 与 $\mathrm{ID}(p')+\mathrm{ID}(q')$ 的大小。如果前者较大，或者其与后者相等但是 $\mathrm{ID}(p)>\mathrm{ID}(q')$，那么 p 与 q 间的角平分线路径被分割了：节点 x' 被视为 p 的新角平分线端点，在 q 与 x 间（不包含 q 与 x）的路径段不再是角平分线路径上的一部分；也就是说，在那段路径上的所有节点不再是角平分线节点。

经过这个阶段后，传感器区域被分解成许多子区域（或分割），每一个分割都是一个近似凸多边形。每个多边形有许多关键点和交点作为其顶点，且有一些边（被称为分割边），每条分割边是两个关键/交点间的路径。我们让每个分割顶点记住其在分割图上相邻的分割顶点。

5.2.3　分割识别

分割识别依赖于探测分割边的泛洪。一个分割中的某一首领（leader）节点收集边的信息，构造分割多边形，并且最终告诉每个节点它属于哪一个分割。这个阶段的关键处就是将泛洪限制在某一分割中而不让其进入网络的其他部分。尽管角平分线路径提供了两个分割间的自然分界线，但是在不知道位置信息的情况下，角平分线路径附近的节点不可能知道其究竟位于哪一侧。我们的策略是在角平分线路径附近构造一个带状区域，从而阻止在一个分割中的泛洪进入另一个分割。角平分线节点的所有1跳邻居节点不包括角平分线节点自身，组成了这样一个带状区域，其中的节点被称为带状节点。这样，到目前为止我们已经将节点分成四类：非角平分线边界节点、角平分线边界节点、带状节点以及其他节点。我们让所有的边界节点记住其关联的分割边端点，让所有的带节点记住它们角平分线路径上的端点。

对于一个分割 P，分割泛洪从 P 的关键点附近某些节点开始。这样的关键点只需要是凹关键点，因为每个分割必须至少有一条角平分线路径作为多边形的一条边，从而有至少一个凹关键点为多边形顶点。在这种方法下，所有的分割都接收到泛洪信息。一个凹关键点在其邻居中搜索带状区域外的两个最近边界节点，其中一个位于顺时针方向上，另一个位于逆时针方向上。如果这样一个节点存在，那么 p 指令这个节点开始泛洪。

假定在分割 P 中的一个节点 p 开始执行泛洪，泛洪信息会被转发到除带状节点与角平分线节点之外的所有节点。当泛洪信息抵达一个带状节点或角平分线节点时，这条泛洪信息收集这些节点相关分割边的信息，包括端点ID以及跳数长度，并沿着相反路径返回到 p。然后 p 收集边集合 $\in$ 的信息，根据这个信息可以尝试构造一个多边形。当然，收集到的边可能会组成一个多边形，也可能不能形成一个多边形，有三种可能的情形要考虑(图5.8)。

(1) 在 $\in$ 中的边正好形成一个环，如图5.8(a)所示。这是一种理想的情形，这个环直接被当成一个多边形。

(2) 在 $\in$ 中的边形成唯一的环，并且还有一些多余的非环边，如图5.8(b)所示。多余的边是由凹关键点附近的带节点所形成的。我们只需要移除这些边，然后将这个环当成多边形。

(3) 在 $\in$ 中的边不形成环，如图5.8(c)所示。这种情形会形成一些节点，被称为孤立节点。

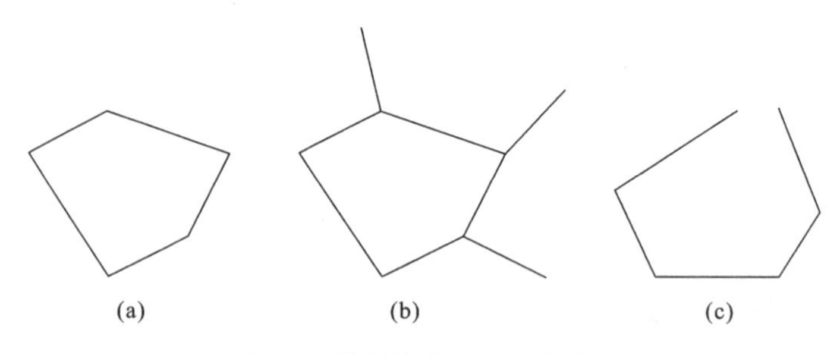

图5.8　分割构建中的三种情形

如果 p 成功地构造了一个区域 P，那么 p 就是这个区域的首领节点，并且发起一个泛洪来将其ID告知 P 中所有节点。在一个分割中可能有不止一个首领节点；在这种情形下，有最大 ID 的首领节点 P_{max} 获胜，并且 P 中的节点仅仅将 P_{max} 视为它们的首领节点。对于角平分线节点以及带状节点，它们同时属于两个相邻的分割；对于孤立节点，我们让它寻找一个最近的有分割分配的节点，并且让该孤节点加入那个节点所属的分割。

值得注意的是，CONVEX 算法在稀疏网络中很难正确识别凹点，且算法分解的子网络块数过多，若将其用于网络定位算法设计，会加大定位误差的累积效应。

5.3 CONSEL 分割算法

前面提到的两种分解算法只适用于二维传感器网络，本节将介绍在二维/三维网络中都适用的凸分解算法 CONSEL（connectivity-based segmentation in large-scale）算法[13,14]，它从莫尔斯（Morse）函数出发，根据传感器节点之间的连通性，通过建立无线传感器网络的 Reeb 图来对大规模的二维/三维传感器网络进行凸分割。

CONSEL 算法的主要思路是：某边界节点首先执行全局泛洪操作，构建网络整体 Reeb 图。然后普通节点会根据本地信息计算与同一区域中节点的互斥关系，进行本地粗略区域分割，从而形成很多小的分割块。接下来，如果相邻的分割块并不互斥，则将它们进行合并。最后，通过忽略会导致区域有微小凹陷情况的分割块互斥对，小的分割块将被合并，形成更大的分割块。在 CONSEL 算法中，根据每块凹陷程度的系统阈值，可对分割后每块的凹陷程度进行控制。

CONSEL 算法有下列特点。

（1）它适用于二维和三维传感器网络。

（2）它不需要传感器节点坐标、距离信息或边界信息，而只需要网络节点间的连接信息即可。

（3）它提供了一个控制每块区域凹陷程度的阈值，可以根据传感器网络的不同应用进行调节和配置。

（4）它不需要集中式操作，且具备很好的可扩展性，其时间和通信复杂度都与网络规模呈线性关系。

5.3.1 相关理论知识介绍

1. Morse 函数理论

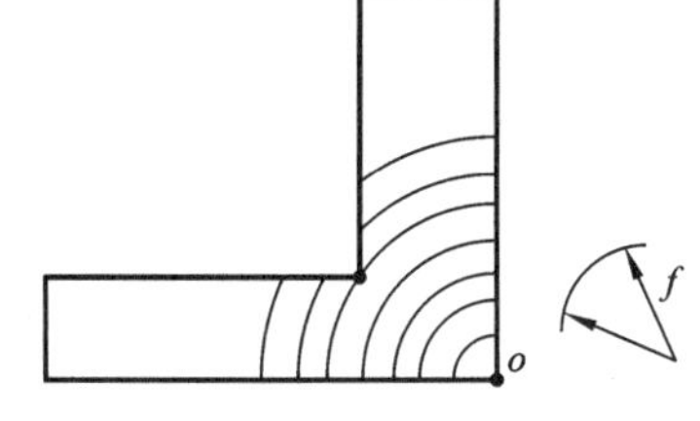

图 5.9 Morse 函数的简单实例

对于一个流形 M 来说，Morse 函数可以表示成一个映射：$M \rightarrow \mathbf{R}$，其中 $\mathbf{R}$ 是实数集。它可被认为是从高维空间到一维流形的投影。也就是说，一个 Morse 函数的输出是实数。在 CONSEL 算法中，Morse 函数 f 的结构如图 5.9 所示：给定一个源节点，对在传感器场的每个传感器节点 p，$f(p)$ 被称为节点 p 到源节点的跳数距离。在图 5.9 中，同一个圆弧上的所有节点都有相同的 $f(p)$

值。我们把这些节点定义为 Morse 函数值为 $f(p)$ 的集合。因此，Morse 函数的数学表示可记为 $f^{-1}(\cdot)=\mathbf{Z}$，其中 $\mathbf{Z}$ 为实数集。

对于一个三维流形 M 来说，Morse 函数可以定义为一个从高维空间到一维流形的映射：$M\rightarrow\boldsymbol{R}$，其中 $\boldsymbol{R}$ 是实数集。图 5.10 显示了一个圆环上的 Morse 函数，这个 Morse 函数把圆环上的一系列测地线映射到了一个代表高度的整数集 $\{0,1,2,\cdots,I\}$ 上。然而，我们并不能直接从一个离散网络的连接信息中推导出 Morse 函数值。为了解决这个问题，CONSEL 算法采取了一系列连续的测地线纹理来定义高属(genus)三维表面的 Morse 函数。

2. 测地线纹理

测地线纹理是指多条测地线组成的连续序列 g 以及每两条测距线之间的距离。在通常情况下，以上距离在实际中是很难获得的，所以该距离一般根据曲线长度 s，以及 Jacobi 场等参数推出的一阶近似给出。相应地，Morse 函数的定义变成了从一系列测地线 $\{g_1,g_2,\cdots,g_n\}$ 到一个整数集的映射。值得注意的是，Jacobi 场的计算需要方向信息，因此，CONSEL 算法中只使用了无线传感器网络的近似测地线纹理，如图 5.11 所示。

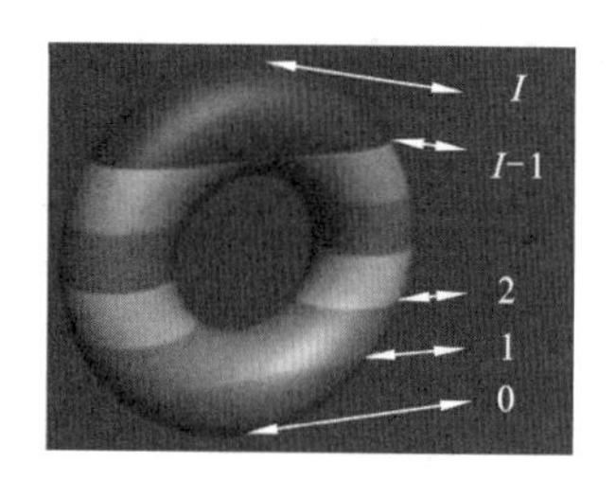

图 5.10　一个圆环上的 Morse 函数

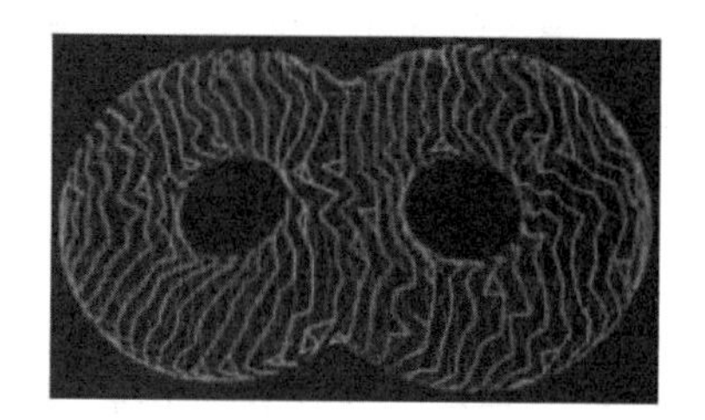
图 5.11　一个无线传感器网络的测地线纹理

3. Reeb 图

依据莫尔斯函数 f，表面 M 可通过连接部分数量的变化来建立一个 Reeb 图 R。正常情况下，连接部分的数量不会改变，除非有一个临界点出现。一个临界点就是一个梯度为 0 的点。理论上来说，一共有三种类型的临界点，即最小值点、鞍点和最大值点。由连接各个不同部分的关键点来获得 Reeb 图。该 Reeb 图的其余部分由连接这些点的弧组成，每个弧代表一个表面上的区域(连接的节点集)，如图 5.12(a)和图 5.12(c)所示。在 Reeb 图中，一个节点的度是指与该节点相关联的弧的数目。值得注意的是，在本节中 Reeb 图 R 恰好从一个具有索引 0 的最小值节点开始，建立一系列测地线。

Reeb 图的数学基础是 Morse 莫尔斯理论，它通常有两个基本操作：首先是构造莫尔斯函数 $f:M\rightarrow\boldsymbol{R}$，然后根据函数值把节点分割成不同水平(level)。图 5.13 显示了图 5.9 中给出网络的 Reeb 图，其中的 Reeb 图是由 Morse 函数连通分量在数量上的变化来确定的。在图 5.13 中，Reeb 图有三个顶点，每一个都对应着网络中的一个连通分量，其大致反映了网络的拓扑结构。此外，由一组连通的节点定义的弧线 (p_1,p_2) 和弧线 (p_2,p_3) (被称为切割线)将整个网络分割为三个凸部分。

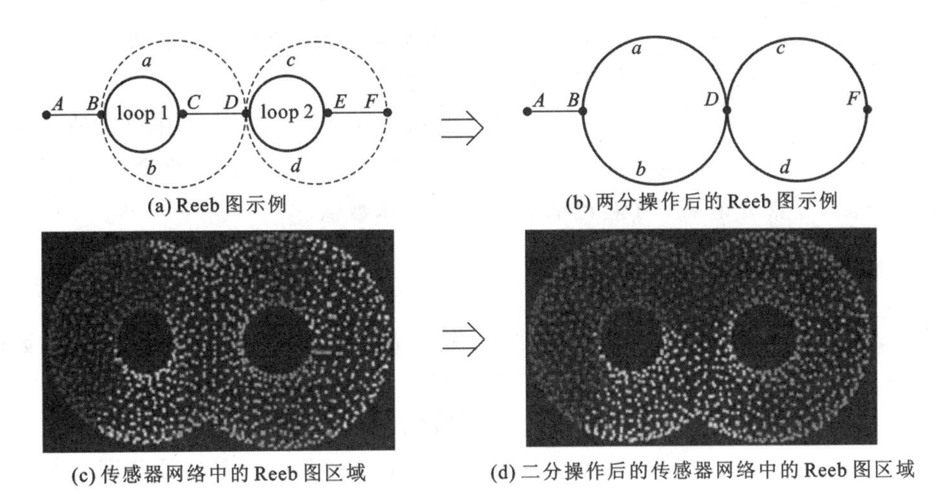

(a) Reeb图示例

(b) 两分操作后的Reeb图示例

(c) 传感器网络中的Reeb图区域

(d) 二分操作后的传感器网络中的Reeb图区域

图 5.12 Reeb图

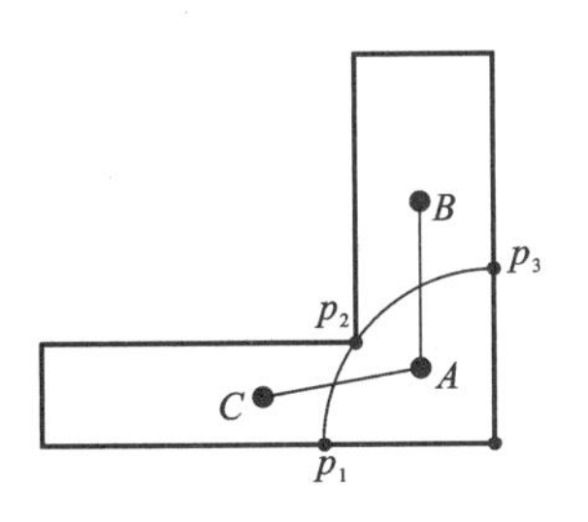

图 5.13 Reeb图的简单实例

4. 互斥对

在连续空间中，如果一个区域是凸的，则任意两内点间的连线都不会通过区域外的节点，因此可从 Morse 函数的角度考虑内点之间连线的作用。

在图 5.13 中，可以发现区域 B 中的任意一个节点和区域 C 的任意一个节点会形成一个互斥对(mutex pair)。简单地说，进行分割之后，它们不能被分割在同一区域。对于两个没有交集的区域 A 和区域 B，如果存在一个 A 的节点和一个 B 的节点组成一个互斥对，则区域 A 和区域 B 也被称为一个互斥对，记为 $A \sim B$。注意，一个节点可以被视为单个元素的集合，所以互斥对区域实际上也包括互斥对节点。

在得到基于函数 f 所构建的 Reeb 图后，要确定互斥对十分容易。因为 Reeb 图是由 f^{-1} 的连通分量的数量变化来决定的，由$[r_1, r_2]$范围内的函数值来确定的两个连通分量组成一个互斥对。与此同时，Reeb 图中相邻节点之间的切割可以分离这些互斥对。

5.3.2 CONSEL 分割算法设计

本节将详细阐述算法的实现细节。值得注意的是，即使是在一个二维区域中，要将一个多边形进行凸分解并保证分解个数最小，仍然是一个 NP 困难问题。因此，我们并不追求最佳的凸分割算法(当然，这里所谓的最佳也是无法评价的)。相反，CONSEL 算法提供的是一种可以以分布式方式来执行凸分块的简单实用的算法，其流程如图 5.14 所示。

1. 计算 Morse 函数

在网络外边界上以如下方式随机选择 I 个节点：一个随机选择的节点 p 执行泛洪找到离 p 最远的节点 o_1。此后，o_1 发起泛洪找到离 o_1 最远的点 o_2。然后通过类似的方法

找到节点 o_1 和 o_2 跳数的总和最大的节点 o_3。重复该过程，直到在外边界上找出了 I 个节点。这种选择方法对二维/三维传感器网络都适用。

这些在边界上找出的每个节点，在网络上各执行一次泛洪。首先在泛洪消息到达某个节点时，该节点记录下它接收到的消息、到源节点的跳数以及泛洪的父节点。相应地，通过这种方法，节点 p 记录下了自己的 I 个 Morse 函数值。

2. 建立 Reeb 图

Reeb 图是由 f^{-1} 的连通分量的数量变化来确定的，所以关键是如何来标示函数值为 r 跳这一水平中的连通分量(即 $f^{-1}(r)$) 的数量。为此，在 f^{-1} 的一组随机选择的节点 $q_k(1<k<K)$ 的范围内进行泛洪，泛洪的信息包含节点 ID 和经过的跳数。选择这些节点的过程如下：在 $f^{-1}(r)$ 上的每个节点 i 都以一给定概率声称自己是广播范围内的一个信标节点，这种广播消息仅发送到 $f^{-1}(r)$ 中的节点。也就是说，当一个节点 p 接收到一个广播消息时，它会比较消息所带的跳数值 r 和自己的 Morse 函数值 $f(p)$。如果这两个值不相等，则丢弃该消息，否则该节点会把自己的 ID 和信标节点 ID 进行比较。当自己的 ID 小于信标节点 ID 时，则该节点将自己标示为新的信标节点，然后将消息转发给它的所有邻居。通过这种方法，每一个 $f(p)$ 所在的连通分量里可以保证只有一个且是 ID 最小的信标节点，称为占优信标节点(dominating landmark node)。也就是说，每个连通分量中的所有节点都具有和其信标节点相同的 Morse 函数值。更一般地，假设存在两个连通分量，分别对应两个信标节点 q_1 和 q_2。在这种假设下，对于 $f^{-1}(r+1)$ 中的节点，我们也可以找出其所有信标节点，但其占优信标节点很少。

3. 计算互斥对并进行粗糙分割

在构建了 Reeb 图后，基于 Reeb 图的互斥对计算很容易。由于 Reeb 图由连通分量的数目变化来确定，基于函数值范围为 $[r_1, r_2]$ 中的两个不同连通分量(区域) 形成一个互斥对(如图 5.14(a)所示中分别对应于图 5.14(b)中 q_2 和 q_3 的节点所组成的两个区域)。与此同时，该 Reeb 图中的相邻顶点之间的切割线可以分离这些互斥对。

如前所述，在 $f^{-1}(r_1, r_2)$ 中的同一连通分量中，所有节点都应该被赋予相同的信标节点 ID。简单起见，这些节点记录自己的信标节点 ID 为其信标节点的 ID。同时每个占优信标节点记录下与其互斥的占优信标节点 ID。这样，每个节点会记录 I 个信标节点的 ID。

为得到粗糙分割，需通过以下思路来识别子区域，即具有 I 个相同信标节点 ID 的所有节点应该处于同一子区域中。以图 5.14(a)中的网络为例，这里 $I=8$，其中得到了 32 个占优信标节点。因而每个节点记录了 8 个信标节点的 ID。但是并非所有 32 个占优信标节点都会成为子区域的代表节点，因为它们中可能有些节点具有相同的 8 个信标节点 ID。此外，还有一些子区域可能没有代表性节点，因为它们可能没有一个信标节点。为解决这个问题，对余下还没有被分配子区域 ID 的节点，如节点 p'，将异步宣称其自身为其所在子区域的信标节点，并广播到所有与其具有相同的 8 个信标节点 ID 的邻居中。当某个中间节点 q 接收到该消息时，它将自己所在的子区域 ID 和 p' 的 ID 进行比较。仅当后者较小时，q 才会更新其子区域 ID，并将更新后的消息进行转发。

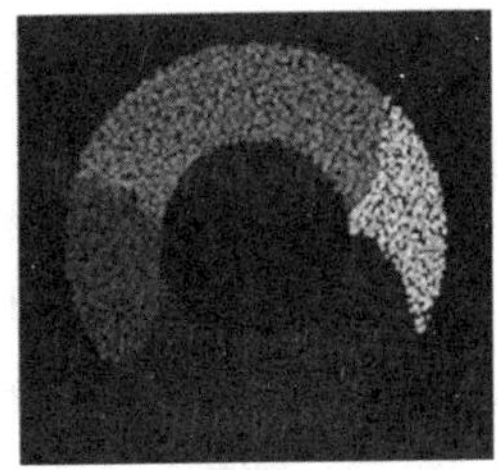

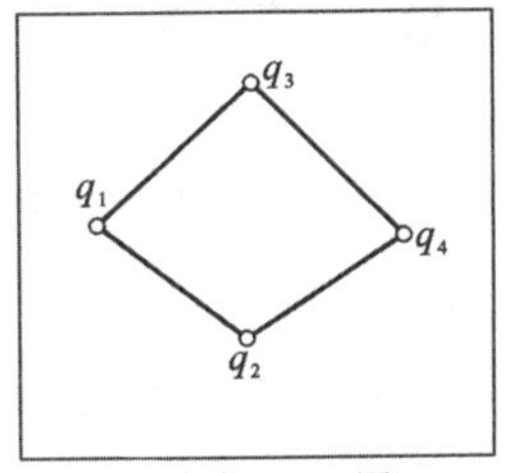

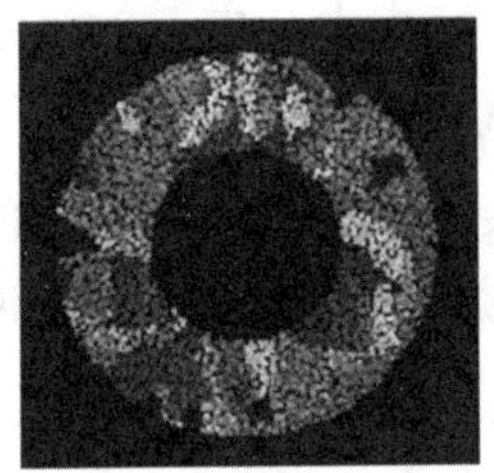

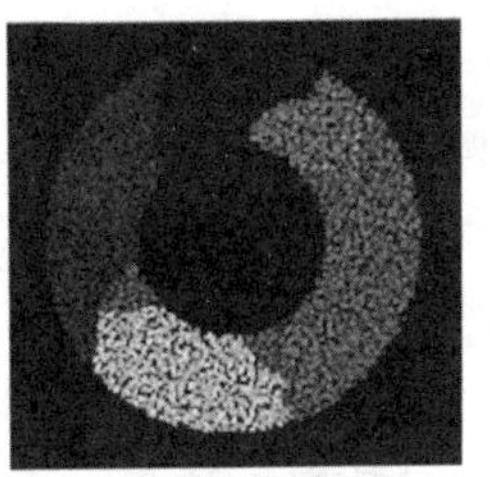

(a) 建立Reeb图1　　(b) 建立Reeb图2　　(c) 粗分块　　(d) 融合结果

图 5.14　CONSEL 算法示例

4. 融合子区域

一般情况下，Morse 函数的切割线会把整个网络分割成许多子区域。例如，图 5.14(c)显示了 65 块由 Morse 函数形成的子区域。由于每个候选切割线都能产生一些互斥对，我们只需要选择多个切割来产生所有互斥对即可。

选择切割的过程称为子区域融合。在每个子区域中的信标节点会维护一个信标节点 ID 列表。每个信标节点 q_1 会将其存储的信标节点 ID 列表发送给相邻子区域中的信标节点 q_2。如果 q_2 在两个信标节点 ID 列表中没找到任何互斥对，它就会回复一个肯定信息给 q_1，允许两个区域进行合并；q_2 广播一条消息，要求在自己所在的子区域中所有节点更新其子区域 ID 为 q_1 的 ID。同时，q_1 会将 q_2 中的信标节点 ID 列表包含在其信标节点 ID 列表中。该过程将持续下去，直到没有可以合并的相邻子区域为止。在图 5.14(d)中，图 5.14(c)的粗糙分块合并成了 8 个区域。

5. 分割结果优化

通常，传感器网络的互斥对集是一系列用于产生严格凸区域的所有互斥对的集合。然而，正如前面提到的，忽略凹度低的互斥对可以显著降低分块个数。

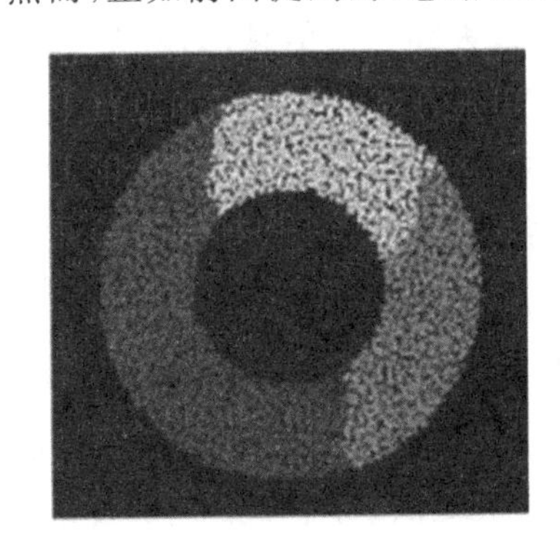

图 5.15　分割优化结果

为此，通过引入一个参数 δ，并忽略凹度小于 δ 的互斥对。具体实现过程是：每个信标节点检查其与切割线的距离。如果某个信标节点 q 关于切割线的凹度大于参数 δ，则这个信标节点会收到一个合并消息。如果 q 和互斥对信标节点 q' 都没有收到任何被动的消息，则节点 q 会通知节点 q'，说明这两个区域可以合并。也就是说，在 q 区域中的所有节点都将更新其区域 ID 为 q'。这个过程将继续下去，直到没有相邻区域可以合并。如图 5.15 所示为对图 5.14(d)进行优化后的分割效果。

5.4 一般分解算法

Zhu 等[1]提出了传感器网络分割方面的开创性研究成果，该算法首先提取中位轴并构造一个网络的距离场，然后基于流复形(flow complex)[15,16]，在矢量流场(flow field)中为每个节点分配矢量流函数；如果某节点没有流方向，则标示自身为一个汇聚节点。利用流函数和汇聚节点，将普通节点分组到各个汇聚节点所在的区域中。但该算法不能保证得到的分割结果都是凸或近似凸的，因而我们称其为一般分解算法。下面简要地介绍该算法的实现步骤。

5.4.1 边界监测

通过现有的边界识别方法识别出边界节点并将它们连接成环。此外，内部洞的边界以及外边界都被分配了唯一标志符，并且沿着边界环按一定顺序为每个边界节点分配一个 ID。因此，每个边界节点都知道其所在边界的标识符、边界长度及其在边界上的 ID。我们把边界 j 上的节点集合标记为 B_j。

5.4.2 构造距离场

识别边界节点后，在整个网络内部构造一个距离场，即每个节点到传感器边界的最短距离，即距离变换。定义第 j 个边界环上的区间(interval) I 为沿着边界环的一系列有序的边界节点 ID，它可唯一表示为$(j, start_I, end_I, |B_j|)$，其中 $start_I$ 与 end_I 是两个端点，$|B_j|$是第 j 个边界的长度。边界节点在网络内发起形式为(I,h)的泛洪信息，I 是最靠近传播节点(最近边界节点)的一个关于节点 ID 的区间(称为最近边界区间)，h 是到 I 中节点的距离。节点 p 追踪最近边界节点的区间集合 S_p。在接收到信息(I,h)后，节点 p 将比较 h 与其到边界的当前距离 h_p 的大小。如果 $h>h_p$，那么丢弃当前信息；如果 $h<h_p$，那么丢弃所有现存区间，令：$h_p=h, S_p:=\{I\}$，并且发送$(I,h+1)$到所有的邻居；如果 $h=h_p$，那么将 I 与同一边界上邻近或者重叠的区间合并起来，否则将 I 加到集合里 S_p，然后发送$(I,h+1)$到所有的邻居。在计算出网络中所有节点的最近区间后，如果$|S_p|>1$，那么节点 p 识别自身为中轴节点。

上述过程可通过两轮边界泛洪来实现：在第一轮泛洪中，每个节点记录其到边界的跳数距离；在第二轮泛洪中，每个节点广播其最近边界节点 ID 组成的最近边界区间。因此，构造距离场的过程简单来说就是：边界节点同时向网络内发起泛洪，每个节点记录其到边界的最小跳数距离以及边界上最近节点 ID 形成的区间。当节点有两个或者更多最近区间时，则该节点被识别为中轴节点，如图 5.16(a)所示。如果中轴节点 p 处于其最近边界点所组成的凸包(convex hull)$H(p)$中，则该节点为关键点(critical point)或汇聚节点，所有非汇聚节点被称为常规(regular) 节点，如图 5.17 所示。事实上，汇聚节点往往是中轴上距离场局部极大的中轴节点。

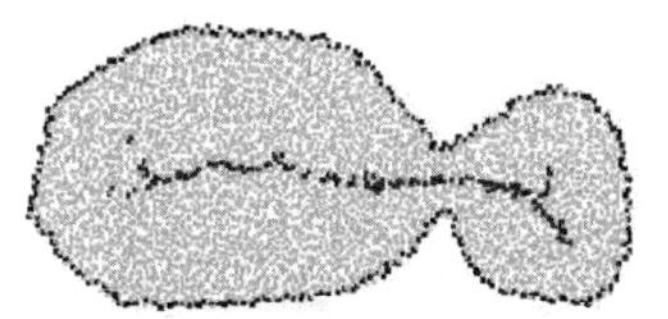

(a) 中轴节点和汇聚节点

(b) 汇聚节点生成的稳定流形

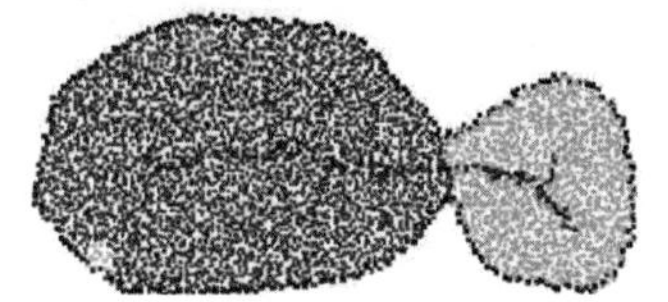

(c) 到边界有相似跳数的邻近汇聚节点及其稳定流形，被合并成一个流形

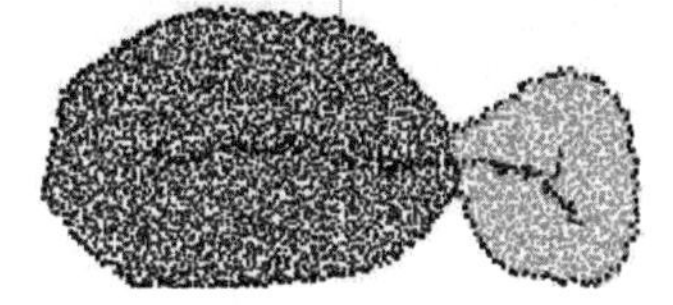

(d) 处理无父节点后的优化结果

图 5.16　具有 5000 个节点、平均度为 8 的鱼形网络

(a)中轴节点和汇聚节点;(b)汇聚节点生成的稳定流形

(c)到边界有相似跳数的邻近汇聚节点及其稳定流形,被合并成一个流形;(d)处理无父节点后的优化结果

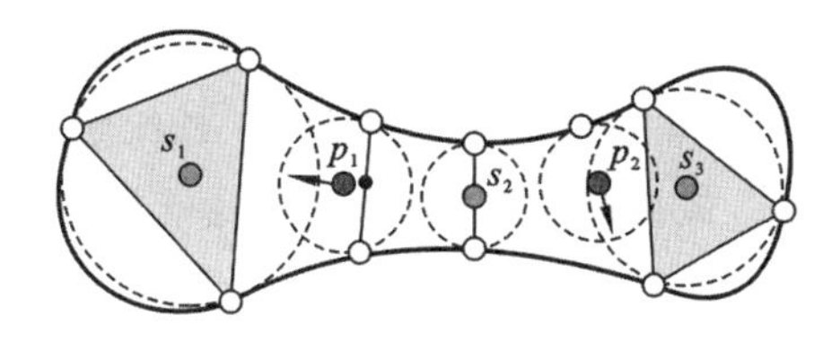

图 5.17　两个常规点(p_1 与 p_2)及它们的流矢量,汇聚节点(s_1,s_2 与 s_3) 位于最近边界点组成的凸包内

5.4.3　计算流指针

一旦节点 p 知道其距离边界的最小距离 h_p 以及所有与其距离为 h_p 的最近边界节点 ID 所组成的最近边界区间 I,它就可以构造一个流矢量(flow vector)$v(x)=\frac{x-d(x)}{||x-d(x)||}$,其中驱动器(driver)$d(x)$表示凸包 $H(x)$中的最近节点。例如,在图 5.17 中,节点 p_1 附近的实心黑点表示 p_1 的驱动器 $d(p_1)$。对于非中轴节点,其驱动器为唯一最近边界点,而汇聚节点的驱动器则是其自身。因此,基于流矢量场,每个节点都指向远离驱动器的方向,而最终所有节点都将“流”到汇聚节点处[15,16]。因而每个节点都能通过局部搜索找到汇聚节点。事实上,对于任意一对邻居节点 p 与 q,如果 $h_p<h_q$,那么 p 的最近区间一定被包含在 q 的最近区间中。或者严格地说,$\forall I\in S_p$,$\exists I'\in S_q$,满足 $I\subseteq I'$。

这样,每个节点就可以构造一个指向其父节点的流指针,这个父节点距离边界更远,但最近边界区间最对称。例如,在图 5.18 中,节点 p 将选择节点 b 作为其父节点 $v(p)$,其中 mid(b)表示节点 b 的最近边界区间的中间节点,注意汇聚节点不存在父节点。作为结果,以汇聚节点为根节点的一个森林将自然而然建立起来,而所有以相同汇聚节点为根节点的节点(流向相同汇聚节点的所有节点) 组成一个稳定流形(stable manifold),即一个分割,如图 5.16(b)所示。注意到此时的分割结果包含很多细小的区域,即碎片

(fragment)。这种现象在网络边界相互平行时尤其严重,因为许多汇聚节点被识别出来,从而形成过多森林。

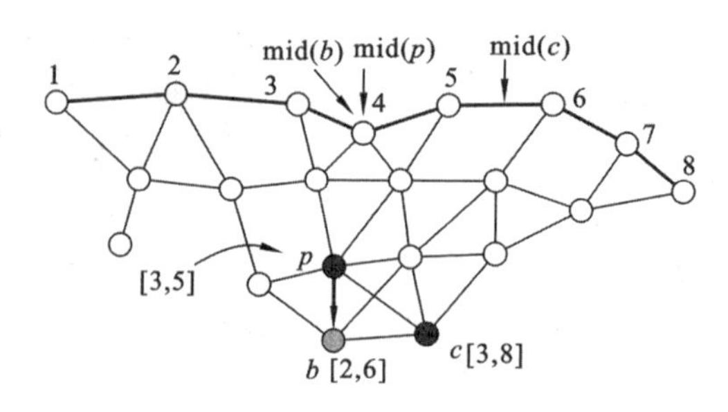

图 5.18 由于 b 是区间更对称的邻居,节点 p 选择节点 b 作为其父节点 $v(p)$

5.4.4 合并邻近汇聚节点

为防止整个网络被分割成过多碎片,需要把那些与边界距离相似的邻近汇聚节点进行合并。合并后的所有汇聚节点组成汇聚节点群(sink cluster)。一个汇聚节点群 $K(\mathrm{id},h_{\max},h_{\min})$ 表示,id 是该群中所有汇聚节点的最小节点 ID,即群中首领的 ID,$h_{\max}$ 与 $h_{\min}$ 分别是所有汇聚节点到边界的最大距离与最小距离。通过设置临界值 t 来控制合并进程,使得合并后的汇聚节点群满足 $|h_{\max}-h_{\min}|\leqslant t$。具体实现时,每个汇聚节点等待一个随机时间来开始合并过程。最初,每个汇聚节点自身就是一个汇聚节点群,也是一个汇聚节点群首领。一个汇聚节点群首领沿着中轴寻找要被合并的邻近汇聚节点(或者汇聚节点群)。特别地,一个汇聚节点群首领 c 在中轴上的所有邻居节点中,广播其当前汇聚节点群 $(\mathrm{id},h_{\max},h_{\min})$ 的搜索信息。

汇聚节点群 $(\mathrm{id},h'_{\max},h'_{\min})$ 的每个中轴节点 p 收到这个指令后,执行如下规则(令 $h_{\max}=\max(h_{\max},h'_{\max})$,$h_{\min}=\min(h_{\min},h'_{\min})$)。

(1) 如果 $|H_{\max}-H_{\min}|>t$,那么节点 p 丢弃这条信息。

(2) 否则节点 p 转发这条指令到中轴上的所有邻居节点。如果节点 p 是一个汇聚节点群首领,那么节点 p 将会把其汇聚节点群与 c 的汇聚节点群合并起来。

在第二种情况下,当 p 想要被合并时,它就发送一个合并请求到 c,并且等待响应。当请求抵达 c 时,根据其最新的 $h_{\max}$ 与 $h_{\min}$ 值,首领节点 c 作出合并决定,并且选择在合并群中有最小 ID 的汇聚节点作为新的群首领,而其 ID 作为新的汇聚节点群 ID。当一个汇聚节点接收到几个合并请求后,我们可以只通过发出合并响应来抑制信息,这样合并的汇聚节点群集合就可以同时更新。当一个新群出现时,其群首领发出一个新的搜索信息来寻找要被合并的汇聚节点群。经过一个时间阈值后,如果再没接收到合并请求,合并过程将自动终止。简单地说,在中轴上距离边界有相似跳数的邻近汇聚节点被合并成一个汇聚节点群,且具有唯一分割 ID。

5.4.5 分割形成

当所有树的根节点为汇聚节点群中的节点时,那么每个汇聚节点群就界定了一个分割。为了得到这样的网络分割,每个汇聚节点 c 传播汇聚节点群的 ID 到根为 c 的树中所有节点，而汇聚节点群的 ID 即被看成分割 ID。这样，最终流向同一汇聚节点群的节点组成同一个分割区域，并且每个汇聚节点沿着反向父节点指针传播其分割 ID。图 5.16(c)和图 5.19 显示了分割的结果。

图 5.19　一个具有 2200 个节点、平均度为 6 的网络分割
注：分割临界值为(a)$t=2$；(b)$t=4$。

5.4.6　最后清除

由于噪声以及局部干扰的存在，尤其是在网络稀疏区域或者边界附近，可能产生到边界有局部最大跳数距离的非中轴节点，未被识别为汇聚节点。在这种情形下，局部极大处的节点以及以其为根节点的树中的所有节点都不属于任何分割区域，我们称这样的节点为孤立节点。在最后清除阶段，将孤立节点分配给邻近的分割区域。在一个连通网络中，通常存在一个孤立节点 p，但是它的某些邻居 q 有父节点。这种孤立节点 p 随机选择一个有父节点的邻居 q，并合并到那个分割中，直到所有节点都被分配到一个分割区域中。图 5.14(d)显示了最终的结果。值得注意的是，由于平行边界的存在，该算法在图 5.1 和图 5.2 所示的 L 形网络中很难正确分割，导致最终分割结果等同于原始网络，这说明它无法保证最终的分割结果是凸的。

5.5　三维传感器网络的瓶颈识别分割算法

前面介绍了二维传感器网络的形状分解，接下来介绍一种适合于三维无线传感器网络的分割算法[17]。该算法基于借助于黎曼几何中度量连续光滑边界曲面的区域狭窄性的内射半径(injectivity radius)这一度量(metric) 来识别瓶颈(bottleneck)，并将最小内射半径相似的边界节点看成一个瓶颈片(bottlenecksegment)，而内部节点则加入最近分割即可，因而我们把这个算法称为瓶颈识别分割算法。接下来详细介绍该算法的主要步骤。

5.5.1　计算内射半径

假设 M 是一个连续光滑表面，M 中任意两点 q 和 p 间的测地线(geodesic)是两点在边界面上而不会穿越内部的最短路径，它可看作直线在弯曲空间(curved space)中的推广。而曲面上的点 p 到点 q 的测地线可被映射为经过点 p 的切面上的切线，该切线沿着切线方向 v 直到距离为 t 处，即，如图 5.20(a)所示。类似地 $p+tv \to a$，一个圆心为 p 的测地圆是所有到点 p 测地距离相同的点集。测地线圆被映射成切面上的一个圆，这个映射称为指数映射(exponential map)。图 5.20(b)给出了两个不同边界点的指数映射。一旦测地线圆变大且接触到自身，指数映射在接触点处不再是一对一的映射，因而是非微分同胚(non-diffeomorphic)映射，如图 5.20(c)中 p_1 的指数映射。因此，定义点 p 的内射半径为满足在点 p 处的指数映射是微分同胚映射的最大半径。内射半径由曲面的几何形状所决定。因而在曲面上，不同点往往有不同的内射半径，在瓶颈区域附近的点，其内射半径相对较小。例如，图 5.20(c)中 p_1 的内射半径要小于 p_2。

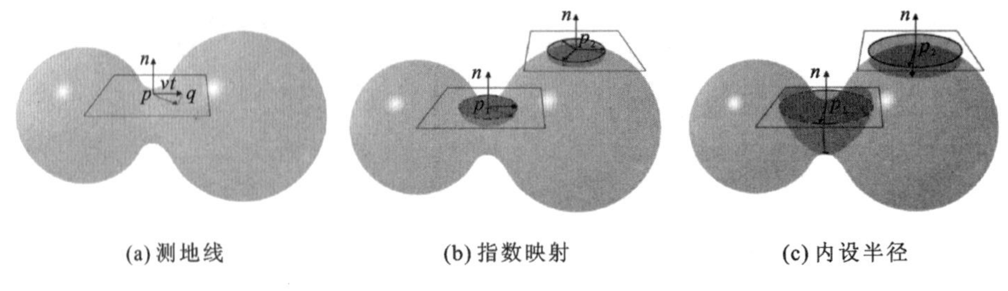

(a) 测地线　　(b) 指数映射　　(c) 内设半径

图 5.20　内射半径示例

在传感器网络中，假设三角化的网络边界信息已知，则每个边界节点的内射半径过程可分为以下 6 个步骤。

(1) 每个节点(如节点 v_i) 与一个测地圆边界清单(geodesic circle boundary list, GCBL) l_i 相关联，l_i 初始化为 ϕ(图 5.21(a))。l_i 代表圆心为节点 v_i 的近似测地圆。

(2) 节点 v_i 随机标记一个包含自己的面(如面 f_{ijk})，并更新其 GCBL，如图 5.21(b)所示。

(3) 如果面 f_{ijk} 的邻居面没有被节点 v_i 标记，那么将面 f_{ijk} 的邻居面"粘合"起来，如图 5.21(c)所示。

(4) 检测 l_i，移除连接相同节点但方向相反的连续边。当移除一对边后，再次检测 l_i 直到没有可移除的边存在，如图 5.21(d)和图 5.21(e)所示。

(5) 重复过程(3)与(4)，扩展以节点 v_i 为中心的图。当连接相同节点的两条边在 l_i 中出现两次、但非相继出现时，表明该图从两个方向相遇，则终止本过程，如图 5.21(f)所示。

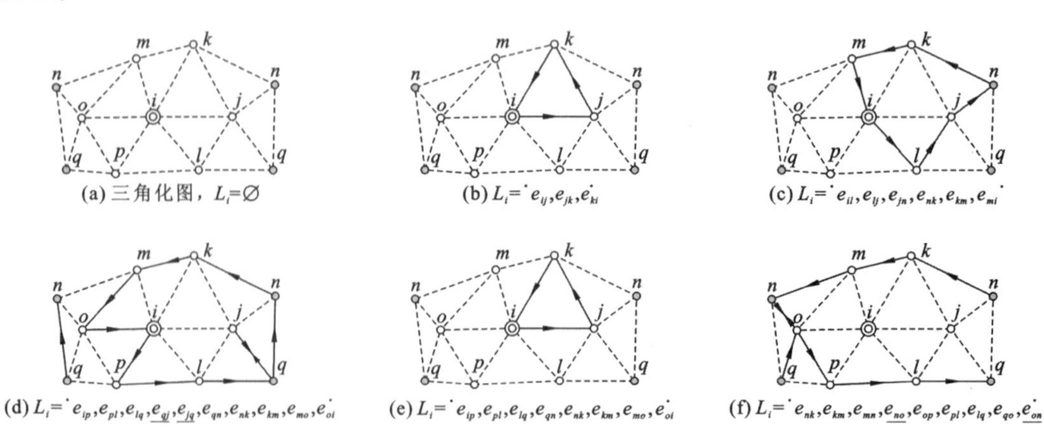

(a) 三角化图，$L_i=\varnothing$　　(b) $L_i=\{e_{ij},e_{jk},e_{ki}\}$　　(c) $L_i=\{e_{il},e_{lj},e_{jn},e_{nk},e_{km},e_{mi}\}$

(d) $L_i=\{e_{ip},e_{pl},e_{lq},\underline{e_{qj}},\underline{e_{jq}},e_{qn},e_{nk},e_{km},e_{mo},e_{oi}\}$　　(e) $L_i=\{e_{ip},e_{pl},e_{lq},e_{qn},e_{nk},e_{km},e_{mo},e_{oi}\}$　　(f) $L_i=\{e_{nk},e_{km},e_{mn},\underline{e_{no}},e_{op},e_{pl},e_{lq},e_{qo},\underline{e_{on}}\}$

图 5.21　内射半径计算过程

(6) 节点 v_i 可以很容易地找到其距离 l_i 中每个节点的跳数距离，而节点 i 的内射半

径 R_i 近似为所有跳数距离中的最大值，图 5.22(b)给出了一个三维传感器网络的边界节点内射半径计算结果[17]。

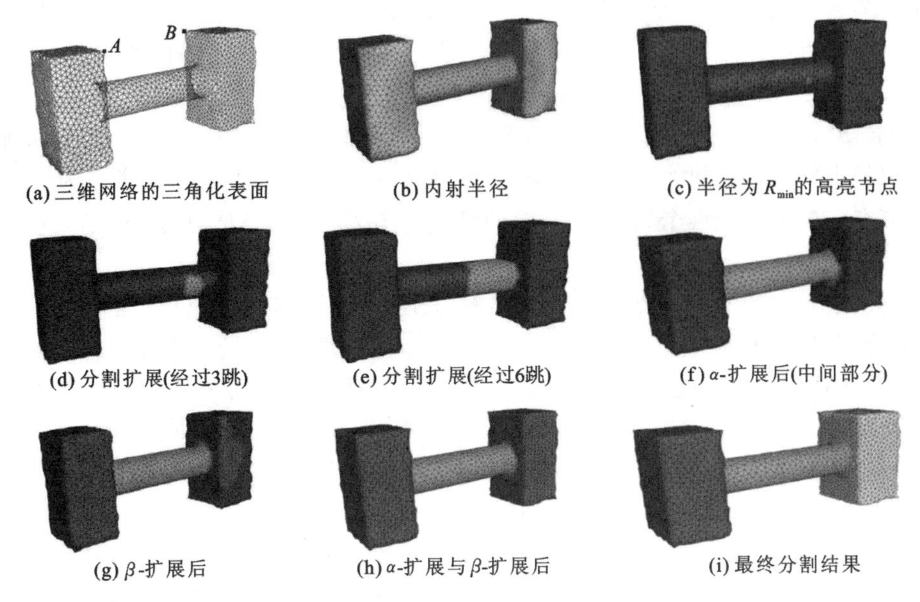

图 5.22 瓶颈识别分割算法

(a)三维网络的三角化表面；(b)内射半径；(c)半径为 R_{min} 的高亮节点；(d)分割扩展(经过 3 跳)；(e)分割扩展(经过 6 跳)；(f)α-扩展后(中间部分) (g)β-扩展后；(h)α-扩展与 β-扩展后；(i)最终分割结果

5.5.2 基于内射半径的形状分割

在边界点计算出内射半径后，就可以根据内射半径的大小首先进行边界分割，即具有相似的最小内射半径的边界点形成一个瓶颈片，而内部节点则加入最近瓶颈片中，从而实现三维传感器网络的分割。

每个边界节点(如节点 v_i)有三个参数：SID_i，α_i，β_i。SID_i 表示节点 v_i 的分割 ID。α_i 是一个布尔型变量，表示节点 v_i 是否被标记为瓶颈，β_i 也是一个布尔型变量参数，表示节点 v_i 是否不应被算法继续处理。这三个参数分别初始化为 -1、$false$、$false$。分割算法的分布式实现过程如下。

(1) 最小半径识别。令 $\Phi=\{v_i|\alpha_i=false,\beta_i=false\}$，注意 Φ 仅仅包含边界节点，通过一个受控泛洪过程可以识别出 Φ 中有最小半径(用 R_{min} 表示)的节点。即 Φ 中每个边界点将其内射半径泛洪到其他边界点，同时记录当前已接收信息中的最小半径 $\overline{R}_{min}$。若边界点接收到一个内射半径大于 $\overline{R}_{min}$ 的信息，则丢弃该信息。当该泛洪过程终止时，具有最小半径的节点可以识别出来。如图 5.22(c)所示。

(2) α-扩展。通过设定 SID_0 为节点 v_0 的 ID 和 $\alpha_0=true$，节点 v_0 就初始化了一个分割。然后，节点 v_0 将节半径不大于 $R_{min}+\delta$(δ 是一个小常数) 的邻居节点合并到该分割中。一旦邻居节点 v_i 加入到这个分割中，它将设定 $SID_i=SID_0$，$\alpha_i=true$，然后检测其邻居节点是否可以加入该分割，重复上述过程，直到没有节点可以加入。如图 5.22(c)～图 5.22(f)所示为分割扩展过程。

(3) 分割边界识别。如果节点 v_i 有至少一个邻居节点没有被标记在分割上，那么节点 v_i 一定在分割边界上。如果一个分割只有一条边界，那么它必定在网络尖端部分，且暂时不需要被当成一个独立分割。对该分割中的任意节点 v_i，设定其参数为 $SID_i=-1$，$\alpha_i=false$，$\beta_i=true$。这里让 $\alpha_i=true$ 是为了让它在算法的下一阶段能够重新被选择，以识别新的瓶颈。

(4) β-扩展。如果一个分割具有两条边界(如图 5.22(f)中中间的手柄部分)，那么每条分割边界上的节点就执行一个 β-扩展。设节点 v_i 是分割边界上瓶颈半径为 $\overline{R}$ 且 $\alpha_i=true$ 的节点。如果它有一个邻居节点 v_j 满足 $\alpha_j=false$ 且 $\beta_j>\overline{R}$，那么点 v_j 设置为 $\beta_j=true$。

当分割边界上的所有节点完成了这样的一跳扩展后，刚刚被识别出的节点 v_j(满足 $\beta_i=true$)被视为新边界节点。之后更新平均半径，并重复上述过程，直到没有内射半径大于平均半径的邻居节点，此时不可能继续进行一跳扩展，如图 5.22(g)所示。

(5) 分配分割 ID。更新 Φ 并重复上述 4 个步骤，直到 Φ 为空。此时，对节点 v_i 来说，或者 $\alpha_i=true$ 成立，或者 $\alpha_i=false$ 且 $\beta_i=true$。在第一种情形下，节点已经被分配到一个分割 ID 已知的分割区域。而对于后者，其所处分割区域仍然待定。为此，所有 $\alpha_i=false$ 的节点 v_i 暂时将其自身 ID 设置为一个分割 ID，并且通过一个类似步骤(1)中的受控泛洪过程将它发送给其他节点。任意 $\alpha_i=true$ 节点在接收到此泛洪消息后，都将其丢弃。因此该过程仅仅限定在一个连通且满足 $\alpha_i=true$ 的节点集合中。这个集合即是一个分割，其中最小节点 ID 作为该分割 ID。

(6) 内部节点的分割。到此边实现了网络边界分割，对任意一个内部节点，它只需要找到最近边界节点，并加入到该边界节点所在的分割中即可。

显然，基于瓶颈识别的算法不适用于无明显瓶颈的三维传感器网络。

参 考 文 献

[1] Zhu X, Sarkar R, Gao J. Shape segmentation and applications in sensor networks. Proc of IEEE INFOCOM, 2007: 1838-1846.

[2] Liu W, Wang D, Jiang H, et al. Approximate convex decomposition based localization in wireless sensor networks. Proc of IEEE INFOCOM, 2012: 1853-1861.

[3] Liu W, Wang D, Jiang H, et al. An approximate convex decomposition protocol. IEEE Transactions onParallel and Distributed Systems (TPDS), 2014, PP(99): 1, 1doi: 10.1109/TPDS.2014.2383031.

[4] Dong D, Liu Y, Liao X. Fine-grained boundary recognitionin wireless ad hoc and sensor networks by topological methods. Proc of ACM MOBIHOC, 2009.

[5] Fekete S P, Kröller A, Pfisterer D, et al. Neighborhood-based topology recognition in sensor networks. Proc of the Int Workshop on AlgorithmicAspects of Wireless SensorNetworks, 2004.

[6] Sauter S R, Gauger M, Marron P J, et al. Onboundary recognition without location information in wireless sensornetworks. Proc of ACM/IEEEIPSN, 2008.

[7] Wang Y, Gao J, Mitchell J S B. Boundary recognition in sensornetworks by topological methods. Proc of ACM MOBICOM, 2006.

[8] Ghrist R, Muhammad A. Coverage and hole-detection in sensor networks via homology. Proc of IEEE IPSN, 2004.

[9] Sauter S R, Gauger M, Marron P J, et al. On boundary recognition without location information in wireless sensor networks. Proc of IPSN, 2008.

[10] Tan G, Bertier M, Kermarrec A M. Convex partition of sensor networks and its use in virtual coordinate geographic routing. Proc of IEEE INFOCOM, 2009: 1746-1754.

[11] Tan G, Jiang H, Liu J, et al. Convex partitioning of large-scale sensor networks in complex fields: Algorithms and applications. ACM Transactions on Sensor Networks (TOSN), 2014, 10(3): 41: 1-41: 23.

[12] Tan G, Kermarrec A M. Greedy geographic routing in large-scale sensor networks: A minimum network decomposition approach. IEEE/ACM Transactions on Networking, 2012.

[13] Jiang H, Yu T, Tian C, et al. CONSEL: Connectivity-based segmentation in large-scale 2D/3D sensor networks. Proc of IEEE INFOCOM, 2012: 2086-2094.

[14] Jiang H, Yu T, Tian C, et al. Connectivity-based segmentation in large-scale 2D/3D sensor networks: Algorithm and applications. IEEE/ACM Transactions on Networking (ToN), 2015, 23 (1): 15-27.

[15] Dey T K, Giesen J, Goswami S. Shape segmentation and matchingwith flow discretization. Proc of Workshop on Algorithms and Data Structures, 2003.

[16] Dey T K, Giesen J, Goswami S. Shape segmentation and matching from noisy point clouds. Proc Eurographics Sympos Point-Based Graphics, 2004: 193-199.

[17] Zhou H, Ding N, Jin M, et al. Distributed algorithms for bottleneckidentification and segmentation in 3D wireless sensor networks. Proc of IEEE SECON. 494-502.

第三篇　拓扑特征在传感器网络中的应用

第6章 拓扑特征在网络路由方面的应用

路由是传感器网络的基本功能之一。路由协议是传感器网络构架的基本组成部分，它负责在节点间建立通路，使节点间能够快速高效地进行信息传递。在设计路由协议时，需要考虑多方面的因素，如可扩展性(scalability)、路由的复杂度(routing complexity)、通信路径长度(path length) 以及负载均衡性(load balance)等。许多路由算法在简单网络中能产生近似最优的路由路径，路由成功率(delivery rate) 也能得到保证。但是，当网络形状变得复杂时，这些算法可能产生较大路径伸展因子(stretchratio)，甚至无法保证路由成功率。

无线传感器网络具有独特的几何特征：节点的位置(物理位置或虚拟位置) 与其所在的物理空间(二维空间或三维空间) 之间密切相关。节点的位置极大地影响了从网络底层组织到网络上层信息处理及应用等相关的系统设计。从网络的角度来看，节点的位置直接影响了节点之间的连接关系和网络的覆盖区域，从而影响了网络底层的几何组织结构(如分簇和定位) 以及网络节点的编址和路由。从应用的角度来看，节点获取的数据具有几何空间上的相关性，可以利用此特性进行数据压缩、近似和验证。无线传感器网络中的特殊几何特征使其区别于传统网络，因而在传统网络上的算法对传感器节点而言将不再适用。例如，基于地理位置的贪婪路由算法(greedily geographical forwarding，GGF) 在形状规则的网络中性能非常好：路径长度近似最优且路由成功率有保证。但是现实的网络场景往往十分复杂，此时贪婪路由算法就不再适用，利用无线传感器网络的几何特征可以设计出性能高的路由算法。

另一方面，无线传感器节点之间的协同通信使得点对点间的数据传输成为最迫切的需求。为保证在资源受限的无线传感器节点间数据传输的可达性与可靠性，需要设计出性能优良的路由算法。与此同时，研究实际可行的路由算法对日益扩展的无线传感器网络具有极其重要的意义。随着无线传感器网络规模的扩大及节点路由表的不断增长，路由选择的开销不断增加。传统路由算法扩展性差，且需要维护庞大的路由表并进行复杂的路由选择计算，不适合资源有限的无线传感器网络节点。

关于传感器网络的路由算法很多，由于贪婪路由算法的简单有效性，本章着重介绍无线传感器网络中基于拓扑特征的贪婪理由算法。我们根据这些算法中使用的拓扑特征将它们分为三大类：基于边界信息的路由算法、基于骨架信息的路由算法和基于网络分解的路由算法。这些算法都是围绕如何避免或逃离局部极小值来展开的。

6.1 基于边界信息的路由算法

6.1.1 GPSR 路由算法

标准的基于地理位置的贪婪路由算法简单且有效，但在复杂网络中很容易失败，导致路由不能成功，其原因在于没有考虑到网络的具体拓扑特征（如网络中洞的存在），解决此问题的一个有效办法是通过表面路由（face routing）[1-3]，其中又以 Karp 等[1]提出的贪婪边界无状态路由（greedy perimeter stateless routing，GPSR）算法最为著名。GPSR 算法是早期利用网络拓扑特征来设计高效路由的算法之一，它包括两种路由模式：贪婪模式与恢复模式。

1. 贪婪模式

GPSR 算法假定节点位置信息已知，且路由源节点在数据包中包含目标节点的位置信息，这样每个转发节点（forwarding node）就可以通过局部最优的贪婪方法来选择下一个邻居节点。具体来说，当前节点根据自身以及邻居节点的位置信息，将数据包转发至以欧氏距离计算最接近目标节点的邻居节点。如图 6.1 所示，当前节点 X 接收到要转发至目标节点 T 的数据包后，计算其所有邻居节点与目标节点 T 之间的欧氏距离，并最终选择节点 Y 作为下一跳节点；重复这样的过程，直至数据包到达节点 T。在转发过程中，也可以根据其他准则来选择下一跳节点，如圆内最大向前准则（MFR[4]）、最大向前进度（NFP[5]）和罗盘路由准则[6]等。

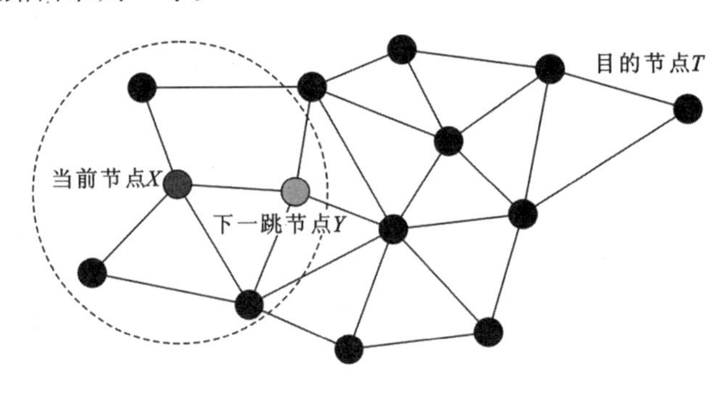

图 6.1 贪婪模式

2. 恢复模式

上述贪婪模式的优势在于，它仅仅依赖于转发节点的邻居直接节点信息，所涉及的状态信息通常是可以忽略不计的（因而被称为是无状态的），它取决于网络密度，而非目标节点的总个数。当无线传感器节点分布密度较大且没有空洞时，贪婪路由可以顺利地将数据包路由至目的节点。但当网络较为稀疏或者存在洞结构时，贪婪路由极有可能遭遇局部最小，无法搜寻到下一跳的邻居节点，导致数据包传输失败。如图 6.1 所示，当前节点 X 通过计算发现不存在比自身距离目的节点更近的邻居节点，此时路由陷入局部极小值

(local minimum) 或死胡同，路由无法继续。这是因为 X 节点的通信半径范围内(以 X 为中心、通信半径为半径的圆，如图 6.2 中点虚线所示) 和以目标节点 T 为中心、$|XT|$ 为半径的圆(如图 6.2 中点虚线所示) 没有交集，称这两个圆形成的区域为空区域(void)，而 X 就称为一个局部极小值。为让数据包逃离局部最小值以最终到达目标节点，可以让数据包沿着空区域边界上的边进行路由，这就是所谓的恢复模式。

恢复模式采用的是"右手法则"(right-hand rule)：当 GPSR 路由算法使用贪婪模式遇到局部最小值 X 时，X 搜寻并转发数据包至空区域边界上处于其逆时针方向的邻居节点，通过这种方式可以得到一个环绕该空区域的节点序列，即所谓的边界(perimeter)。

也就是说，当 GPSR 遭遇局部极小值时，自动进入恢复模式，将路由从贪婪路由的局部最小困境中恢复出来。局部极小值节点将数据包沿着平面子图(planar subgraph) 的边进行转发，当某个中间节点不是局部极小值时，再次采用贪婪模式进行路由，直至到达目标节点，如图 6.3 所示。

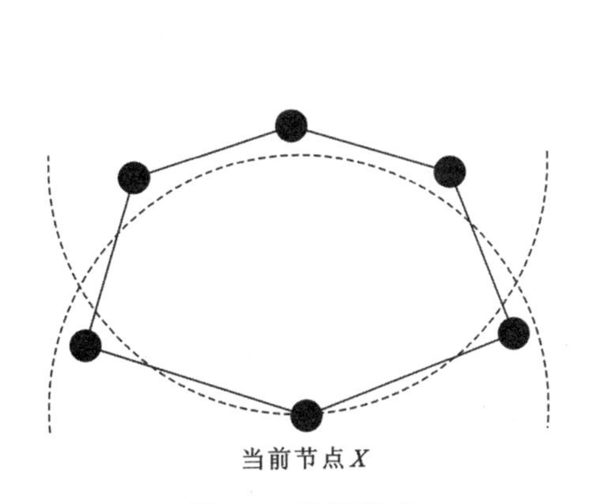

图 6.2 恢复模式

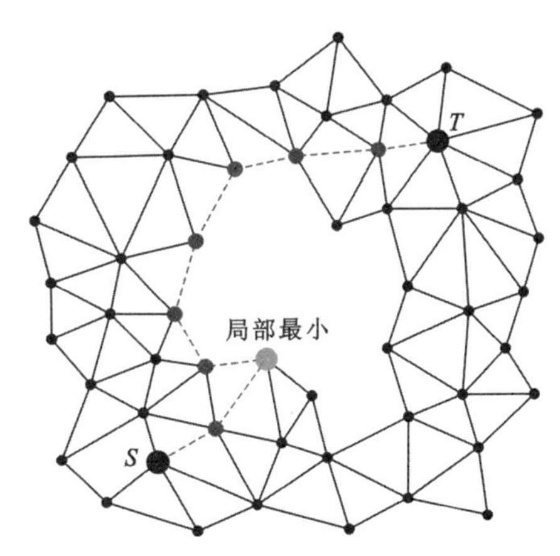

图 6.3 GPSR 算法

GPSR 路由算法只依赖于节点和邻居的位置信息来选择路由转发节点，避免了在节点中存储与维护路由表，几乎是一个无状态路由算法，符合大规模传感器网络通信协议存储复杂度的要求。GPSR 路由算法非常简单，扩展性比较好，在传感器节点密度较大的网络中表现近乎完美；数据传输时延小，并且能达到很高的成功传输率。但其缺点是在网络空洞的边界上传输负载很高，通信量不平衡，容易导致空洞边界的节点因过载(overload)失效，从而影响传感器网络的覆盖与连通性。此外，算法需要知道每个传感器节点的位置信息，如果选择用 GPS 定位，则大规模组网的成本过高(如果通过定位算法进行定位，则定位误差又是影响路由性能的一大障碍)；将传感器网络平面化的算法复杂度比较高，且恢复模式在网络边界进行，因边界节点负载过重而导致网络负载的不均衡性。

6.1.2 NoGeo 路由算法

上一小节介绍的 GPSR 算法是基于节点实际位置的传感器路由算法，其中每个传感器的节点位置信息都假定已知，通过贪婪算法和局部搜索算法相结合的方式进行路由。在路由路径选择上，节点将数据包传递给邻居节点中距离目标节点最近的节点；当数据包无法再向下传递，即遇到局部极小值时，路由算法用面路由的方式绕过局部极小点，继续向目标节点传输。GPSR路由算法需要知道每个节点的位置信息，但利用GPS进行节点定位存在着因成本巨大而不适合大规模使用的问题，这就限制了GPSR算法的应用范围。

Rao等[7]提出了基于虚拟坐标信息的NoGeo路由算法，它是最早利用虚拟位置坐标来进行贪婪路由的算法。NoGeo算法首先为每个节点分配一个虚拟坐标，在这些坐标上采用标准的地理路由算法进行路由。这些虚拟坐标不一定要准确表达出原始地理位置信息，但作为路由的基础，它们应该反映了网络的连通性。因此，NoGeo算法通过局部邻居信息来构建这些虚拟坐标，由于每个节点总是知道其邻居节点，这样的局部连通信息总是可以获得的，这种方法可以应用于绝大多数场景中。而且，当网络中存在空洞时，基于虚拟坐标的贪婪路由算法可能比基于实际地理位置的贪婪算法更有效。正因为如此，NoGeo算法并非要对传统基于地理位置的路由算法进行改进(尽管这些算法在逃离局部极小值和在稀疏网络中的表现等方面受到严重局限)，相反，它要通过建立一个适当的虚拟坐标系统使基于地理位置的算法能够充分发挥其性能。

基于处于网络外边界上的边界(perimeter)节点信息所掌握信息的多少(其他节点位置的信息未知)，NoGeo算法分别讨论了以下三种场景的虚拟坐标系统构建方法：边界节点知道其位置信息；边界节点不知道其位置信息，但知道其处于边界上；以上两者都不是。

1. 边界节点知道其位置信息

NoGeo算法首先讨论的是所有边界节点都知道其精确坐标信息的情况，通过一个递归松弛(iterative relaxation)过程来确定其他非边界节点的位置。基于图嵌(graph embedding)理论，每条边可由将邻居拉在一起的应力来表示。假定x轴(y轴)方向的应力与x坐标(y坐标)之差成正比。对于某节点，如果保持邻居固定，那么该节点的均衡位置(应力总和为0)的x坐标就是所有邻居节点的x坐标的平均值。基于此，可以设计一个递归过程，让每个非边界节点周期性地更新其虚拟坐标，即每个非边界节点通过递归算法，将其坐标不断调整为所有邻居节点形成的质心位置，从而可以通过计算邻居节点坐标的平均值来获得其坐标信息如下

$$x_i = \frac{\sum_{j \in N(i)} x_j}{n_k} \qquad y_i = \frac{\sum_{j \in N(i)} y_j}{n_i}$$

其中，(x_i, y_i)是当前节点i的位置；$N(i)$是节点i的邻居节点的集合；n_i是邻居节点数。

这样，以边界点为邻居的非边界点将会朝边界节点移动；随着递归的进行，越接近于边界点的非边界点将越靠近这些邻居边界点，最终收敛到一个稳定状态：所有节点广泛分布于整个区域，尽管可能会出现比真实场景更多的空洞。实验表明，通过在这样的虚拟坐标上进行路由，基于地理位置的路由成功率0.989要略低于基于虚拟坐标的路由成功率0.993，但后者的平均路径长度为17.1跳，略高于前者的16.8跳。通过适当选择非边界节点的初始坐标(在讨论第二种情形时，将介绍一个简单方法)，可以显著降低收敛次数。上述递归过程并不要求所有边界节点都要知道其位置信息，事实上，仅仅利用很小一部分(如1/8)边界点得到的虚拟坐标系统，尽管看上去可能是有偏的(skewed)，但仍能得到0.981的成功率和17.3跳的平均路由路径。如果这些边界点的相对顺序固定，那么它们的坐标位置可以是不精确的，而这并不会损害路由成功率和平均路径长度。这种简单松

弛算法在使用前提方面的有限性和对不精确位置信息的稳健性，使得边界节点的地理位置信息并非是必须已知的。

2. 边界节点不知道其位置信息，但知道其处于边界上

如果边界点并不知道其地理位置，但是知道它处于网络边界上，那么此时可以通过首先施加一个预处理过程，让这些边界点首先计算出一个虚拟坐标来。简单来说，这些边界点在网络内发起泛洪信息来计算任意两个边界点的距离，然后利用三角算法来计算它们的虚拟位置。

具体而言，每个边界节点在网络内广播一个 Hello 信息，这样每个边界点都可记录下它与其他边界节点的跳数距离信息，这些距离称为一个边界向量；然后每个边界点将其边界向量广播给其他边界点，从而每个边界节点都知道任意两边界点间的距离；最后，通过三角算法来求解如下最小化函数，每个边界点计算出所有包括其自身在内的边界点位置

$$\min \sum_{i,j \in P} (h(i,j) - d(i,j))^2$$

式中，P 是边界上的节点集合，$h(i,j)$是节点 i 与 j 之间的跳数距离，$d(i,j)$是节点 i 与 j 间基于虚拟坐标的距离。

在得到边界点的虚拟坐标后，就可以采用已知边界节点位置时的方法来计算非边界点的坐标。由于在上述过程中，每个非边界点也知道了两两边界点间的距离，它们也可以利用三角算法来计算一个相对坐标，而不再是简单地将空间质心坐标作为递归过程的初始坐标。通过这种方式即使只通过一次递归，路由成功率也可达到 0.992，而平均路径长度为 17.2 跳。递归次数的增加并不会显著改善路由性能。例如，在 10(1000) 次递归后，路由成功率是 9.994(0.995)，而平均路径长度则没有变化。

3. 边界点不知道其位置信息和是否处于边界上

此时，可随机选择两个自助信标(bootstrap beacon) 节点，让它们在网络内部发起泛洪信息，每个节点都知道其与这两个自助信标节点的距离。利用如下边界节点标准，每个节点可以判定其是否位于边界上：如果节点在其两跳邻居内，距离第一个自助信标节点最远，则该节点标示为边界节点。在识别出边界点后，就可以利用第 2 种情形下的方法计算每个节点的虚拟坐标。当然，由于网络的稀疏性，这个标准可能会将一些内部点错误地识别为边界点，但实验表明这样的误差对路由结果的影响是可以忽略不计的，因为三角算法会将这些错误的边界点定位在网络内部。

可以看到，当传感器网络节点的密度足够大时，贪婪路由在虚拟坐标的帮助下，表现出了很高的稳健性和传输成功率。当传感器网络的拓扑结构有较大的空洞时，这种虚拟坐标辅助贪婪路由方法的表现要比基于传感器节点实际位置的路由方法表现得更好。这是因为虚拟坐标是基于网络连通性计算得到的，比节点实际位置更好地代表了网络的连通特性，因此得到更好的路由结果。

6.1.3 基于里奇流的路由算法

受到 NoGeo 算法的启发，很多研究者提出了建立虚拟坐标的其他方法。例如，

Sarkar 等[8]提出利用保角映射(conformal mapping) 来建立虚拟坐标,从而保证贪婪路由的成功率。它首先利用节点的位置信息,或者基于坐标未知的地标(landmark) 节点构造出网络的平面三角图,而非三角表面则为网络空洞;然后利用里奇流(Ricci flow)将这些非三角表面映射成圆形空洞。标准的地理贪婪路由算法之所以会遭遇到局部最小问题,是因为网络中可能存在凹洞(concave hole),文献[9]证明,当空洞中所有顶点的内角都小于 120°时,贪婪算法不会遇到局部极小值。如果把凹洞映射为每个顶点内角都为锐角的圆,那么贪婪算法的成功率将会得到保障。算法主要有如下几个步骤。

1. 得到网络三角化

1) 基于位置信息的三角化

利用文献[10]中的方法,通过局部运算可以将服从单位圆模型的网络拓扑进行三角化,得到限制性德洛内图(restricted Delaunay graph,RDG),具体过程如下。

对每个点 u,计算其所有邻居节点(包括 u 在内) 的德洛内三角形 $T(u)$;对每个节点 u,如果边(u,v)在 $T(u)$内,那么该条边是有效的,当且仅当对所有 u 和 v 的共同邻居 x,边(u,v)都在 $T(x)$内;最后删除所有无效边。RDG 是连通的平面图,而且至少在网络密度大时,它能最大限度地保留原始拓扑特征。对于伪单位圆图(QUDG),如果参数 $\alpha\leqslant\sqrt{2}$,那么要对上述方法进行适当修正来得到三角化结果。

2) 基于地标节点的三角化

首先,采用文献[11]和文献[12]中的方法选择地标节点,使得两两地标之间距离为 k 跳,且任一非地标节点的 k 跳范围内必有一个地标节点。这些地标节点在网络内泛洪,生成泰森多边形图(Voronoi diagram),其对偶图便是组合德洛内复形(combinatorial Delaunay complex,CDC)。文献[12]描述了利用 CDC 图来得到一个平面图的算法:对任一条边,如果在其相应地标节点 a 和 b 间存在一条路径,使得路径上所有节点的最近地标节点或者是 a,或者是 b,就称这条边为有效边;所有有效边生成的图为平面组合德洛内图(combinatorial Delaunay map,CDM),从而很容易得到网络三角化结果,如图 6.4(a)所示。

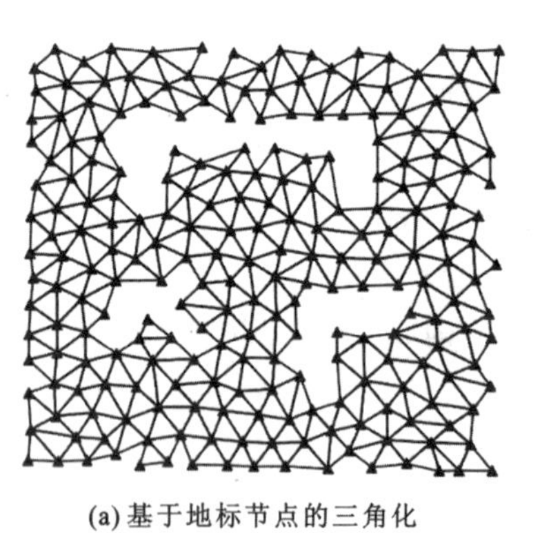

(a) 基于地标节点的三角化

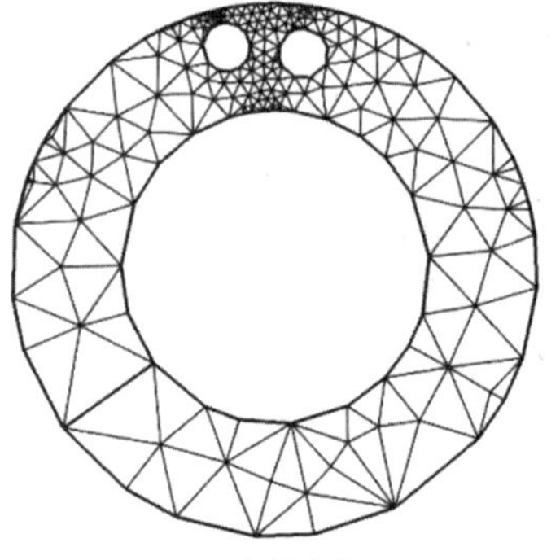

(b) 虚拟坐标

图 6.4　基于地标节点的三角化及保角映射后的虚拟坐标

2. 计算保角映射

假定所有三角形的边长为 1,基于节点间的连接信息,利用离散里奇流可以得到网络的保角映射。

1）离散里奇流

每个点 v_i 都关联于一个半径为 e^{u_i} 的圆。简单起见，假定连接点 v_i 和 v_j 的边长为 $e^{u_i}+e^{u_j}$。通过局部运算，每个节点根据余弦法则来估计出每个三角形的内角角度，从而计算出曲率。相应地，更新 u_i 使之与目标曲率和当前曲率差成正比，一旦曲率差低于给定临界值，计算过程即停止。

2）扁平化(flattening)

根据离散里奇流计算算法得到的边长，利用扁平化三角形的三个内角可以估算出节点的虚拟坐标。首先，选择一个种子三角形$[v_0,v_1,v_2]$表面。给定种子三角形的三条边长，节点坐标可以直接构造出来。然后，种子三角形的邻居三角形$[v_1,v_0,v_i]$被扁平化，节点 v_i 的坐标是以 p_0（初始化为(0,0)）为圆心、半径为 l_{0i} 的圆与以 p_1（初始化为$(0,l_{01})$）为圆心、半径为 L_{1i} 的圆的交集，而且三角形$[v_1,v_0,v_i]$的法向量与种子三角形一致。类似地，可计算出最新扁平三角形的邻居三角形的节点坐标，通过泛洪过程可实现整个网络的扁平化。

3）保角映射

利用上述方法可将一个三角化网格 M 映射为一个具有多个圆形空洞的典型单位圆（图 6.4(b)），且这样的映射实际上是一种近似保角映射，在莫比乌斯变换（Möbius transform）下具有唯一性。为去除莫比乌斯模糊性，可采取以下几个步骤。

首先，追踪三角化网格 M 的边界环，并按（跳数）长度大小将这些边界上的边 $r_k(k=1,2,\cdots,n)$降序排列；其次，设定目标曲率，使内部节点及 r_1 和 r_2 上的节点曲率都为 0，而 $r_k(k>2)$的曲率则为$\dfrac{-2\pi}{|r_k|}$，其中$|r_k|$表示 r_k 的边长。利用离散里奇流算法可计算出满足给定曲率的边长。然后，追踪 γ_1 和 γ_2 间的最短路径，假定它们的交点分别为 v_1 和 v_2。沿最短路径 η 将 M 切开，形成另一个网格$\tilde{M}$，而 v_1 和 v_2 则分别被分割成$\tilde{M}$中的点 v_1^1,v_1^2 和 v_2^1,v_2^2。那么，根据保角映射 $e^{\frac{2\pi z}{h}}$（这里 h 为 v_1^1,v_2^2 映射到 y 轴上的距离），可将$\tilde{M}$映射到具有圆形空洞的典型单位圆，如图 6.5(c)所示，$\tilde{M}$节点坐标系统可复制到 M 中。这样将边 γ_1 和 γ_2 映射为同心圆，而旋转则是其唯一模糊性的来源。

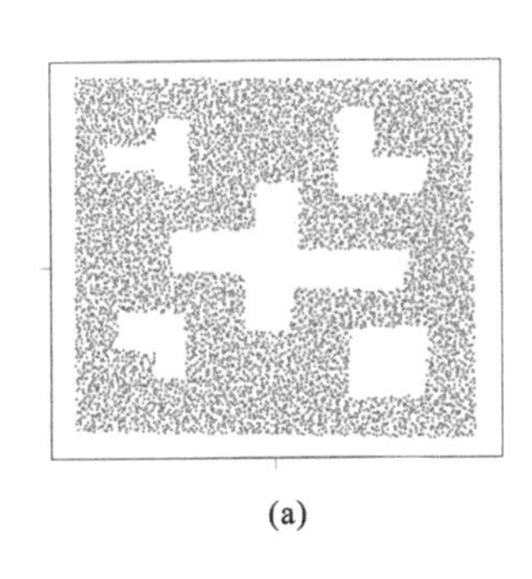
(a)

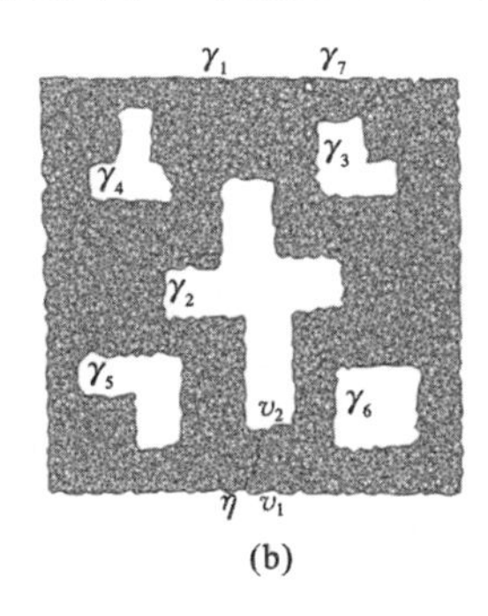

(b)

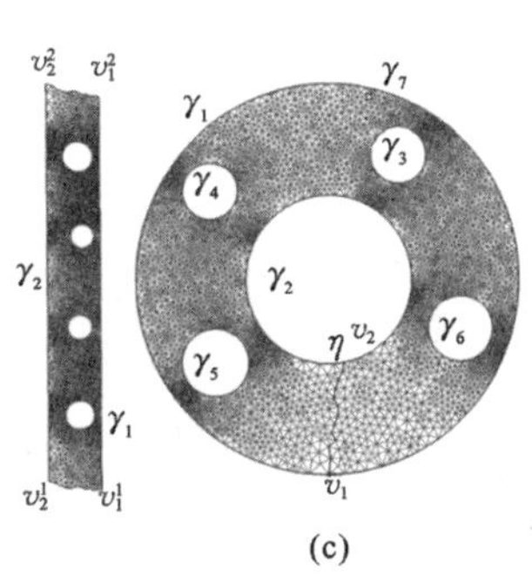

(c)

图 6.5　原始网络

至此，所有复杂空洞都被映射为一个圆形，因此传统贪婪路由算法不会遇到局部极小值，从而可以保证路由成功率。与 NoGeo 算法相比，该算法路由成功率更高，但平均路径长度也更大。另外，尽管前面介绍的三种贪婪路由算法从某种程度上避免了局部极小值的存在，但一个不容忽视的问题是边界点将不可避免地过载，导致网络负载不均衡。因此，Sarkar 等[13]随后提出利用里奇流算法进一步将网络空洞进行复制填充。假设网络内有 k 个圆形空洞，对每个空洞采取莫比乌斯变换，将整个网络映像(reflection)到空洞内部，空洞边界称为反射到其内部的网络外边界。这样，每个空洞都将被整个网络的映像部分填充(其中仍然有 k 个更小的空洞存在)，重复这样的映像过程可将整个网络进一步填充，直到经过无限次影响后，整个网络就被完全填充而不存在空洞了，如图 6.6 所示。这样，当贪婪路由遇到空洞边界时，贪婪路由会指向一条进入空洞中复制网络的新路径(图 6.7(a))，从而在实际网络中绕开空洞(图 6.7(b))，而不是沿着空洞边界进行路由，最终会减少边界节点的负载。

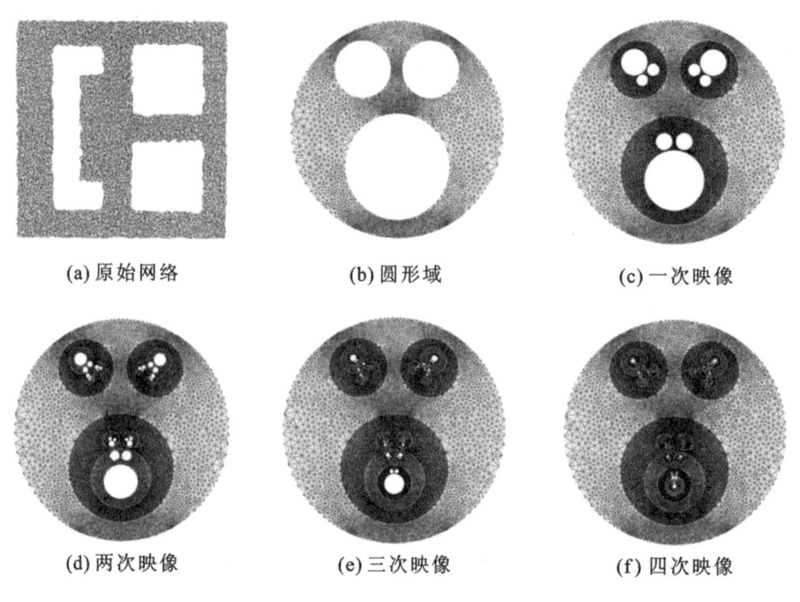

图 6.6　具有 3 个空洞的网络映像

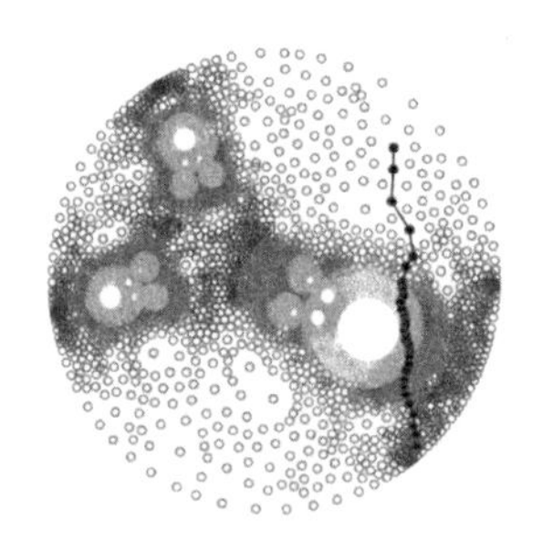
(a) 复制网络中的路由路径

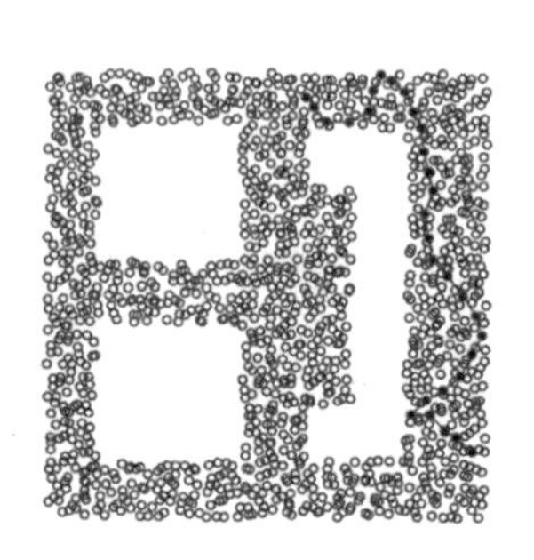
(b) 实际网络中的路由路径

图 6.7　复制网络中的路由路径和实际网络中的路由路径

6.1.4　三维传感器网络中的 VHM 路由算法

贪婪路由算法因其简洁、有效，能在大规模网络中使用而备受青睐，但在形状复杂的网络中却容易受到局部极小值的困扰,导致路由无法成功。尽管前面介绍的解决方法能有效解决局部极小值问题,但这些方法主要针对二维传感器网络而很难直接应用于三维传感器网络中。以 GPSR 算法为例,当路由遭遇局部极小值时,通过在边界表面上进行路由,GPSR 算法在二维网络中能够很快逃离出来(图 6.8(a)),这是因为边界表面由一系列边界线组成;但在三维网络中,网络边界则是由若干表面组成,因此,从局部极小值逃离出来需要搜索无限多条路径(图 6.8(b)),这就使得 GPSR 算法在三维网络中的时间和通信复杂度都很高,因而不再具有良好的可扩展性。因此,Xia 等[16]提出将三维网络表面映射为球面,并在建立的虚拟坐标上进行贪婪路由,该算法在球形边界条件下,基于单位四面体元网格结构(unit tetrahedron cell mesh structure) 进行一对一的体调和映射,得到网络节点的虚拟坐标,我们称它为 VHM(volumetric harmonic mapping)算法。由于网络边界被映射为球面,贪婪路由不会因局部极小值而失败。

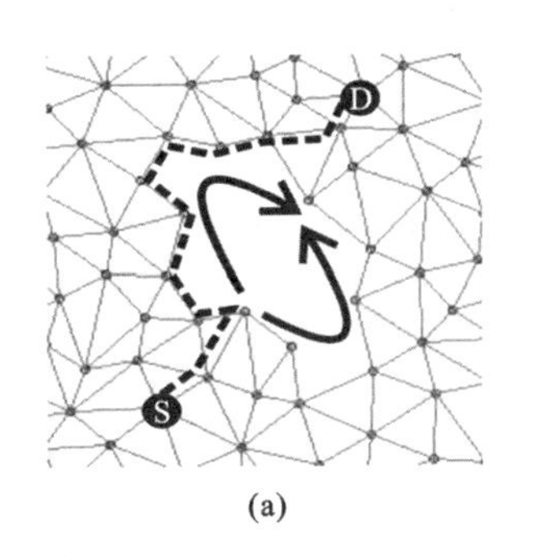

(a)

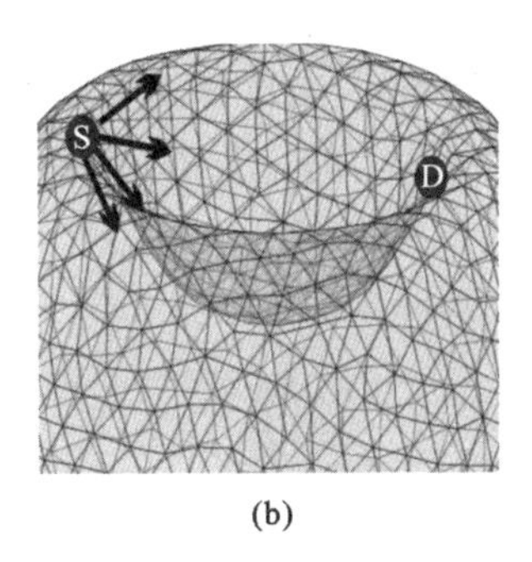

(b)

图 6.8 基于表面路由的 GPSR 算法在三维网络中的困境

1. 基于单位四面体元网格结构的体调和映射

四面体之于三维传感器网络,正如三角形之于二维传感器网络。一个单位四面体元(UTC)由 4 个顶点组成,且不与任何其他 UTC 相交。UTC 网格结构的构造需利用边界和局部距离信息,这可以通过边界识别算法[17]和基于测距[18]的定位算法[19-22]来实现。这样网络中任何细小的空洞都被识别出来,且每个节点根据邻居节点间的距离信息建立一个局部坐标系统。UTC 网格构造方法很简单:首先,随机选择一个四面体,消除与该四面体相交的所有边,得到第一个 UTC;对该 UTC 的每个表面,寻找其 3 个顶点的共同邻居,如果它们与某个共同邻居形成的四面体既不与现有 UTC 重叠也不包含任何其他节点,则该四面体为第二个 UTC。当存在多个类似共同邻居时,随机选择其中一个即可。重复上述操作,直到没有新的 UTC 为止。

德洛内单位四面体元(Delaunay unit tetrahedron cell,DUTC) 是一种特殊的 UTC,它指外接球范围内没有其他节点(除了自身的 4 个顶点) 的 UTC;如果某个 UTC 的外接球内包含其他节点,则它为非 DUTC,如图 6.9 所示。

为了将三维网格结构映射至典型三维域中,使生成节点虚拟坐标能支持贪婪路由算法成功,可以通过 VHM 这种一一映射来实现。如果函数 f 满足拉普拉斯条件,即 $\Delta f=0$,则称它是调和的。在离散网络中,假设 E 为所有边长集合。对于连接顶点 v_i 和 v_0、权重

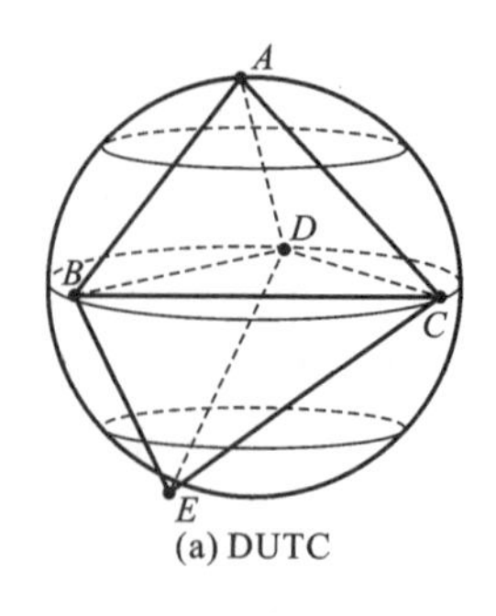

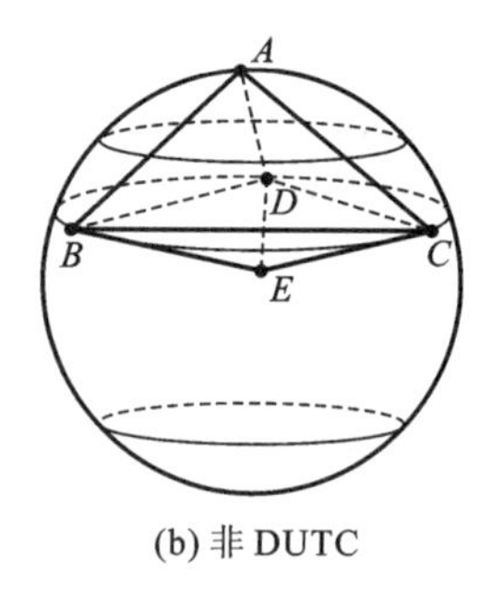

图 6.9　DUTC 与非 DUTC

为 k_{ij} 的边 $e_{ij} \in E$，如果函数 f 使能量函数

$$E(f)\sum_{m=0}^{2}\sum e_{ij} \in ek_{ij} \mid\mid f_m(v_j) - f_m(v_i) \mid\mid^2 \tag{6.1}$$

达到最小，则称它是调和的，满足分段拉普拉斯条件(piecewise Laplacian condition)$\Delta_{PL} f=0$。假设 e_{ij} 是三角形 f_{ijk} 和 f_{jil} 的公共边，如果权重为$(\cos\angle v_i v_l v_j+\cos\angle v_i v_k v_j)/2$，则满足式(6.1)的函数 f 为球形调和函数，它将封闭、与球面拓扑等价的表面(没有洞的表面) 映射为一个球，如图 6.10 所示。

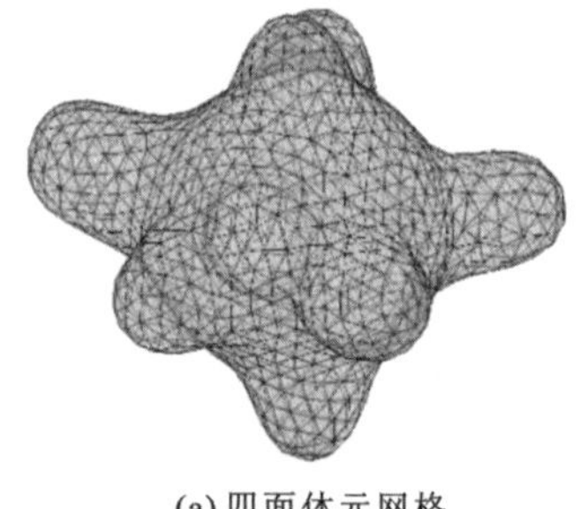
(a) 四面体元网格

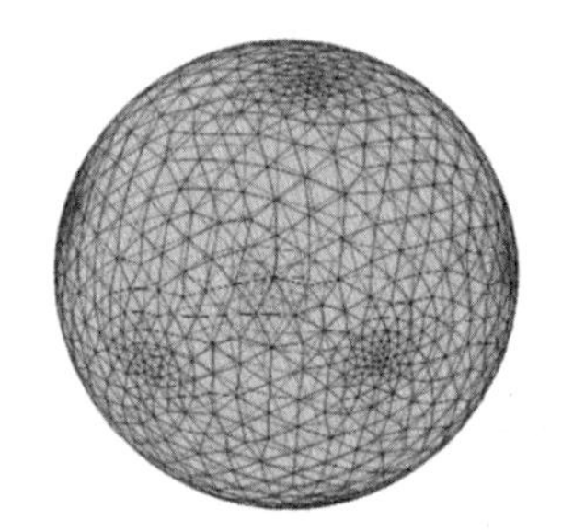
(b) 映射结果

图 6.10　网络单位四面体元网格与体调和映射结果

对于无空洞网络边界上的节点，其虚拟坐标计算方法为：首先，初始化每个边界点 i 的坐标 $u_i=\{u_i^0, u_i^1, u_i^2\}$为单位球面上的任意点坐标，或节点 i 的正交法向量以加速算法收敛。然后通过一个迭代过程来计算 i 的最终坐标。在第 n 次迭代时，节点 i 计算其当前球面调和能量

$$E_i^n = \sum_{j=1}^{N(i)} k_{ij}(u_i^{n-1} - u_j^{n-1})^2 \tag{6.2}$$

式中，$N(i)$表示邻居节点数，而 k_{ij} 则由式(6.1)给出；并更新其坐标为

$$u_i^n = u_i^{n-1} - r\nabla E_i^n \tag{6.3}$$

式中，r 为很小的正常数(如 0.1)。当能量函数增量小于给定临界值时，迭代终止，从而得到 i 的坐标 u_i。

而非边界点的虚拟坐标递归过程与之类似，只不过式(6.2) 中的权重 k_{ij} 不相同。假定 e_{ij} 是 t 个相邻四面体的公共边，记其 t 个反角(dihedral angle) 为$\{\theta_m \mid 1 \leqslant m \leqslant t\}$，则边 e_{ij} 的权重 k_{ij} 为

$$k_{ij} = \frac{1}{t}\sum_{m=1}^{t} l_m \cot\theta_m \tag{6.4}$$

式中，l_m 是边 e_{ij} 在相应 UTC 中对边的长度。

当网络中存在 1 个空洞时，可类似地将空洞边界映射为一个球面，然后将内边界和外边界进行坐标变换，拼接在一起，形成统一坐标体系；当多个空洞存在时，该算法还不能有效解决虚拟坐标的建立问题。

2. 基于虚拟坐标的贪婪路由

在得到网络虚拟坐标后，由于边界节点被映射为球面，基于位置的贪婪路由算法不会遇到局部极小值问题，但在网络内部可能存在局部极小值。例如，在图 6.9(b)中，边 EA 的长度可能比 BA，CA 和 DC 都要短，因此 E 点就可能是一个局部极小值；但是在图 6.9(a)中 E 点则不是局部极小值，因为此时的四面体元为 DUTC。然而，构建一个 DUTC 网格结构需要很高的复杂度，在实际中不太可行。一个解决的办法就是采用基于 UTC 表面的贪婪路由方法。假设路由数据包中包含源节点 S 和目标节点 D 的 ID 和坐标信息。源节点 S 首先计算出一条到 D 的直线 L，该直线将穿过一系列 UTC，从而相交于多个表面。每个中间节点只需要计算出该直线与表面相交的下一个表面信息，直到数据包到达 D 所在的表面。

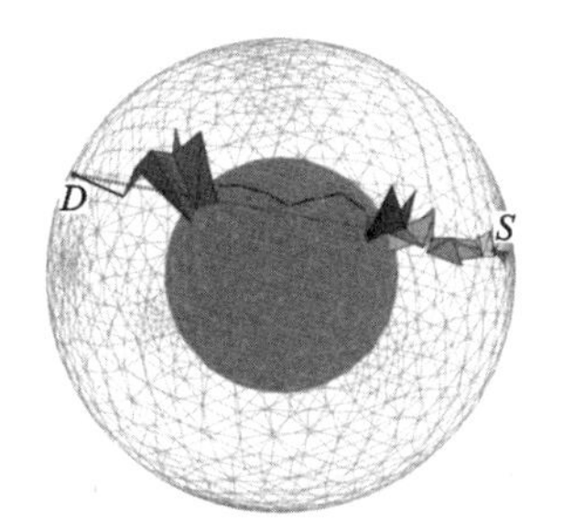

(a) 在具有空洞的三维传感器网络 VHM 结果上的路由路径

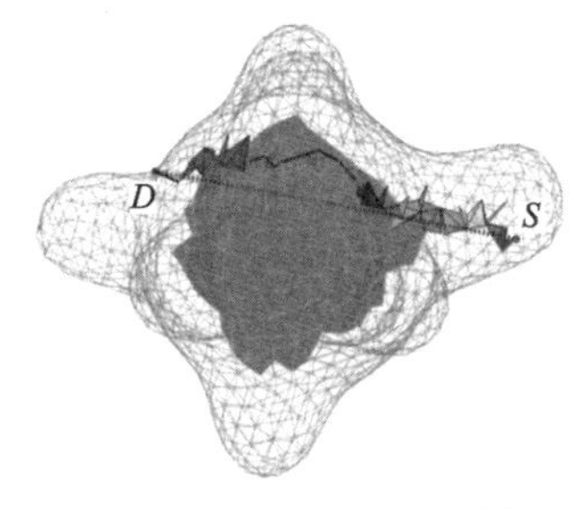

(b) 在实际网络中的路由路径

图 6.11 路由示意图

6.1.5 三维传感器网络中的 Bubble 路由算法

针对 VHM 算法不能处理网络中多个空洞的缺陷，而且球形调和映射的收敛速度理论上比较缓慢，Xia 等[23]随后提出了一种改进的 Bubble 路由算法。Bubble 路由算法的基本思想是将网络分割成多个中空球元(hollow spherical cell，HSC)结构，然后将每一个 HSC 的边界即中空球泡(hollow spherical bubble，HSB)映射到单位球面上，并在每一个 HSC 内部以 HSB 上的节点为根节点建立最短路径树，从而同一个 HSC 泡内的任意两个节点可以通过 HSB 上的虚拟坐标以及内部最短路径树进行路由。在不同 HSB 间，数据包首先通过一个全局路由表路由至目标节点所在中空球面的一个信标节点上，进而采用同一个 HSB 内的路由方式继续路由至目标节点。

1. 中空球元构造

Bubble路由算法的第一步是构造中空球元HSC，每个HSC对应一个内部空洞；如果网络没有或者只有一个空洞，则其本身就是一个HSC，那么此过程可被忽略。

假设网络中有m个内部空洞，那些有相同的最近洞边界的节点形成一个HSC，而每个HSC的边界是一个闭合曲面，称为HSB。记第i个HSB为$\Lambda_i(1\leqslant i\leqslant m)$。HSC和HSB的识别需要利用边界信息。网络空洞上的边界节点通过网内泛洪，让每个内部节点计算其最近洞边界；如果一个内部节点到两个洞边界距离相同或相差1跳，那么该节点就是HSB节点，它同时属于相应的两个HSB上的节点。而网络外部边界上的节点也是HSB节点，如图6.12(b)所示。同时，每个节点也记录下其最近的空洞边界，这样，整个网络就被分割成若干HSC。

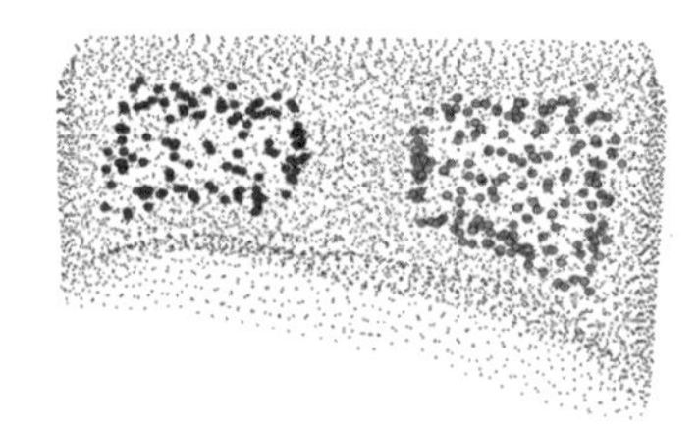

(a) 网络中有2个空洞，由粗点表示其边界

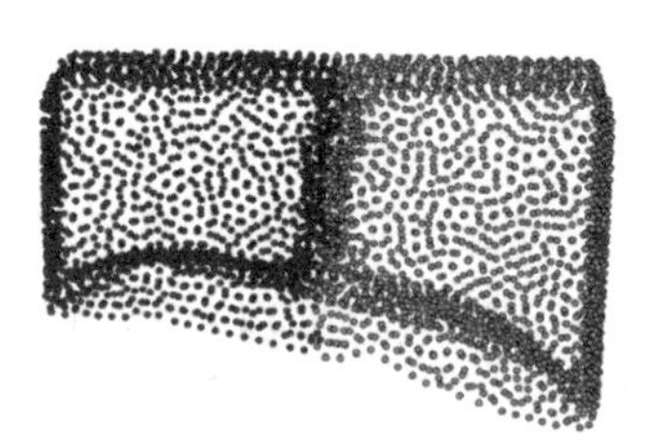

(b) 生成的两个HSC

图6.12 Bubble路由算法

2. 同一HSC内路由

1) 计算3D虚拟球坐标

该过程共分以下三步。

第一步：映射到平面。

令M表示一个HSB上的三角网格。首先从M中随机移除一个点(如具有最小ID的节点)及其邻居表面，将M转换成一个拓扑圆$\widetilde{M}$。被移除节点的邻居成为$\widetilde{M}$的边界点。由于三角形的每个顶点的节点度至少为3，因而$\widetilde{M}$的边界至少有3条边。然后，利用里奇流[24]将映射为单位平面圆，并根据文献[25]的方法为每个节点分配一个平面虚拟坐标。

第二步：平面到球面。

基于M中节点的平面坐标，我们可以立体投影(stereographic projection)将其映射到球面上。立体投影是在单位球和平面之间的一个光滑双射[26](bijective mapping)，如图6.13所示。

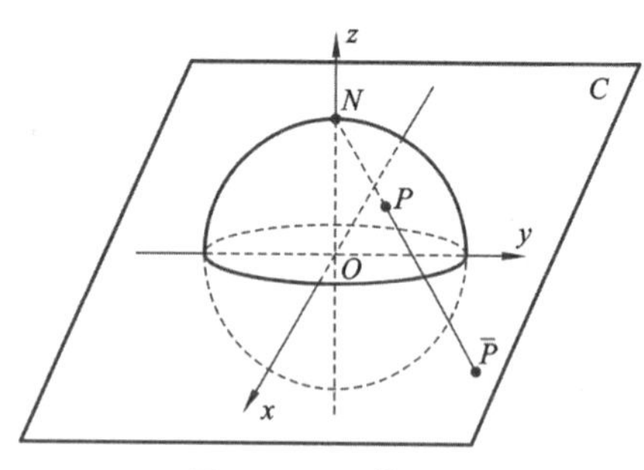

图6.13 立体映射

对$\widetilde{M}$中的每个点，假设(X,Y)是其平面坐标，那么其球面虚拟坐标(x,y,z)的计算方法为

$$(x,y,z)=\left(\frac{2X}{1+X^2+Y^2},\frac{2Y}{1+X^2+Y^2},\frac{-1+X^2+Y^2}{1+X^2+Y^2}\right)\tag{6.4}$$

在第一步中被删去的点追加回来，并分配其坐标为(0,0,1)。现在三角网格 M 就被一一映射到单位球面上了，对 M 中任意两点间的路由，基于球面虚拟坐标可以得到成功保障。但由于大多数节点位于球面下半部，路由路径会很长，且节点负载也会不均衡。因此，利用莫比乌斯变换来修正球面映射。

第三步：莫比乌斯变换。

首先，M 中任意节点发起泛洪，寻找出相距最远的两个节点 v_1 和 v_3，这两个节点间最短路径的中点记为 v_2。这三个节点在网络内广播其坐标(x_1,y_1)，(x_2,y_2)和(x_3,y_3)，这三个坐标就确定了一个莫比乌斯变换

$$u(z_i)=\frac{(z_i-z_1)*(z_2-z_3)}{(z_i-z_3)*(z_2-1)}$$

式中，$z_i=x_i+\mathrm{i}y_i$ 是复数。从而得到任意点 v_i 的新平面坐标(x_i',y_i')满足 $u(z_i)=x_i'+iy_i'$。利用式(6.1)中的反立体投影，将这样的新坐标转换为均匀分布的球面坐标，而 v_1，v_2 和 v_3 的新坐标则分别为(0,0)，(1,0)和(∞,∞)，对应于单位球面上的北极、赤道和南极。

2) 虚拟树构建与路由

对于 HSB 网格上的节点，球面虚拟坐标可以保证贪婪路由的成功，但对于不在网格上的节点间的路由却不能保证。为此，以 HSB 网格上的节点来构建最短路径树。每个网格节点得到球面虚拟坐标后，通过局部广播可以获得邻居网格节点的球面坐标信息。然后，网格节点在 HSC 内部发起泛洪，HSC 内的每个节点记录下最近网格节点及距离，这样就建立起以网格内节点为根的最短路径树，将整个 HSC 完全“填满”。此外，通过局部信息交换，每个节点还知道其与邻居网格节点生成树的最短路径。

在传递数据包时，源节点 S 首先查询同一 HSC 内目标节点 D 的 ID 和球面虚拟坐标，然后基于球面坐标的贪婪路由特性，寻找出 HSB 上最接近目标节点 D 的邻居网格节点，并将数据包沿最短路径转发至该邻居网格节点生成的树的节点。这个过程一直持续下去，直到数据包到达目标节点。

3. 跨 HSC 的路由

如果源节点和目标节点不在同一 HSC 内，那么源节点首先从全局路由表中找到下一个 HSC 及其与源节点所在 HSC 相交的一个信标节点(与源节点处于同一个 HSC 内)；按照同一 HSC 内的路由方法，数据包将从源节点向这个信标节点方向转发。由于相邻 HSC 间会有很多共同的 HSB 边界点，只要数据包遇到其中一个这样的边界点，它就可以直接路由到下一个 HSC，而不必到达这个信标节点。重复这样的过程，直到数据包转发到目标节点所在的 HSC，利用同一 HSC 内的路由方法就可以将数据包成功路由到目标节点。

显然，此时的 Bubble 路由算法会产生一些次优的路由路径：若源节点与目标节点在不同的 HSC 里，那么源节点的路由数据包将首先路由至一个在两个相邻 HSB 边界上的信标节点，然后沿着目标节点所在的 HSC 的边界路由至目标节点，使得路由路径弯曲变长。

6.2 基于骨架信息的路由算法

6.2.1 二维传感器网络中基于骨架的路由算法

注意到GPSR算法导致的边界节点过载(从而导致网络负载不均衡)的根源不在于网络流量巨大,而是因为算法没有考虑到网络的拓扑特征,导致网络的连通图与贪婪路由赖以生存的节点地理位置之间出现了不匹配:由于凹点的存在,两个地理位置很近的节点在连通图中可能距离十分遥远。一个好的算法应该充分考虑节点是否在几何上比较接近,同时要涉及整个网络的几何形态与拓扑特征。因此,Bruck等[27,28]提出利用骨架信息作为路由算法设计的重要架构,来设计出路由成功率有保证且能维持节点负载均衡的MAP(medial－axis based routing protocol)路由算法。其主要贡献在于利用骨架信息来为节点分配相对坐标,基于相对坐标的路由算法得到的路由路径长度与网络连通图紧密相关,不会导致边界节点的过载现象。

1. 连续域中的节点命名与路由原理

假设A是连续域R的骨架,而αR则是R的边界,如图6.14(a)所示。对骨架A上的任意一点x,它至少有两个最近边界点(特征点),称x与其中任一个特征点之间的连线为x生成的弦(chord)。显然,每个骨架节点至少隶属于两条弦,而非骨架节点则仅属于一条弦。骨架上具有3个以上邻居骨架节点的聚合点(也称为顶点,vertex),它至少具有3个特征点;把骨架上仅有一个邻居骨架节点的点称为端点,而其他节点则称为普通骨架节点。对每个节点p,其命名为一个三元体$N(p)=(x(p),y(p),d(p))$。其中$x(p)$和$y(p)$表示节点p所处骨架弦$x(p)y(p)$上的骨架节点及其特征点,而高度$d(p)\in(0.1)$表示节点p到骨架A的归一化(nomarlized)距离,即$d(p)=|px(p)|/r(x(p))$,其中$r(x(p))$表示以骨架节点$x(p)$为中心的最大内切圆半径,也就是$x(p)$和$y(p)$间的距离,如图6.14(a)所示。对于骨架节点p,其命名为$N(p)=(p,1,0)$,这里表示一个无效值。由于非骨架节点只隶属于一条弦,因而这样的命名具有全局唯一性。这种命名机制可看作基于骨架的卡迪尔坐标系统,为了有效路由,对R中的部分节点还要分配一个局部极坐标。我们为以每个顶点为中心的最大内切圆内的所有节点都分配一个极坐标,分配方法如下:假设顶点a的其中一个特征点为b,则定义b的极坐标为$C(b)=(1,0)$。以a为中心的最大内切圆内的节点q的极坐标则为$C(q)=(|aq|/r,\angle baq)$,其中r为最大内切圆的半径,而角度$\angle baq$则是按逆时针方向度量的。

这种命名机制自然就产生了区域R内的一个路由系统。骨架A和顶点生成的骨架弦将整个区域划分为若干典型单元(canonical cell),而每个单元以两条弦、一根骨架边(两个相邻顶点/端点之间的骨架线段,或者退化成一个顶点与空洞所界定的骨架环)和边界分支为边界,任意一个骨架节点都与$k(k\geqslant 2)$个典型单元相邻。在每个典型单元内,定义h纬度为所有到骨架距离为h的点集,而定义x经度为典型单元内由骨架节点x生成的一条弦。显然,h纬度和x经度都是典型单元内的连续线段。

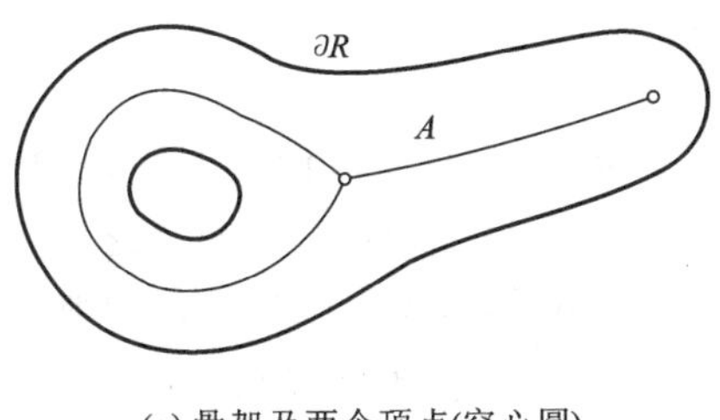

(a) 骨架及两个顶点(空心圆)

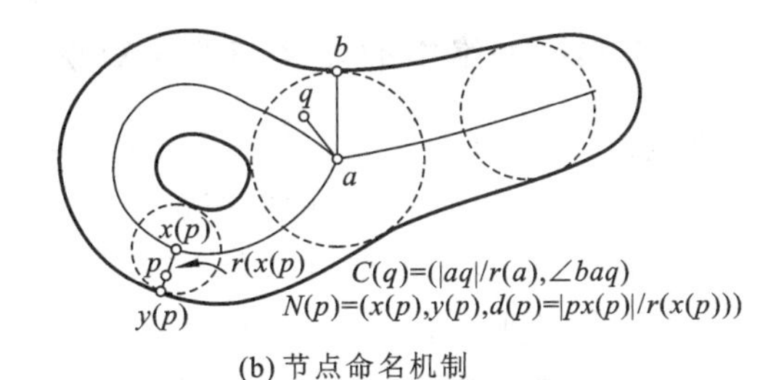

(b) 节点命名机制

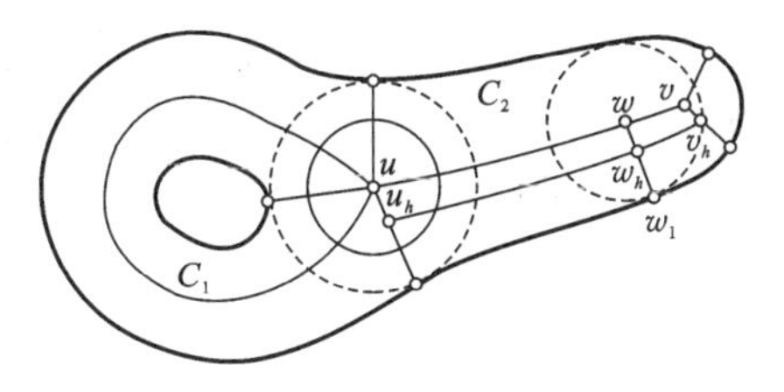

(c) 路由系统，C_1和C_2只有一个公共顶点u，但没有公共弦

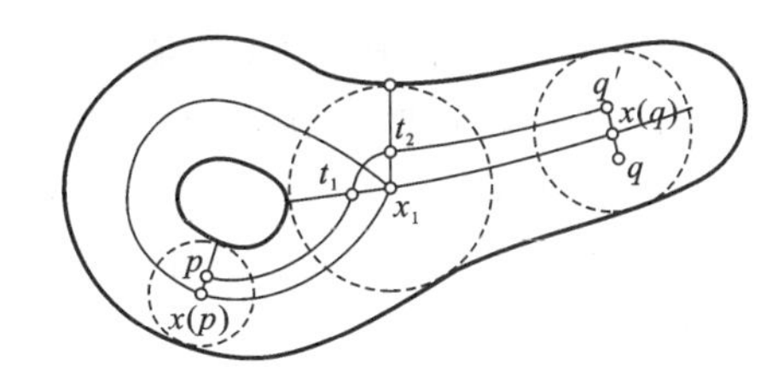

(d) 从p到q的路由路径

图 6.14　MAP 路由算法

经度和纬度提供了典型单元内的一个局部笛卡儿坐标系统,同一单元内节点间的路由可以首先沿着纬度方向前进到目标节点所在的弦,然后顺着经度线方向到达目标节点。由于纬度线的连续性,这种路由可以通过局部梯度下降法(顺着具有相同高度的局部梯度方向)来实现。

当源节点和目标节点不在一个单元内时,如何平稳地实现从一个单元内的坐标系统到另一个单元内的坐标系统十分重要。如果两个单元相邻且具有共同弦,那么它们就会有 h 纬度上的共同点,此时跨单元的路由就十分简单。但有时两个相邻骨架分支对应的典型单元却可能没有公共弦,而只有一个公共顶点,如图 6.14(c)中 C_1 和 C_2 就只有相交于顶点 u。要实现单元间的路由,就需要借助前面定义的极坐标来进行“旋转”操作,使路由平稳过渡到下一个单元内。对顶点 u 生成的最大内切圆内的所有节点,定义 l 角曲线(l-angular curve)为所有极坐标中半径为 l 的点。这样,如果 C_1 和 C_2 内的骨架边相交于 u 点,那么 C_1 内的 h 纬度曲线可以通过 u 的 h 角曲线连接到 C_2 内的 h 纬度曲线。

具体来说,要实现从 p 到 q 的路由,首先在骨架 A 上寻找一条从 $x(p)$ 到 $x(q)$ 的最短路径 $S(x(p),x(q))$(被称为参考路径)。如果 p 将数据包首先沿着骨架弦转发到 $x(p)$,再由 $x(p)$ 沿着最短路径 $S(x(p),x(q))$ 转发到 $x(q)$,最后经过 $x(q)$ 生成的骨架弦转发到目标节点,这种简单方式会导致骨架节点出现严重过载现象。因此,MAP 算法采取将参考路径“提升”以使得节点负载尽量均衡的方法。即数据包首先沿着平行于参考路径 $S(x(p),x(q))$ 的方向路由(若路由遇到顶点生成的弦,则按照 $d(p)$ 角曲线旋转到下一个典型单元),在到达 $x(q)$ 生成的弦后(如 t 点),沿着该弦或者 $x(q)$ 的角曲线将数据包路由至 q 点:如果 t 和 q 在同一弦上,则在数据包沿着该弦路由即可,否则数据包首先沿着 t 所在的弦路由到弦 $x(q)$,然后再路由到 q;如果 $x(q)$ 是一个顶点,那么数据包首先 t 所在的弦路由与 q 点具有相同极坐标半径的 o 点,然后按照 $d(q)$ 角曲线方向(旋转)路由到 q 点,如图 6.14(d)所示。

2. 传感器网络中的命名与路由算法

在连续域中，我们介绍了基于节点所在的弦来为其命名，而在离散传感器网络中，可类似地利用以骨架节点为根的最短路径树来进行节点命名。每个骨架节点通过泛洪建立一棵最短路径树，树上的节点以根节点为最近骨架节点。同样，每条骨架边将两个典型单元分割开来。因此，对于一个普通骨架节点 v，它最多生成两条最短路径树，在骨架边两侧各生成一棵树。由于每个节点都知悉其特征点，因而很容易判断其处于骨架边的哪一侧。对 v 的每个子节点 u，通过“少数服从多数”的原则，利用其子树 $T(u)$ 中绝大多数节点的相对方向（它属于骨架边的哪一侧）信息来判断 u 的相对方向。我们将某一方向的节点高度值设为正，而另一个方向的节点高度值设为负数。对于顶点，它至少生成 2 棵最短路径树，对应于多个典型单元。但此处仅需考虑其中的两棵最短路径树，并按照上述方法分配相对方向和节点高度值。

我们根据每个节点相对于骨架的位置来为其命名。在这里节点 v 的命名方式与连续域稍微有所不同，我们用 $[l(v), u(v)]$ 来表示节点 v 在骨架上的 x 轴范围，用 $h(v)$ 来表示其高度。x 轴范围是指 v 在骨架边上的哪一段，而 $h(v)$ 表明它与骨架的距离。与连续域中骨架边相对应，我们把两个相邻顶点/端点之间的路径称为骨架路径。假定某条骨架路径上有 m 个节点，那么第 j 个骨架节点的 x 轴范围就是 $[j-1, j]$，而高度值则为 0。

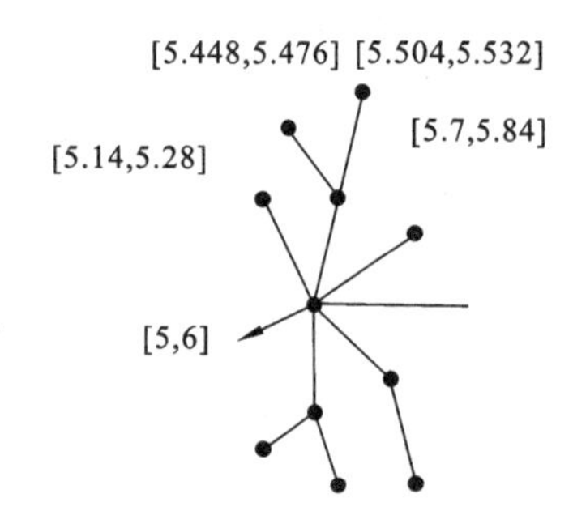

图 6.15　基于骨架的节点命名

对于骨架树上的任意点 u，其命名方法如下（图 6.15）：假设 u 是 v 的子节点，v 具有 $2c+1$ 个子节点，其 x 轴范围是 $[l(v), u(v)]$，高度为 $h(v)$。我们把 $[l(v), u(v)]$ 进行 $2c+1$ 等分，并将奇数等分的 x 轴范围分配给 v 的所有子节点。尽管这会使得所有子节点的 x 轴范围并没有完全覆盖住 v 的 x 轴范围，但它可以允许在新节点加入时，为新节点命名。假设 v 生成的最短路径树 $T(v)$ 深度为 z 条，那么距离 v 只有 i 跳的节点 $u \in T(v)$ 的高度值被伸缩为 $|h(u)| = h_{\max} \cdot i/z$，其中 $h_{\max}$ 为系统参数。

类似地，对顶点 v 生成的最短路径树 $T(v)$ 上的所有节点还要分配一个极坐标。v 的极坐标中角度范围为 $[0, 2\pi]$，半径为 1。对 $T(v)$ 上的节点 u，如果它有 $2c+1$ 个子节点，那么我们就将 u 的角度范围 $2c+1$ 等分，并把奇数等分的范围分配给子节点。同样，每个节点的极坐标半径也利用参数 $h_{\max}$ 进行伸缩，最大值为 $h_{\max}$。

然后，每个节点在本地保存如下信息：包括顶点/端点与加权骨架路径（权重为路径长度）的骨架图（medial axis graph，MAG）（图 6.16）、节点及一跳邻居的名称、是否为骨架节点的标识符和邻居骨架节点。

基于相对坐标的路由依然包含三个阶段：全局路由阶段，要实现从 p 到 q 的路由，在骨架上寻找一条从 $x(p)$ 到 $x(q)$ 的参考路径 $S(x(p), x(q))$；沿着平行于参考路径 $S(x(p), x(q))$ 的方向将数据包转发至 $x(q)$ 生成树上的节点；沿着 $x(q)$ 生成树将数据包传输到节点 q。

在全局路由阶段，源节点 p 通过存储的 MAG 来计算出参考路径，接下来着重介绍后

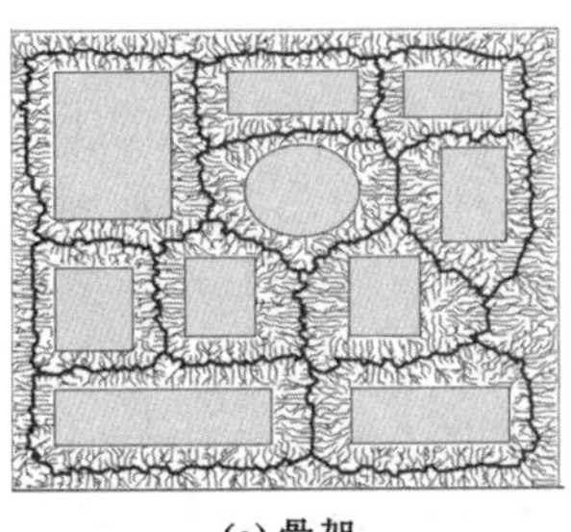

(a) 骨架

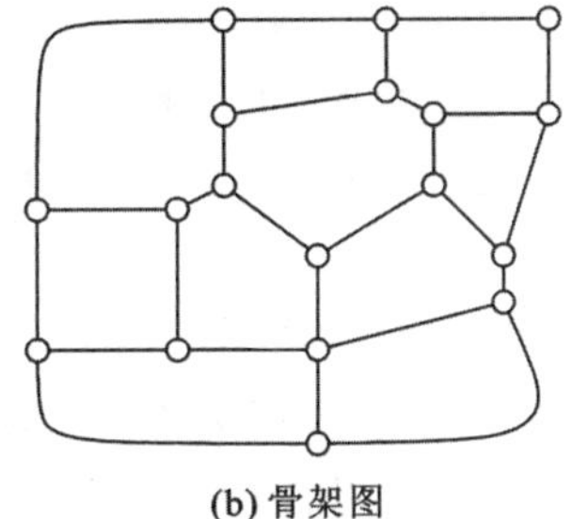

(b) 骨架图

图 6.16 传感器网络的骨架与骨架图

面阶段，即基于骨架信息的贪婪路由实现。参考路径被顶点分成多个片段，假设当前阶段 v 在骨架边 $x_ix_{i+1}(1\leqslant i\leqslant k-1)$，$x_1=x(p)$，$x_k=x(q)$ 的某个骨架节点生成的最短路径树上。为使路由路径平行于骨架边 x_ix_{i+1}，我们临时将路由目标节点改为 x_{i+1} 生成的最短路径树上高度为 $h(p)$ 的节点。这样我们可以沿着与骨架边 x_ix_{i+1} 平行的方向将数据包朝临时目标节点路由，直到到达 x_{i+1} 生成树（不一定要到达 p 点）；然后，利用 x_{i+1} 的局部极坐标系统，将数据包路由到 x_{i+1} 生成树上高度为 $h(p)$ 的某个节点，从而顺利将数据包路由至下一条骨架边 $x_{i+1}x_{i+2}$；重新设置临时路由目标节点，直到数据包到达节点 q 的根节点生成树上的某一节点，而沿着最短路径树路由到 p 点则十分容易，如图 6.17 所示。

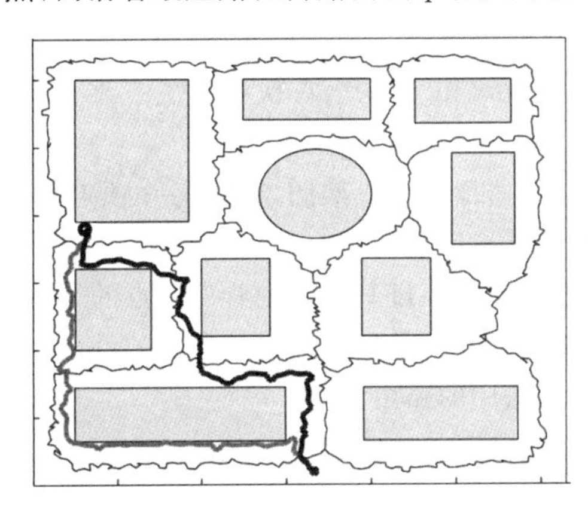

图 6.17 MAP 算法路由路径（深色实线）与 GPSR 算法路由路径（浅色实线）

为了实现将数据包平行于骨架边 $x_ix_{i+1}(1\leqslant i\leqslant k-1)$，$x_1=x(p)$，$x_k=x(q)$ 朝临时目标节点路由，我们选择当前节点（如 v）的邻居 w，它是比 v 更接近临时目标节点的下一跳节点。这里的"更接近"类似于欧氏空间中的接近，它指的是，如果 v 的 x 轴范围 $[l(v),k(v)]$ 小于 x_{i+1} 的 x 轴范围 $[l(x_{i+1}),k(x_{i+1})]$，那么 w 应满足

$$(l(w)-k(x_{i+1}))^2+(h(w)-h(p))^2<(k(v)-l(x_{i+1}))^2+(h(v)-h(p))^2$$

否则 w 应满足

$$(k(w)-l(x_{i+1}))^2+(h(w)-h(p))^2<(l(v)-k(x_{i+1}))^2+(h(v)-h(p))^2$$

为避免路由过程中重复访问同一节点，还要遵循如下规则。

（1）不要路由到子孙节点，以免路由在同一最短路径树上上下来回。

（2）路由不能跨过骨架边，即当前节点与下一跳节点高度值同号。

（3）不能与骨架边反向路由，也就是说，如果 v 的 x 轴范围小于 x_{i+1}，选择的 w 节点

就应满足 $k(w) \geqslant k(v)$，否则 $l(w) \leqslant l(v)$。

在最坏情况下，由于网络的稀疏性，节点 v 可能找不到这样的下一跳邻居节点 w，此时只需要将数据包转发给 v 的父节点即可。这种方法总会保证路由能成功，因为至少在骨架边上，总是存在一条从 v 的根节点（骨架节点 $x(v)$）到骨架节点 x_{i+1} 的路径。

在实现跨典型单元路由时，选择下一跳邻居节点 w 的方法与上述过程类似，只不过此时要基于极坐标中的角度（和半径）来选择，而不是卡迪尔坐标中的 x 轴范围。要提高 MAP 算法的路由性能，可以在每个节点上存储一个路由表，即将 4 跳邻居信息保存下来，使得节点 v 可以找到朝临时目标节点方向更多可选择的下一跳节点。这不但会缩短路由路径长度，还尽量避免了数据包路由到骨架上，从而改善了负载均衡性。另外一个改善的办法是，让顶点附近（如 3 跳内）的骨架节点生成树上的节点也建立一个局部极坐标系统。这样会“延长”顶点的极坐标范围，避免靠近顶点的节点参与“旋转”过程次数太多，引起节点过载。

6.2.2 三维传感器网络中基于线骨架的路由算法

MAP 路由算法假设算法的工作环境为二维传感器网络，并且能够胜任大多数二维网络的路由工作。但是当传感器网络环境扩展到三维时（如水下传感器网络、建筑传感器网络等），因为其潜在的命名机制不适合于三维网络，所以需要专门针对三维网络的特征来设计相应的路由算法。因此，Liu 等[29,30]首次提出了三维传感器网络中基于线骨架的路由算法。

首先，基于得到的骨架构造出一个骨架图，其中每个顶点对应一个关键骨架节点，即具有 1 个邻居骨架节点的骨架端点或具有 2 个以上邻居骨架节点的骨架顶点，每条边（称为骨架边）代表相应两个顶点间不穿过其他关键骨架节点的最短路径。然后，每个骨架节点都存储骨架图信息，其中包括邻居骨架节点及其所处的骨架边。在此基础上，通过以下两个步骤实现三维传感器网络中的路由。

1）预处理阶段

每个骨架节点在网络内部泛洪，建立以每个骨架节点为根节点的最短路径树；每个点仅隶属于其中一棵树，并保存其与根节点的距离和骨架图信息。对节点 p，令 $r(p)$、$h(p)$ 分别表示其根节点及其到骨节点的距离，把与同一骨架节点距离均为 d 的节点称为等高线集（contour set），记为 $\mathrm{CS}(d)$，而把到骨架距离都为 d 的所有点称为水平集（level set），记为 $\mathrm{LS}(d)$。显然，对任意 $d>0$，有 $\mathrm{CS}(d) \subset \mathrm{LS}(d)$。然后，源节点 S 利用其存储的骨架图信息，计算出从其根节点 $r(S)$ 到目标节点 T 根节点 $r(T)$ 的一条参考路径。

2）路由阶段

从源节点 S 到目标节点 T 的信息按如下规则转发。

（1）如果 $r(S)=r(T)$，$h(S)=h(T)$，则 S 将信息转发给在同一等高线集的邻居。

（2）如果 $r(S)=r(T)$，$h(S) \neq h(T)$（不失一般性，假设 $h(S)>h(T)$），则 S 将消息转发给满足 $h(q)<h(S)$ 的邻居。

（3）否则 S 将消息转发给满足 $d(r(q),r(T))<d(r(S),r(T))$ 的节点 q，其中 $d(r(q),r(T))$ 表示两个节点在骨架上的跳数距离。

注意到上述规则可能产生不止一个中转点(intermediate node),为维持网络负载均衡,应尽量选择负载最小的节点作为中转点;上述过程不断重复,直至信息到达目标节点 T。显然,这样的过程可以保证路由的成功率,如图 6.18 所示。

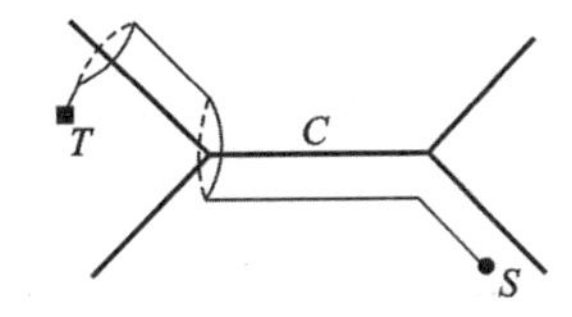

图 6.18 基于线骨架的路由算法示意图。
粗实线 C 为骨架,细实线为源节点 S 到目标节点 T 的路由路径,围绕骨架的圆周表示等高线集

6.3 基于网络分解的路由算法

6.3.1 GLIDER 路由算法

贪婪路由算法在复杂网络中容易失效,这是因为由于凹型空洞(或外部边界上凹点)的存在,贪婪路由算法在边界上容易遇到局部极小值而无法继续路由。一个直观的解决办法就是,将整个网络分割成形状规则的子网络,在每个子网络内贪婪路由算法不会遇到局部极小值;只要解决了子网络间的路由问题,就可以大大提高路由成功率。

受此启发,Fang 等[31] 提出了基于地标节点(landmarks)的分布式路由算法 GLIDER。GLIDER 算法先在传感器网络中(自动或人为)选择一些地标节点,每个地标节点 u 生成一个块(tile),其中所有节点都以地标 u 为最近地标节点。从而整个网络的上层结构就转化为由许多块和相邻块信息组成的网络结构,如图 6.19 所示。根据节点与块内地标节点,以及其与相邻块中地标节点的距离,为每个节点分配一个虚拟坐标,基于虚拟坐标可以实现块内的贪婪路由;要实现块与块之间的路由,则需要借助整个网络中所有块形成的拓扑结构。

在图 6.19 中,节点 a 与节点 b 之间的路由过程包含两步,数据包在网络中每跳一下都会通过上层网络结构决定下一跳的目标块。块内路由选择邻居中距离下一目标块中地标节点最近的邻居。当数据包到达目标块时,块内路由直接将数据包传输给目标节点。

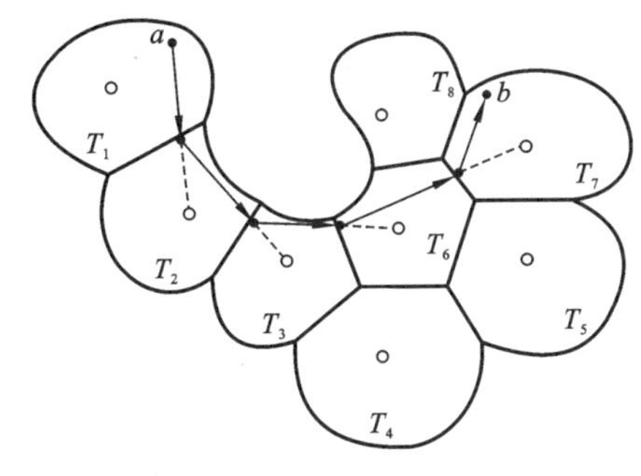

图 6.19 从 a 节点到 b 节点的 GLIDER 路由示意图

1. 地标节点选择

地标节点集 L 的选择十分重要，因为这些地标节点所生成的块实际上就是一个泰森多边形(Voronoi cell)，而地标节点则是每个多边形的生成点(generator)；这些泰森多边形形成地标 Voronoi 复形(landmark voronoi complex，LVC)，其对偶图组合德洛内三角化(combinatorial Delaunay triangulation，CDT)（图 6.20(a)）则反映了各泰森多边形的邻居关系。GLIDER 算法更看重的是地标节点之间的连接关系图 $D(L)$，它们实际上是 CDT 图的一维“骨架”，对于实现块与块之间的路由十分重要，是影响路由算法有效性的重要因素。一方面，对每个节点来说，其存储的 CDT 提供了路由辅助信息，为了降低网络内部复制 CDT 图的成本，CDT 图应尽可能地小；但与此同时，每个泰森多边形内又不能包含空洞于其中，否则会导致贪婪路由算法的失败，这就要求有足够多的地标节点。这两者实际上是一对矛盾。GLIDER 算法的做法是，尽量在边界附近选择地标节点，而边界点是可以事先知道或者可以通过边界识别算法来提取的；地标节点的个数与这些洞的个数成正比。

2. 块内虚拟坐标构建

在地标节点选择十分合理这一理想情况下，LVC 中每个泰森多边形内的节点分布较为均匀。因此，在每个块内，节点间的欧氏距离可用其跳数距离来近似。

给定 k 个地标节点 $\{u_1,u_2,\cdots,u_k\}$，令 $\tau(p,u_i)$ 表示节点 p 与地标节点 u_i 间的跳数距离，$\bar{\tau}(p)=\sum_{i-1}^{k}\tau(p,u_i)^2/k$，那么节点 p 的中心化虚拟坐标向量表示为

$$C(p)(\tau(p,u_1)^2-\bar{\tau}(p),\tau(p,u_2)^2-\bar{\tau}(p),\cdots,\tau(p,u_k)^2-\bar{\tau}(p))$$

则点 p 和 q 之间的中心化虚拟距离为 $d(p,q)=|C(p)-C(q)|^2$。而 GLIDER 算法在块内的贪婪路由正是基于该距离来选择下一跳节点的。但它不能保证贪婪路由算法不会失败，这是因为这样定义的虚拟坐标仍有可能存在局部极小值，尤其是在地标节点存在共线性(collinear)问题时，局部极小值现象变得尤为严重。如果网络密度足够大，以至于虚拟距离能够很好地近似欧氏距离，那么局部极小值出现的概率将大大减小。在具体实施路由时，每个块 $T(v)$ 内的节点将块内地标节点 v 和 v 在 $D(L)$ 图中的邻居节点作为参考地标节点，并计算其与参考地标节点之间的邻居距离

对每个地标节点 v，定义其 Voronoi 邻居为 $u(v)=T(v)U_{u,v\in D(L)}T(u)$，显然 $u(v)$ 是一个连通图。对 $u(v)$ 内的地标节点 v 和普通节点 u，它们的邻居距离定义为 $u(v)$ 图中 u 到 v 的跳数距离。

3. 节点命名及路由

在利用地标节点生成 LVC 后，每个节点 v 都属于一个泰森多边形，称该多边形为节点的居住块(resident tile)，而相应的地标节点 $h(v)$ 称为主地标(home landmark)。每个节点的命名包含其虚拟坐标、主地标 ID 及其与参考地标节点的邻居距离列表 $A(v)$。一般来说，节点命名应具有唯一性，但上述命名规则并不能保证此唯一性。不过，如果两个

节点具有相同的名称，它们通常处于相邻位置，因此可以通过局部泛洪来搜寻真正的目标节点。而且，如果参考地标节点和邻居节点足够多，这种问题也可以得到妥善解决。

在实现从 u 到 v 的路由时，GLIDER 算法采取两个步骤。

1）全局路由

通过在 LVC 中建立以 $h(u)$ 为根节点的树，一条从 $h(u)$ 到 $h(v)$ 的最短路径便随之建立起来，这条路径包含一系列包含 $h(u)$ 和 $h(v)$ 在内的地标节点。

2）局部路由

局部路由包含块间路由和块内路由。块间路由负责将数据包从 u 的居住块发送至 v 的居住块；而块内路由则负责将数据包从 v 的居住块的边界发送至 v。块内路由采取的是基于虚拟坐标的最快梯度法，将距离邻居地标节点最近的邻居节点作为下一跳节点。在图 6.19 中，节点 a 首先将数据包沿着与 T_2 中地标节点呈直线的方向传递，当数据包到达 T_2 时，再沿着当前节点与 T_3 中地标节点呈直线的方向传递，直到到达节点 b 的居住块，最后利用块内的贪婪路由算法将数据包转发到节点 b，如图 6.20(b)所示。

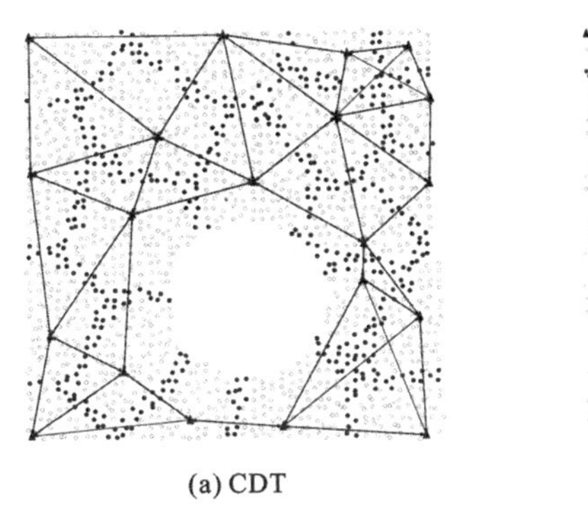

(a) CDT

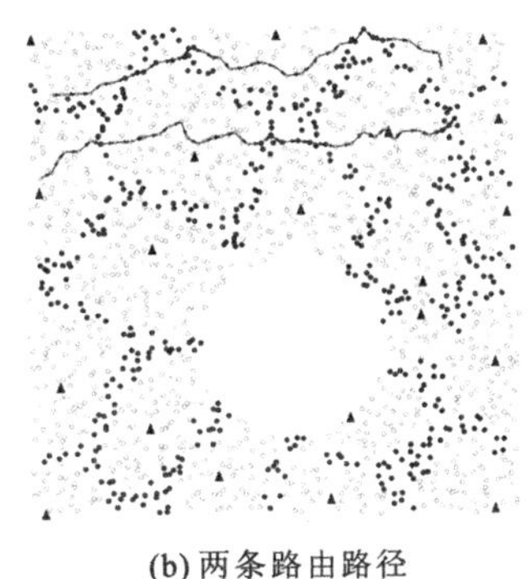

(b) 两条路由路径

图 6.20　GLIDER 算法

6.3.2　CONVEX 路由算法

GLIDER 路由算法依赖于地标节点的合理选取，在实际应用中自动或人为的选择往往很难保证地标节点分布的合理性。Tan 等[32,33] 提出了基于凸分解的路由算法 CONVEX 算法，在将传感器网络划分为多个凸的子区域后，在每个子区域内建立相对坐标系统，利用区域 ID 和虚拟坐标来进行路由。

在得到凸分解结果后，每个子区域中位于边界上的首领节点(leader)将其 ID 作为本区域 ID，然后在区域内利用现有定位算法（如 NoGeo 算法[7]）来生成局部虚拟坐标。因此每个节点就被分配一个或两个形式为（子区域 ID，x，y）的虚拟坐标。在凸分解过程中，每个子区域 P 的首领节点都掌握了区域 P 的多边形顶点及边的信息，利用 NoGeo 算法可以将该区域多边形映射为一个虚拟圆，并为每个顶点分配一个建立虚拟坐标的任务，这些顶点通过在区域内泛洪，将任务发送到子区域内的每个顶点。当顶点 p 接收到此任务时，就给区域 P 内比其 ID 更小的邻居顶点发送一个数据包。这个数据包涵盖两方面信息：它正访问的区域边上端点的坐标和区域边的（跳数）长度。这样所有在边上的节点都可以计算出它在圆上的虚拟坐标，最终 P 上所有边界点都能确定出它们在圆上的虚拟坐标，而区域内其他节点的虚拟坐标都被初始化为(0,0)。此时，利用 NoGeo 算法中的递归算法就可以计算出每个节点的局部虚拟坐标。由于边界点在递归前已知，NoGeo 算法中估计边界节点坐标所引起的巨大通信开销将不会在此出现。

每个子区域中的首领节点充当一个全局地标节点的角色，帮助实线跨区域的路由。首先，它们在网络内发起泛洪，建立一棵覆盖整个网络的最短路径树。当源节点 s 希望将数据包路由至目标节点 t 时，s 首先判断它们是否处于同一子区域中。如果是，那么 s 按照 *NoGeo* 算法中的区域内贪婪路由算法将数据包发送至 t，否则 s 沿着刚建立的最短路径树路由到 t 所在区域的首领节点，直到遇到 t 所在区域的某个节点为止，然后利用区域内的路由方法将将数据包发送至 t。当路由遇到局部极小值时，采用扩张环搜索(expanding ring search)方法来寻找比当前节点更接近于 t 的中间节点。如果网络节点分布比较均匀，则可以将首领节点移到区域中心，从而提高区域间的路由性能。实验表明，CONVEX 算法比 NoGeo 算法的路由成功率更高，平均路径长度却更短。

参考文献

[1] Karp B, Kung H. GPSR:Greedy perimeter stateless routing for wireless networks. Proc of ACM Mobicom,2000.

[2] Bose P,Morin P,Stojmenovi'c I,et al. Routing with guaranteed delivery in ad hoc wireless networks. Wireless Networks,2001,7(6):609-616.

[3] Kuhn F,Wattenhofer R,Zhang Y,et al. Geometric ad-hoc routing:of theory and practice. Proc of the Twenty-Second Annual Symposium on Principles of Distributed Computing (PODC),2003:63-72.

[4] Takagi H, Kleinrock L. Optimal transmission ranges for randomly distributed packet radio terminals. IEEE Transactions on Communications,1984,32(3):246- 257.

[5] Stojmenovic I, Lin X. Power-aware localized routing in wireless networks. IEEE Transactions on Parallel and Distributed Systems,2001,12(11):1122-1133..

[6] Kranakis E, Singh H, Urrutia J. Compass routing on geometric networks. Proc of the 11th CanadianConferenceon Computational Geometry (CCCG),1999 .

[7] Rao A,Sylvia R,Christos P,et al. Geographic routing without location information. Proc of ACM MOBICOM,2003:96-108.

[8] Sarkar R,Yin X,Gao J,et al. Greedy routing with guaranteed delivery using ricci flows. Proc of IEEE IPSN 2009.

[9] Fang Q,Gao J,Guibas L. Locating and bypassing routing holes in sensor networks. Mobile Networks and Applications,2006,11:187-200.

[10] Gao J,Guibas L J,Hershberger J,et al. Geometric spanners for routing in mobile networks. IEEE Journal on Selected Areas in Communications Special Issue on Wireless Ad Hoc Networks,2005,23 (1):174-185 .

[11] Funke S,Milosavljevic N. Guaranteed-delivery geographic routing under uncertain node locations. Proc of IEEE INFOCOM,2007:1244-1252.

[12] Funke S, Milosavljevic N. Network sketching or:how much geometry hides in connectivity? -part II. Procof the Eighteenth Annual ACM-SIAM Symposium on Discrete Algorithms (SODA),2007: 958-967.

[13] Sarkar R,Zeng W,Gao J,et al,Covering space for in-network sensor data storage,Proc of the 9th

International Symposium on Information Processing in Sensor Networks (IPSN),2010:232-243.

[14] Bruck J,Gao J, Jiang A A. MAP:Medial axis based geometric routing in sensor networks. Proc of ACM MOBICOM,2005:88-102.

[15] Bruck J,Gao J,Jiang A A. MAP:Medial axis based geometric routing in sensor networks. Wireless Networks,2007,13(6):835-853.

[16] Xia S,Yin X,Wu H,et al. Deterministic Greedy Routing with Guaranteed Delivery in 3D Wireless Sensor Networks. Proc of ACM MOBIHOC,2011.

[17] Zhou H,Wu H,Jin M. A robust boundary detection algorithm based on connectivity only for 3D wireless sensor networks. Proc of IEEE INFOCOM,2012:1602-1610.

[18] Zhong Z, He T. MSP:Multi-sequence positioning of wireless sensor nodes. Proc of ACM SENSYS, 2007:15-28 .

[19] Giorgetti G, Gupta S, Manes G. Wireless localization using self-organizing maps. Proc of IEEE IPSN,2007:293-302.

[20] Li L, Kunz T. Localization applying an efficient neural network mapping. Proc of The Int'l Conference on Autonomic Computing and Communication Systems,2007:1-9.

[21] Shang Y,Ruml W,Zhang Y,et al. Localization from mere connectivity. Proc of ACM MobiHOC, 2003:201-212 .

[22] Shang Y, Ruml W. Improved MDS-based localization. Proc of IEEE INFOCOM,2004:2640-2651 .

[23] Xia S,Jin M,Wu H,et al. Bubble routing:A scalable algorithm with guaranteed delivery in 3D sensor networks. Proc of Annual IEEE Communications Society Conference on Sensor,Mesh and Ad Hoc Communications and Networks (SECON),2012:245-253 .

[24] Chow B, Luo F. Combinatorial Ricci flows on surfaces. Journal Differential Geometry,2003,63(1): 97-129.

[25] Jin M,Rong G,Wu H,et al. Optimal surface deployment problem in wireless sensor networks. Proc of IEEE INFOCOM,2012.

[26] Coxeter H S M,Introduction to Geometry. 2nd Edition. Wiley,1989.

[27] Bruck J,Gao J, Jiang A A. MAP:Medial axis based geometric routing in sensor networks. Proc of ACM MOBICOM,2005:88-102.

[28] Bruck J,Gao J, Jiang A A. MAP:Medial axis based geometric routing in sensor networks. Wireless Networks,2007,13(6):835-853.

[29] Liu W,Jiang H,Yang Y,et al. A unified framework for line-like skeleton extraction in 2D/3D sensor networks. IEEE Transactions on Computers,2015,64(5):1323-1335.

[30] Liu W,Jiang H,Yang Y,et al. A unified framework for line-like skeleton extraction in 2D/3D sensor networks. Proc of IEEE ICNP,2013:1-10.

[31] Fang Q,Gao J,Guibas L J,et al. GLIDER:Gradient landmark-based distributed routing for sensor networks. Proc of IEEE INFOCOM,2015:339-350.

[32] Tan G,Bertier M,Kermarrec A M. Convex partition of sensor networks and its use in virtual coordinate geographic routing. Proc of IEEE INFOCOM,2009:1746-1754.

[33] Tan G,Jiang H,Liu J,et al. Convex partitioning of large-scale sensor networks in complex fields: Algorithms and applications. ACM Transactions on Networking (TOSN), 2014, 10(3): 41: 1-41:23.

第7章　拓扑特征在网络定位方面的应用

网络位置信息是许多传感器网络应用的必要信息。首先，节点所采集到的数据必须与其位置信息相结合，在不知道传感器节点位置的情况下感知到的数据信息是毫无意义的。就像知道森林里发生了火灾，却不知道火灾发生的具体位置一样。因此，传感器节点只有明确自身位置信息，才能将“在什么位置或区域发生了什么事件”反映到终端用户，从而实现对检测目标的定位和跟踪。其次，传感器网络的其他研究问题，如网络拓扑控制、基于地理信息的路由等都需要位置信息。

获取位置信息主要有两种途径：①在节点上安装 GPS；②利用网络定位算法。在大规模传感器网络中，前者因成本太高而变得不切实际。现有的网络定位算法按照是否适用距离信息可以划分为基于测距技术的定位算法(range-based)和无须测距技术的定位算法(range-free)。基于测距技术的定位算法需要增加额外的设备来测量出反映节点之间的距离的参数值或者角度信息，然后通过使用三边测量法(trilateration)、三角测量法(triangulation)或者最大似然估计法(multilateration)等定位算法来确定近似的位置并进行进一步修正。而无须测距技术的定位方法则不需要任何额外的工具，充分利用节点连通信息、信标节点的位置和网络几何图形约束关系等网络拓扑特征来估算普通节点的位置，实现定位。本章主要讲解如何利用网络拓扑特征实现高精度网络定位。

7.1　利用边界信息的定位算法

在无须测距技术的定位算法中，不能通过测距技术来获取距离信息，基于跳距的定位方法[1-12]提出利用节点间的连通信息以及信标节点的位置信息来完成定位。具体思想是：首先利用节点间的连通信息估算普通节点到多个信标节点之间的距离，然后运行三边测量法估算普通节点的位置。更具体地说，这类算法通过利用两个节点间最短路径的跳数距离来计算两点间的欧氏距离。在各向同性并且网络中没有空洞的情况下，这种以跳数距离来计算欧氏距离的方法是可靠的，然而在各向异性的、存在空洞的网络中，最短路径在空洞的边界会发生弯曲，这时的跳数距离已经不适合来计算欧氏距离。

如图 7.1(a)所示，为了获得距离信息进行三边定位，我们需要获得节点 s 和 t 之间的欧氏距离(直线距离)，而在没有洞的均匀网络中，节点 s 和 t 间的最短路径是可以直接用来计算欧氏距离的；而当节点 s 和 t 之间存在空洞的时候，如图 7.1(b)所示，此时的最短路径沿着空洞的边界发生了弯曲，已经不再能代表欧氏距离。

文献[12]中提出了利用边界信息进行网络定位的路径着色(rendered path, REP)算法，通过利用在空洞的边界点上构造虚拟洞，来估计节点到每个信标节点间最短路径发生的弯曲程度，从而计算出与欧氏距离相匹配的跳数距离。

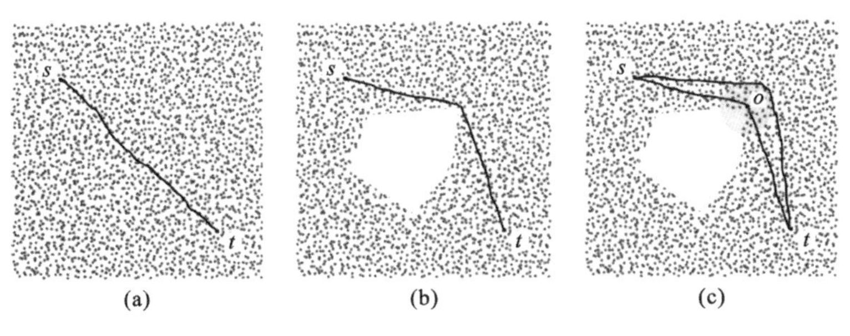

图 7.1 REP 算法原理[12]

7.1.1 REP 定位算法的理论基础

首先从一个最基本的情形(图 7.2(a))来介绍 REP 的定位原理。考虑二维空间内的传感器网络定位问题,传感器节点被随机分布在连续区域 $R\in\mathbb{R}^2$ 上,且网络拓扑允许内部空洞存在。假设 R 中存在 k 个空洞,这些空洞的边界已知且分别记为 $C_i(i=1,2,\cdots,k)$。REP 算法为这 k 个空洞分别定义了不同的颜色。对于空洞 H,其边界点也会被赋予相应的颜色,并称为 H-colored。

对于需要测距的两个节点 $s,t\in R$,将其最短路径记为 $P(s,t)$,最短路径的欧氏范数记为 P_{st},而将节点 s、t 之间的欧氏距离记为 $d_{st}=|st|$。当最短路径 $P(s,t)$与空洞 H 的边界相交时,路径 $P(s,t)$与空洞边界的交点也会被着上相应的颜色,这样我们就可以通过路径的着色信息来判断路径 $P(s,t)$是否经过了空洞,以及经过了哪些空洞。

当路径 $P(s,t)$没有经过空洞时,$P_{st}=d_{st}$。可以直接利用路径长度 P_{st} 来估计欧氏距离 d_{st}。而当路径 $P(s,t)$经过某些空洞时,以空洞 H 为例,此时的路径 $P(s,t)$被与 H 边界的交点 o 分割成了 so 和 ot 两段,如图 7.2(a)所示。如果知道角度信息 α,那么可以利用余弦定理来求解 d_{st}

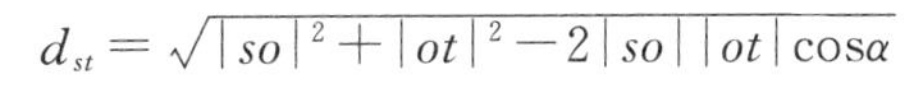

$$d_{st}=\sqrt{|so|^2+|ot|^2-2|so||ot|\cos\alpha}$$

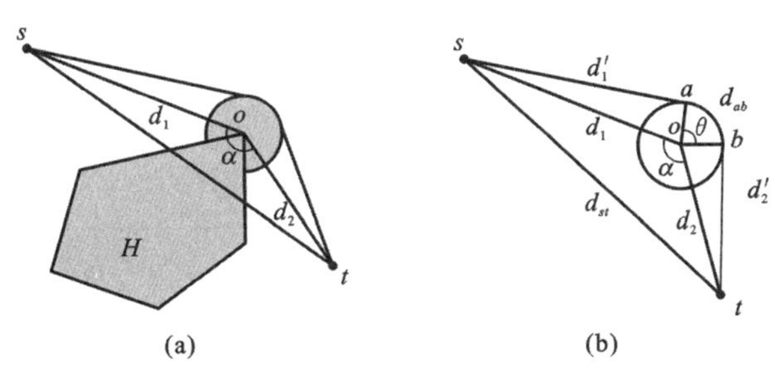

图 7.2 REP 定位的一个简单情形[12]

REP 算法通过在交点 o 处添加虚拟空洞的方法来获得角度信息 α。当添加了以 o 为圆心以 r 为半径的虚拟空洞之后,节点 s 到 t 间的最短路径变更成为 $P'(s,t)$。如图 7.2(b)所示,$P'(s,t)$被新的空洞分割成了三段:线段 sa、线段 bt 以及圆弧 ab。由于最短路径 $P'(s,t)$与虚拟空洞的交点 a,b 为我们增加了新的信息弧长 ab(记为 d_{ab}),至此,角度信息 α 可以利用如下公式求得

$$\alpha=2\pi-\frac{d_{ab}}{r}-\arccos\frac{r}{d_1}-\arccos\frac{r}{d_2}$$

当然,实际网络定位中遇到的情形远不止于此:空洞可能是凸的,也可能是凹的;最短路径与空洞的交点可能是一点,可能是多点,也可能是一段连续边界;最短路径经过的空洞可能不止一个……这些信息可以通过对路径 $P(s,t)$一共具有几种颜色(对应不同的空洞),每种颜色的节点的数目与是否相邻(交于离散个点或者是连续的一段边界)来判断。

图 7.3 给出了路径经过凸洞和凹洞的例子。在图 7.3(a)中,路径 $P(s,t)$与图形空洞相交于一段连续的边界,对于这种情形,REP 算法仍然可以利用边界信息来有效地计算 d_{st}的。如图 7.4 所示,在路径 $P(s,t)$与图形空洞相交的一段连续边界上选取若干点 a_1, $a_2,\cdots,a_n$ 作为圆心,以 r 为半径作虚拟空洞。将这 n 个以 $a_1,a_2,\cdots,a_n$ 为圆心的虚拟空洞边界与新的最短路径 $P'(s,t)$相交的圆弧对应的圆心角记为 $\alpha_1,\alpha_2,\cdots,\alpha_n$,圆弧的长度分别记为 $d_{a1},d_{a2},\cdots,d_{an}$。圆心角 $\alpha_i(i=1,2,\cdots,n)$可以通过如下公式计算得到

$$\begin{cases}\alpha_1=1.5\pi-\dfrac{d_{a1}}{r}-\arccos\dfrac{r}{|sa_1|}\\ \alpha_2=\pi-\dfrac{d_{ai}}{r},\quad i=2,\cdots,n-1\\ \alpha_n=1.5\pi-\dfrac{d_{an}}{r}-\arccos\dfrac{r}{|a_{nt}|}\end{cases}$$

在获得 $\alpha_1,\alpha_2,\cdots,\alpha_n$ 等角度信息之后,我们可以计算出向量$\overrightarrow{st}$以及 $d_{st}=|\overrightarrow{st}|$,其中

$$\overrightarrow{st}=\overrightarrow{sa_1}+\overrightarrow{a_1a_2}+\cdots+\overrightarrow{a_{n-1}a_n}+\overrightarrow{a_nt}$$

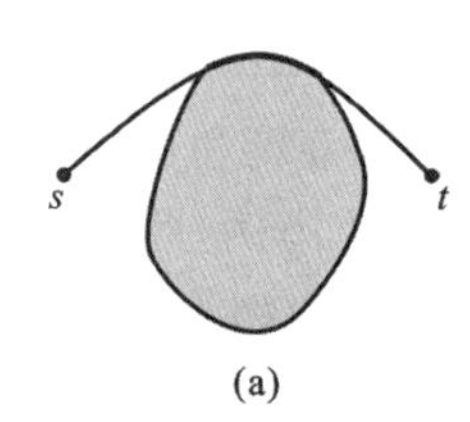

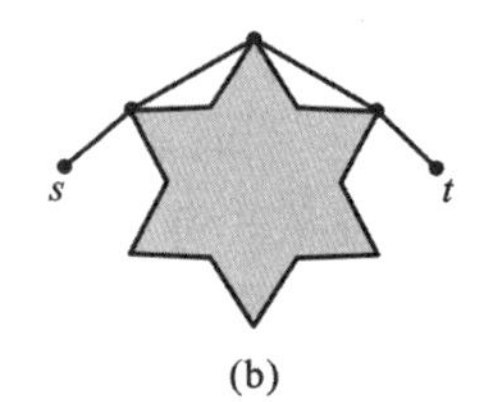

图 7.3 凸洞和凹洞[12]

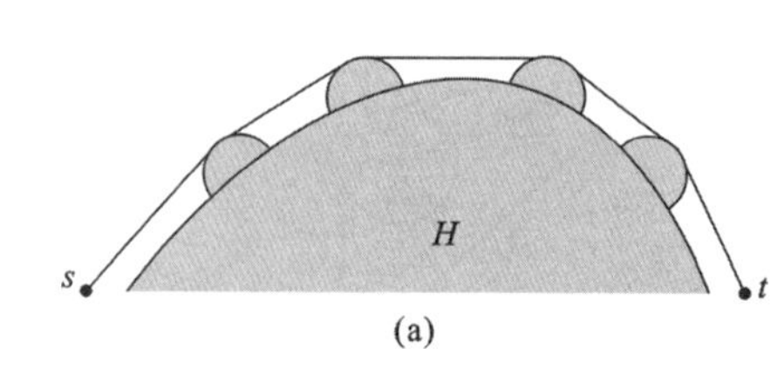

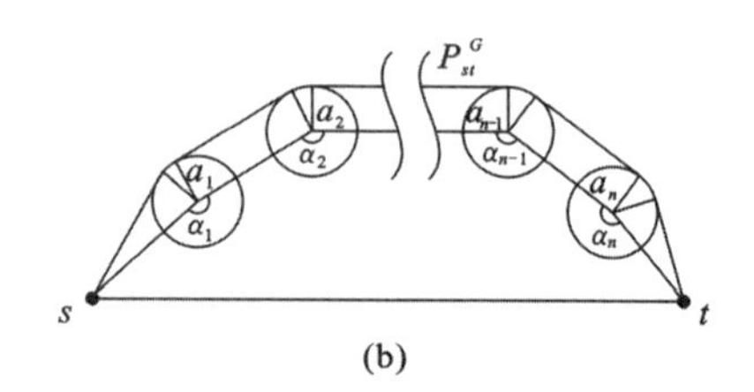

图 7.4 REP 算法处理凸洞情形[12]

对于图 7.3(b)所示的凹洞,路径 $P(s,t)$与空洞的边界相交于若干离散点,这类情形同样可以通过构造适当的虚拟空洞来解决:我们可以在六角形空洞与路径相交的三个顶点处分别生成 3 个虚拟空洞,并且通过相关角度信息来求解向量$\overrightarrow{st}$以及 $d_{st}=|\overrightarrow{st}|$。

7.1.2 REP 定位算法

REP 定位算法的基本思想是:首先检测出网络中的空洞以及空洞的边界;然后网络

中的未知节点分别计算它到三个信标节点的最短路径;根据最短路径的着色信息,在最短路径与空洞边界的相交处生成虚拟空洞;未知节点计算在有虚拟空洞的网络中到三个信标节点的虚拟最短路径;利用虚拟最短路径以及虚拟最短路径的着色信息计算出未知节点到信标节点的欧氏距离;通过三边定位法完成未知节点的最终定位。算法具体的实现步骤如下。

1) 边界检测及最短路径生成

REP 算法利用文献[16]中的边界检测算法检测网络 R 中的空洞以及空洞的边界。然后,REP 算法为空洞着色:每个空洞被赋予一个独特的 ID,空洞边界上的节点也会被标上相应的 ID,普通节点不会被标记任何空洞对应的 ID。

为了获得信标节点的最短路径,待定位节点广播 QUERY 消息,每个中间节点在接收到 QUERY 消息之后,在消息中加入自己距离待定位节点的跳数信息并重新广播 QUERY 消息。当某个空洞的边界节点接收到 QUERY 消息时,也会将着色信息加入 QUERY 消息中。当信标节点收到 QUERY 消息时,从待定位节点到信标节点的最短路径就生成了,并且此时的最短路径已经附加了着色信息。信标节点根据最短路径信息及着色信息生成一张表格并沿最短路径传回,使得最短路径上的所有节点能够获知完整的最短路径信息和路径着色信息。

2) 虚拟空洞构建及虚拟最短路径生成

对于最短路径上被着上同种颜色的着色段,将该着色段的两端端点称为焦点(focal point)。REP 算法在每个焦点处生成与焦点颜色相同的虚拟空洞。虚拟空洞的生成是通带约束的泛洪(flooding) 来完成的:焦点生成一则 V_HOLE 消息并赋予其有限的 TTL 值,然后将 V_HOLE 信息进行泛洪。当 TTL=k 时,V_HOLE 消息的泛洪会形成一个以焦点为圆心,以 k 跳跳数距离为半径的虚拟空洞。虚拟空洞内的节点(收到 V_HOLE 消息的节点) 会被赋予与空洞颜色相同的虚拟颜色。

接下来的虚拟最短路径的生成过程与步骤 1)中是类似的,需要注意的是,当虚拟空洞内部的节点接收到 QUERY 信息时会将信息丢弃,而不再转发;当虚拟空洞的边界节点接收到 QUERY 信息时,会将自身所着上的虚拟颜色的信息加入其中。

理想情况下,待定位节点能够通过上述步骤找到虚拟最短路径,然而其中仍然有一些细节需要进一步推敲。首先,如何确定虚拟空洞的最优半径大小。半径大的虚拟空洞能使新生成的虚拟最短路径相较于之前的最短路径有更大的扰动,从而提高距离估计的准确度;然而,虚拟空洞的半径不能过大,如当两个空洞靠得较近的时候。REP 算法的做法是,通过构建一系列不同半径大小的虚拟空洞,生成相应的虚拟最短路径来判断最优的虚拟空洞半径——在能生成符合要求的虚拟路径的情况下半径尽量大。此外,还有一种特殊情形是,当生成虚拟空洞之后,可能会使得新生成的虚拟最短路径并不经过焦点生成的虚拟空洞的边界(图 7.5),这种情况下,REP 算法会在新的最短路径上的焦点处生成新的虚拟空洞。

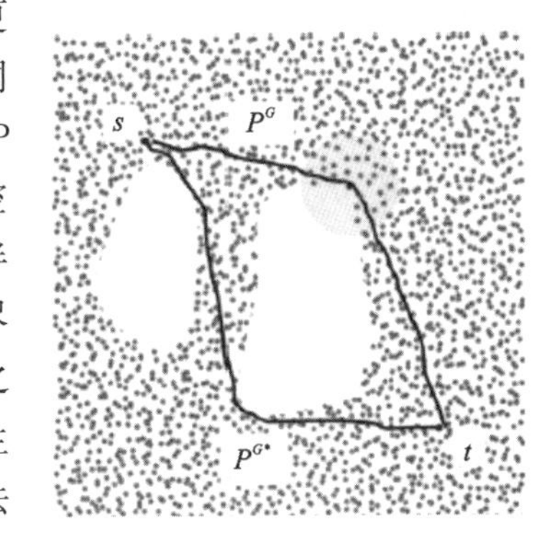

图 7.5 最短路径方向发生转变[12]

3）欧氏距离计算与网络定位

通过四轮信息交换：待定位节点广播 QUERY 信息查询最短路径、信标节点返回最短路径信息和路径着色信息、待定位节点广播新的 QUERY 信息查询虚拟最短路径、信标节点返回虚拟最短路径信息和最短路径着色信息。通过最短路径、虚拟最短路径以及路径着色等信息，信标节点就可以通过前述理论知识介绍部分提到的方法计算出到待定位节点的欧氏距离。之后的网络定位可以利用未知节点到三个信标节点的距离，结合三边定位的方法完成。

REP 定位算法通过对最短路径着色和在焦点增加虚拟圆等措施，巧妙地利用图形的几何关系，较好地解决了普通节点到信标节点之间的距离估计。并且 REP 算法中只需要三个信标节点就能够完成定位。然而，REP 算法在复杂网络中定位与信标节点跳数距离较大的节点时，会因其最短路径被弯曲程度估计的不准确，而导致这些节点的定位不够准确。

7.2 利用骨架信息的定位算法

无须测距技术的网络定位算法一般利用跳数距离来近似欧氏距离，这种方法除了会遇到在 7.1 节中提及的，在有空洞的网络中最短路径会发生弯曲之外，在利用距离较远的节点间的跳数距离来估计欧氏距离时，距离估计误差较大，可能对网络的某个部分产生整体的翻转形变。为了解决这个问题，文献[1]和文献[2]提出了基于 DC(Delaunay complex)的定位算法。该方法将 Delaunay 复形作为整个网络的结构骨架，通过利用骨架信息对边界节点采样构成了一个刚性的信标网络，网络中的非信标节点通过到最近的 3 个(或者更多)信标节点的跳数来估算距离，从而通过三边(多边)定位来实现整个网络的定位。

7.2.1 DC 定位理论基础

考虑二维空间内的传感器网络定位问题，传感器节点被随机分布在连续区域 $R\in\mathbb{R}^2$ 上，且网络拓扑允许内部空洞存在。对 R 中任意两点 $p,q\in R$，用 $|pq|$ 表示两点间的欧氏距离；$d(p,q)$ 表示两点间的测地距离，即两点间最短通路的跳数距离。传感器网络分布区域 R 的边界点的集合用 ∂R 表示。

定义 7.1 (γ-取样)：对于任意一点 $p\in R$，用 ILFS(p)表示点 p 到 R 内部骨架的距离。令边界 ∂R 上的信标集合为 L。对于任意一点 $p\in R$，有至少一个信标 $q\in R(q\neq p)$ 满足 $d(p,q)\leqslant\gamma\cdot\text{ILFS}(p)$，则称信标集合 L 满足 γ-取样(γ-sample)。

假设 L 是边界区域 ∂R 上的信标集合，对于任意一个信标 $u\in L$，将满足

$$V(u)=\{p\in R\,|\,d(p,q)\leqslant d(p,v),\quad \forall v\in L, v\neq u\}$$

的集合 $V(u)$ 称为信标 u 的 Voronoi 元，包含了 R 中所有以 u 为最近信标的点的集合。所有 Voronoi 元 $V(u)$，$u\in L$ 的集合组成了 Voronoi 图 $V(L)$(图 7.6(a))。当点 $p\in R$ 满足至少与两个信标 $u,v\in R$ 距离最近且相等时，即 $d(p,u)=d(p,v)<d(p,w)$，($\forall w\in L, w\neq u,v$)，这样的点 p 组成了 Voronoi 边(Voronoi edge)，如图 7.6(a)中虚线

所示；当点 $p \in R$ 满足至少与三个信标距离最近且相等时被称为 Voronoi 顶点(Voronoi vertex)，如图 7.6(a)中空心点所示。以 Voronoi 顶点 p 为例，若 p 距离它最近的信标 q 的距离为 r，则以 Voronoi 顶点 p 为圆心，以 r 为半径的圆 $B_r(p)$ 被称为 Voronoi 球(Voronoi ball)，如图 7.6(b)中圆形所示。

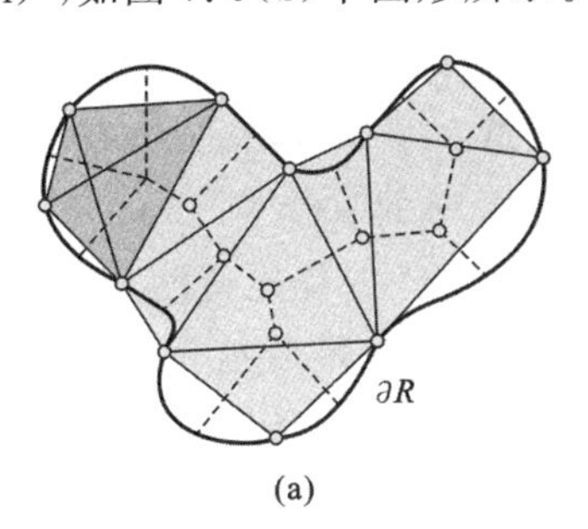

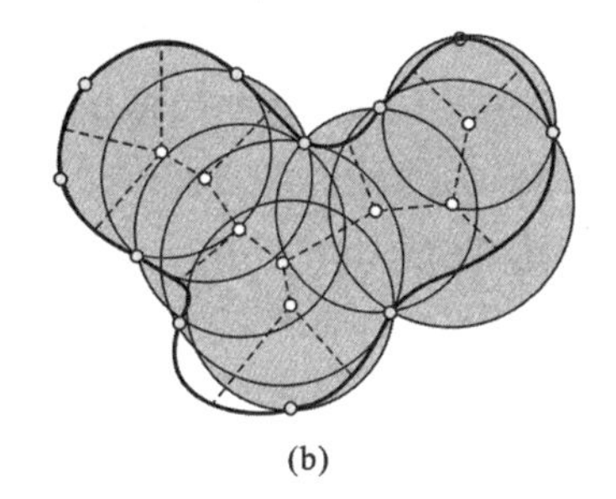

图 7.6 Voronoi 图及 Delaunay 组合图形示意图[2]

定义 7.2 (Delaunay 复形)：Delaunay 复形(combinatorial Delaunay complex)以 DC(L)表示，并满足 $DC(L)=\{\alpha \subseteq L \mid \bigcap_{u\in\alpha} V(u) \neq \varnothing\}$

Delaunay 复形包含如下单形：零维度单形-信标点；一维度单形-Delaunay 边；二维度单形-Delaunay 三角形；三维度单形-Delaunay 四面体。

要使得二维平面上的传感器网络是可定位的，那么对应的测距图需要满足完全刚性[7]。只有确定 Delaunay 复形的完全刚性，才能保证信标节点自身的定位是唯一的。只有信标自身定位对于整个网络的相对位置准确，才能保证利用信标信息定位网络中其他传感器节点的位置。其次，Delaunay 复形要能保证对传感器网络区域的覆盖性，这样才能够真实反映出网络中节点的真实分布。根据上述分析，Delaunay 复形需要满足以下性质。

(1) 完全刚性(global rigidity)：当 Voronoi 边的长度确定时，相应的 Delaunay 复形 DC(L)(图 7.6(a)中阴影部分)不会产生连续形变。完全刚性保证了给定结构的 d 维空间嵌入是唯一的。

(2) 覆盖性(coverage)：覆盖性是指 Voronoi 球的组合图形(图 7.6(b)中阴影部分)与网络分布区域的近似程度的度量。这种用 Voronoi 球的组合图形近似估计图形本身形状的方法最早出现在文献[7]中。好的覆盖性意味着网络中的每个节点都不会离 Delaunay 复形太远，这保证了信标节点能够覆盖整个传感器网络。

接下来引用一些现有的定理与推论来证明这两个量化准则是可行的。

定理 7.1[2] Delaunay 复形 DC(L)在信标集合 L 对边界 ∂R 满足 γ-取样，且 $\gamma<1$ 时，Delaunay 复形 $DC(L)$ 具有完全刚性。

定理 7.2[2] 对一个连通区域 $R \in \mathbb{R}^2$，在边界 ∂R 上挑选信标集合 L 满足 γ-取样，且 $\gamma<1$ 时，Delaunay 复形 DC(L)δ-覆盖区域 R，且 $\delta=2\gamma/(1-\gamma)$。

定理 7.1 和定理 7.2 证明了，当信标集合 L 对边界点满足 γ-取样时，Delaunay 复形 DC(L)满足完全刚性且对传感器网络分布区域 R 有一个良好的覆盖。也保证了 DC 定位算法逐步将 Delaunay 复形进行嵌入并且利用 Delaunay 复形作为一个结构骨架来实现整个网络的定位的可行性。

信标集合 L 的选取是 DC 定位算法中最关键的部分。由于 Delaunay 复形是由信标集合 L 诱导的，只有适当地选取信标集合 L 才能保证 Delaunay 复形的完整性与覆盖性。文献[2]提出，为了保证 Delaunay 复形的完整性与覆盖性，信标的选择算法需要满足以下条件。

条件 7.1[2]（局部 Voronoi 边的连通性）　区域 R 中的 Voronoi 边组成一个连通集。

条件 7.2[2]（局部 Voronoi 球的覆盖性）　任意一个 Voronoi 元 $V(u)$，$u \in L$ 中点 x 能够被 Voronoi 球 $B_r(p)\delta$-覆盖，其中 p 是对应信标 u 的一个 Voronoi 顶点。

如果信标集 L 所形成的 Voronoi 图 $V(L)$ 在区域 R 中是连通的，那么信标集所形成的 Delaunay 复形 DC(L) 满足完全刚性，因此条件 1 满足时能够保证 Delaunay 复形 DC(L) 具有完全刚性。而如果一个 Voronoi 元 $V(u)$ 不满足条件 1，那么新选择的信标 q 不能被任何一个信标 u 在 $\gamma \cdot \text{ILFS}(q)$ 距离内覆盖，其中 $\gamma < 1/3$。如果一个 Voronoi 元 $V(u)$ 不满足条件 2，那么新选择的信标 q 不能被任何一个信标 u 在 $\gamma \cdot \text{ILFS}(q)$ 距离内覆盖，其中 $\gamma = \delta/(\delta+2)$。因此条件 1、条件 2 能够保证 Delaunay 复形 DC(L) 满足覆盖性。

此外，如果一个 Voronoi 元 $V(u)$ 不满足条件 1，那么新选择的信标 q 不能被任何一个信标 u 在 $\gamma \cdot \text{ILFS}(q)$ 距离内覆盖，即 $d(q,u) > \gamma \cdot \text{ILFS}(q)$，$\gamma < 1/3$。因此根据条件 1、条件 2 选出的信标节点的密度是有界的。

7.2.2 DC 定位算法

基于 DC 的定位算法的基本思想是，增量地在网络中选取信标节点，直到形成的 Delaunay 图能够满足完全刚性和覆盖性的要求。算法的主要步骤包括：选择起始信标节点、生成 Voronoi 图、增量地选取新的信标节点、Delaunay 复形的提取与嵌入、网络定位。

1）选择起始信标节点

首先需要选择两个边界上的传感器作为算法的起始信标。为了保证所选信标在传感器分布区域 R 的边界 ∂R 上，先随机在 R 中选取一个点 r，由 r 在全网络 R 中广播信号，使得每个节点都通过多跳方式接收到信号。这时选择距离 r 最远的点 p 作为第一个信标，然后由 p 向全网络 R 中广播信号，同理选择距 p 最远的点 q 作为第二个信标。显然 p，q 两点都在边界 ∂R 上，如图 7.7(a)所示。

2）生成 Voronoi 图

当网络中找到信标节点以后，就可以分布式地进行 Voronoi 图的计算。每个信标节点找到并记录与其最近的信标节点，具有相同的最近信标的节点会被划分到一个 Voronoi 元中。用 L 表示已经找到的信标的集合，对于网络 R 中的节点 p，它会被划分到 Voronoi 元 $V(u)$ 的条件是，$V(u) = \{p \in R \mid d(p,q) \leqslant d(p,v), \forall v \in L, v \neq u\}$。Voronoi 元的集合就是 Voronoi 图，即 $V(L) = \{V(u) \mid u \in L\}$，如图 7.7(b)所示。

3）增量地选取新的信标节点

新的信标节点的迭代选取基于如下两个准则。对每个信标 u 及其 Voronoi 元 $V(u)$ 进行如下检测。

准则 7.1　当 Voronoi 元 $V(u)$ 的边不连通时，在 Voronoi 边的端点中选择位于边界

∂R上，且距离 u 最远的点 p 作为新的信标。

准则 7.2 当 Voronoi 元 $V(u)$ 的边连通时，对 Voronoi 元 $V(u)$ 中每一个点 $p \in V(u)$ 进行计算，计算点 p 与 $V(u)$ 中的 Voronoi 顶点 q 之间的距离 $d(p,q)$，选择 $d(p,q)$ 最大，且不满足 δ-覆盖条件的点 p 作为新的信标。

如此逐步增量添加信标节点，当所选信标集合 L 所形成的 Voronoi 图 $V(L)$ 满足 Voronoi 边连通，且所有点 $p \in R$ 都满足 δ-覆盖条件时，增量信标选取算法终止。

4）Delaunay 复形的提取与嵌入

因为跳数距离是离散的，所以前述内容中基于连续距离的 Voronoi 边和 Voronoi 顶点的定义不再适用。在介绍 Delaunay 复形提取算法之前，先引入 witness 的概念来重新定义 Voronoi 边和 Voronoi 顶点。

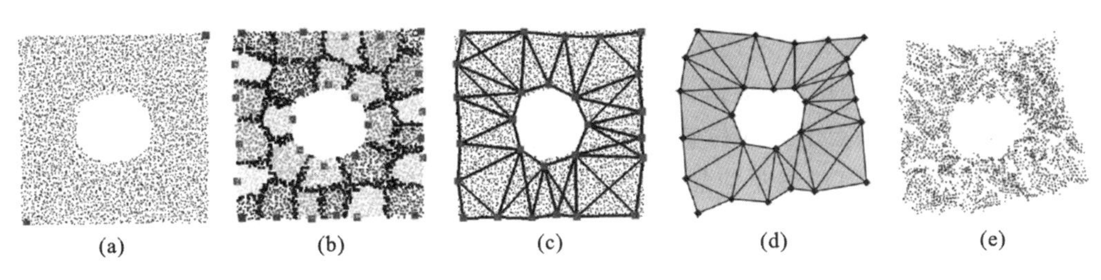

图 7.7 DC 定位算法

对于点 p，将它的第 i 个最近的信标节点记为 $l_i(p)$，而点 p 与信标 $l_i(p)$ 之间的跳数距离记为 $d_i(p)$。这里我们放宽之前连续条件下定义 Voronoi 边时用到的"与两个信标节点距离最近且相等"的条件。对于点 p 的前 m 个最近的信标节点 $L_2=\bigcup_{i=1}^{m} l_i(p)$，只要 $d_m(p)-d_1(p) \leqslant \beta$ 且 $d_{m+1}(p)-d_1(p) > \beta$，我们就认为 p witness 了 L_2 中的任意一对信标节点。这里的 β 是一个松弛因子[2]，放宽了定义 Voronoi 边的"距离相等"的要求。

定义 7.3[1,2]（2-witness）对于一对信标节点$\{u,v\}$，如果 u 和 v 都属于节点 p 的前 m 个最近信标节点，即$\{u,v\} \subset L_2$，则称 p 为信标节点$\{u,v\}$的 2-witness。

定义 7.4[1,2]（k-witness）对于一组含有 k 个信标节点的 k 元信标集，如果这 k 个信标都属于节点 p 的前 m 个最近信标节点并且节点 p 是一个 $k-1$-witness，那么节点 p 是这个 k 元信标集的 k-witness。

$\{u,v\}$的所有 2-witness 便组成了离散定义下的 Voronoi 边。而 2-witness 点则对应了 Voronoi 顶点。对于某个补全内容的信标集，它的 k-witness 的连通组件构成了相应的 Delaunay 单形。

在完成了 Delaunay 单形的提取之后，我们就能逐个嵌入相邻的 Delaunay 单形了。因为按照上述信标节点选择算法选取的信标节点保证了诱导出的 Delaunay 图满足完全刚性，所以这保证依据选取的信标节点和提取的 Delaunay 单形我们能够得到唯一的平面嵌入结果。Delaunay 复形的嵌入结果如图 7.7(d)所示，至此算法完成了全部信标节点的定位。

5）网络定位

在完成了信标节点的定位之后，网络中的节点可以依据它到 3 个（多个）信标节点之间的跳数值来估算距离，从而进行三边定位，实现网络节点的定位，如图 7.7(e)所示。

7.3 基于凸分解的定位算法

在介绍基于凸分解的定位算法之前，我们先引入基于多维尺度分析(multi-dimensional scaling,MDS)的定位算法，以便我们理解基于凸分解的定位算法提出的初衷。

7.3.1 MDS 定位算法[10]

多维尺度分析是一种将多维数据的关系表示成几何图形加以研究的数据模型方法。基于多维尺度分析法的定位算法(MDS-MAP)[10]具有高定位精度等特点，即使在低密度网络中，仅需少量信标节点，它也能够准确地估计出节点的位置信息。MDS-MAP 定位算法的基本思想是：首先通过连通性和跳数距离估计获得网络测距图；然后通过最短路径算法生成距离矩阵；利用 MDS 降维技术获得全网未知节点的相对坐标，结合信标节点的位置信息获得目标节点的绝对位置信息。

将经典的 MDS 算法最早应用到传感器网络定位中[10]，MDS-MAP 定位算法大致可以分为如下三个步骤。

1) 计算所有节点间的最短路径，建立距离矩阵

首先根据节点间的连通性生成整个网络拓扑图，并为图中每条边赋距离值。若任意两个邻居节点具有测距能力，该测量距离就是两个节点所构成边的值；如果仅拥有连通性信息，那么所有边赋值为 1，然后使用最短路径算法，如 Dijkstra 或 Floud 算法，生成节点间距矩阵。

2) 计算相对坐标系统

对间距矩阵应用 MDS 算法，其核心是奇异值分解，生成整个网络的二维或三维相对坐标系统。

3) 计算绝对坐标系统

在给定足够多锚节点的情况下(二维最少需要 3 个，三维最少需要 4 个)，通过线性变换和锚节点的坐标信息把所有节点的相对坐标系统转化为绝对坐标系统。方法就是选定某个信标节点，让该信标节点的绝对位置和该信标节点在相对坐标系统中的位置重合，然后对相对坐标系统进行旋转和翻转，找出使得所有信标节点的位置误差最小的相对坐标系统，并记录此时所有信标节点的位置误差之和。对其他信标节点执行同样的操作，误差值和最小的相对坐标系统进行旋转和翻转的结果被认为是最终网络定位结果。

MDS-MAP 算法在节点密度较大的场景中能够获得很好的定位效果。其缺点在于，该算法涉及复杂的矩阵运算，当节点数目较多时，计算量繁重，会带来很大的能耗。另外，MDS-MAP 算法是集中式的，不适用于需要节点分别计算坐标的应用场景；当网络连通度较小时，该算法定位误差急剧增大，节点定位覆盖率不高。因此，文献[10]提出了一种改进的 MDS-MAP 算法，即 MDS-MAP(P)。MDS-MAP(P)算法首先针对每个节点，利用邻居信息(如所有 k 跳邻居)来建立局部坐标系统，然后将这些局部坐标通过最小二乘法进行合并形成全局坐标系统。MDS-MAP(P)算法具有分布式特点，但参数 k 以及首先用于合并的局部坐标系统的选择对定位结果有着很大的影响。同时，为了得到高精度的

结果，用于坐标系统优化的时间复杂度非常高。

7.3.2 ACDL 定位算法[11]

由于在形状规则的网络（如凸型网络）中，节点间的欧氏距离和跳数距离具有高度相关性，MDS-MAP 算法实验结果较好。而在不规则网络（如凹型网络）中，由于网络节点间的最短路径可能在凹点处发生显著弯曲，导致节点间的欧氏距离与跳数距离不具相关性——两个跳数距离很大的节点，其欧氏距离可能很小。图 7.8(b)给出了一个 MDS-MAP 算法在不规则网络——L 形网络中定位的例子。图中线条表示节点误差，蓝线越长节点的定位误差越大，反之则越小，图中网络“两臂”(two arms)端点上的节点的定位误差较大。这是因为受网络凹度的影响，这些节点与其他节点间的最短路径被凹点“弯曲”，从而导致其欧氏距离与跳数距离不匹配。

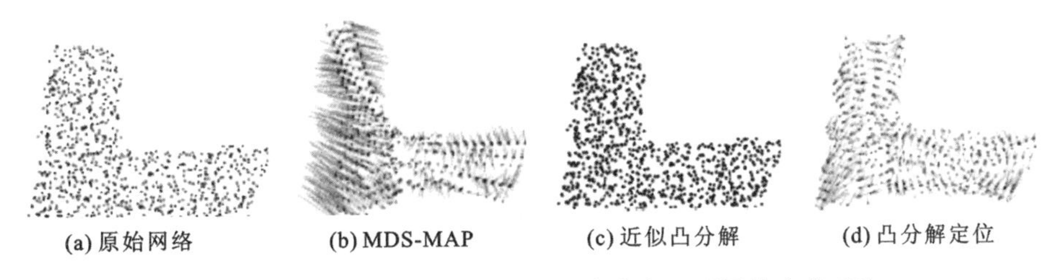

图 7.8 MDS-MAP 定位与凸分解定位在 L 型网络中的对比

为了使 MDS-MAP 算法能够更好地适用于不同形状的网络，文献[11]提出了基于网络近似凸分解的定位算法(approximate convex decomposition-based localization, ACDL)。ACDL 定位算法的基本思想是：首先，将不规则网络分解成规则形状的子网络；然后，在每个子网络中利用改进 MDS-MAP 算法或者三边定位算法进行定位；最后，利用线性变换将这些子网络进行拼接，得到网络的最终定位结果。图 7.8(d)为对网络凸分解后利用 MDS 算法的定位结果，显然对网络的凸分解大大降低了定位的误差。

ACDL 算法大致可以分为如下四个步骤：凹/凸点识别与边界划分；近似凸分解；计算局部坐标图；计算全局坐标图。由于算法的前两个凸分解的步骤在第 6 章已有详细介绍，本章主要介绍 ACDL 定位算法的后两个步骤细节。

1) 计算局部坐标图

经过凹/凸点识别与边界划分、近似凸分解这两个步骤以后，网络已经被分割成为若干凸子网络，如图 7.9(a)所示。在每个子凸网络中，运用现有定位算法来估计每个子网络中节点的位置信息，可以得到形成相对坐标图。

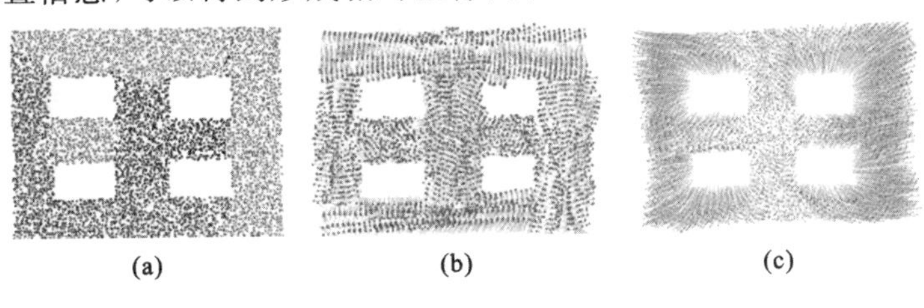

图 7.9 ACDL 定位算法

假设整个网络已被分解成为 k 个节点数为 n_i 的近似凸子网络 $\mathrm{Sec}_i, i=1,2,\cdots,k$。在每个子网络 Sec_i 中随机选定一个节点 $P_i \in \mathrm{Sec}_i$，负责完成 Sec_i 中的相对坐标图的计算。P_i 计算 Sec_i 中任意两点间的跳数距离并得到距离矩阵 D_i，并由此构造内积矩阵 $\boldsymbol{B}_i = -\frac{1}{2}H_iD_iH_i$，其中 $\boldsymbol{H}_i=\boldsymbol{I}_i-\frac{1}{2}\boldsymbol{e}_i\boldsymbol{e}_i^{\mathrm{T}}$，$\boldsymbol{I}_i$ 为 n_i 阶单位矩阵，$\boldsymbol{e}_i$ 为 n_i 维全 1 向量。

传统的 MDS-MAP 方法运用谱分解可以得到 $\boldsymbol{B}_i=\boldsymbol{Q}\boldsymbol{\Lambda}\boldsymbol{Q}$，其中 $\boldsymbol{\Lambda}$ 是特征值对角矩阵，$\boldsymbol{Q}$ 是 $\boldsymbol{B}_i$ 的特征向量矩阵。对于矩阵 $\boldsymbol{B}_i$ 谱分解的复杂度是 $O(n_i^3)$。然而在定位算法中，实际被用到的只有前 m 个最大特征值，因此可以通过进行 m 次矩阵的幂法（power method，power iteration）来求解矩阵的前 m 个最大特征值和对应的特征向量[11]。这是改进的 MDS-MAP 算法的基本思想，算法的具体实现如算法 7.1 所示。

算法 7.1：	利用改进的 MDS 算法计算局部坐标图
1：	对于所有的凸子网络 Sec_i
2：	在 Sec_i 内随机选取节点 P
3：	计算 Sec_i 的距离矩阵 $\boldsymbol{D}_i$ 以及 $\boldsymbol{D}_i$ 的内积矩阵 $\boldsymbol{B}_i$
4：	初始化：$\lambda_0=0, q_0=e$
5：	对 k 从 1 取到 m
6：	P 对 $B_i-\sum_{l=0}^{k-1}\lambda_l q_l q_l^{\mathrm{T}}$ 采用幂法提取出最大的特征值 λ_k 和特征向量 $\boldsymbol{q}_k$
7：	end for
8：	Sec_i 中节点 s_j 的位置为 $X_{ij1}=\sqrt{\lambda_1}\,q_{1j},\cdots,X_{ijm}=\sqrt{\lambda_m}\,q_{mj}$
9：	end for

改进的 MDS-MAP 算法的复杂度为 $O(n_i^2)$。虽然改进的 MDS-MAP 算法可以提供高精度的网络定位，但是从子网络的角度来看，仍然是一种集中式的算法，在构建距离矩阵的过程中通信复杂度就达到了 $O(n_i\log n_i)$。在实际应用中，每个节点的资源都是有限的，可能无法找到一个具有超级功能的节点来完成改进的 MDS-MAP 算法。ADCL 算法的另一个优势在于它能够很好地融入其他定位算法。例如，基于凸分解的多边测量法，在子网络边界随机选取三个种子节点进行三边定位，通信复杂度仅为 $O(n_i)$。

2）计算全局坐标图

在完成了子网络的位置信息的计算之后，需要将得到的局部相对坐标图拼接起来形成一个完整的网络坐标图。传统的拼接方法随机选择一个子网络作为参照系，依次与其子网络进行合并，这种方法最坏情况下的时间复杂度会达到 $O(N)$。ACDL 算法中引入了时间回合机制（time round scheme），使得拼接过程的复杂度仅为 $O(\log_2 N)$。

对于任意两个相邻的子网络，它们共同的分割线上存在一些公共点。由于这些节点被分配了两个子网络中的虚拟坐标，所以可以通过构建线性变换将这两个子网络拼接成为一个较大的子网络。为了叙述方便，不妨将子网络 Sec_i 看作一个虚拟节点 $N_i, i=1,2,\cdots,k$。子网络 Sec_i 和 Sec_j 相邻，意味着虚拟节点 N_i 与 N_j 之间存在一条边，通过这种方式可以得到与原始网络拓扑同构的近似凸图（approximate convex graph，ACG）。近似凸图中的节点 N_i 的度对应于子网络 Sec_i 的邻居子网络数。同时，为了提高算法效率，

将对应子网络 Sec_i 中节点的数目分配为虚拟节点 N_i 的权重。优先将节点度数和权重最大的虚拟节点对应的子网络进行拼接，合并在同一坐标系中，组成一个较大子网络。这样在 $O(\log_2 N)$ 回合内可以完成对全部子网络的拼接。最后需要利用已知的至少三个节点的位置信息，对拼接结果图进行线性变换，得到最终网络的绝对坐标。

总的来说，ACDL 算法相较于传统 MDS-MAP 算法来讲，不仅能够更好地适用于不同形状的网络，而且算法的效率有了显著的提高（图 7.9(b)和图 7.9(c)分别给出了凸分解定位和 MDS-MAP 定位在“田”字形网络中的定位结果）。

7.4 基于质心的定位算法

除了前面提到的利用节点间的连通信息估算普通节点到多个信标节点之间的距离，然后运用三边测量法估算普通节点的位置[1-12]的定位算法，还有一类定位方法通过邻居节点之间的连通性及能收到其消息的信标节点的位置确定并缩小普通节点可能的位置区域，以其质心作为普通节点的位置估计[13-15]。

7.4.1 质心定位算法

质心算法是一种分布式的户外定位算法[13]，它的基本思想是：将未知节点周围的多个邻居信标节点所构成的多边形的质心作为未知节点的估计位置（图 7.10）。质心定位算法的实现过程如下。

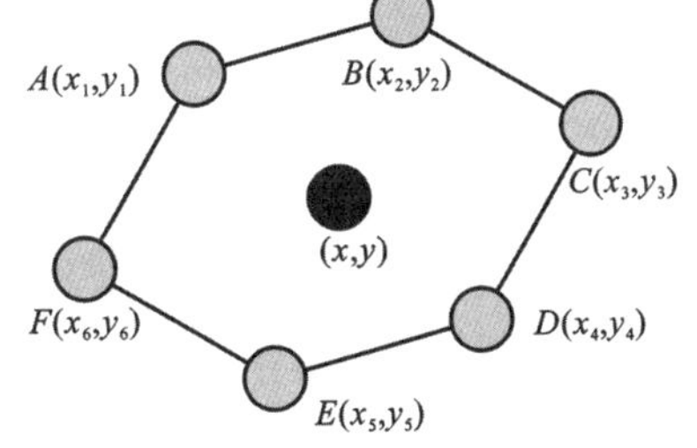

图 7.10 质心定位算法原理图

1）信标节点广播定位信息

网络中的信标节点周期性地向周围的邻居节点发送数据包，数据包中包括了信标节点自身的位置坐标和 ID 标志号等定位信息。

2）未知节点接收定位信息

未知节点接收来自于邻居信标节点的数据包并将这些数据包存储起来，当未知节点判定邻居信标节点的数量超过某一门限 k 或者到达接收时限后，将不再接收数据包。具体的门限 k 和接收时限根据网络规模和信标节点的密度确定。

3）未知节点计算位置信息

未知节点计算所有邻居信标节点所围成的多边形的质心作为其估计位置

$$(x,y)=\left(\sum_{i=1}^{k}x_i\Big/k,\sum_{i=1}^{k}y_i\Big/k\right)$$

其中，(x,y)是未知节点的估计位置；(x_i,y_i)，…，(x_k,y_k)为节点接收到的邻居信标节点的坐标。

质心定位算法是一种分布式算法且实现简单，扩展性好，而且不需要信标节点和未知节点协调，因而相比集中式的算法而言，具有能耗低、易于实现等优点。然而，质心算法定位时需要利用邻居信标节点的位置信息，因此算法定位精度很大程度上依赖于网络中信标节点的密度。在信标节点数量较少的网络中，利用多边形求出的坐标位置误差非常大，并且大部分未知节点都不能够被定位。

7.4.2 APIT算法

APIT(approximate PIT test)算法[14]是近似三角形内点测试法(approximate point-in-triangulation test)的简称，是由PIT(perfect point-in-triangulation test theory)算法演变而来。两种算法的基本思想都是：循环判定未知节点是否在由与之通信的3个信标节点构成的三角形内，然后将这些包含未知节点的三角形交叠区域的质心作为其估算位置。

PIT算法的原理如图7.11所示，对于网络中的未知节点M和与之通信的三个信标节点A,B,C，加入存在一个方向，沿着这个方向移动的节点M会靠近A,B,C中的某一个信标节点，而远离其中另外两个信标节点，那么M位于$\triangle ABC$内；若节点M同时靠近或者同时远离信标节点A,B,C，那么M位于$\triangle ABC$外。

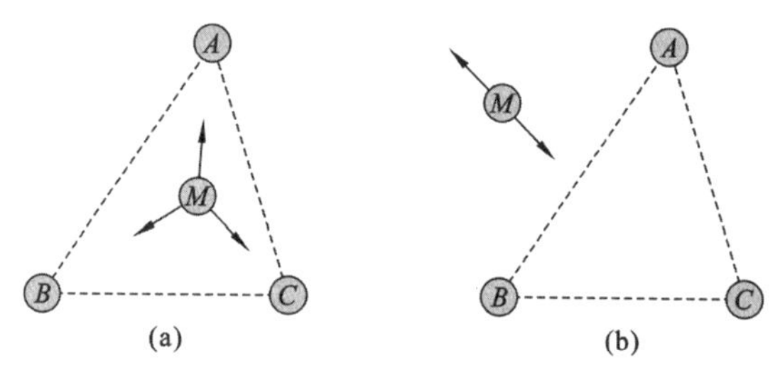

图7.11 PIT算法原理图

由于PIT算法适用于移动节点的定位，而在实际布点规模庞大的无线传感器网络中，大多数节点都是静止的或者移动非常缓慢，因此PIT算法不适用于静态节点的测试。APIT算法利用邻居节点的信息，对PIT算法进行了改进。APIT算法的原理如图7.12(a)和图7.12(b)所示，对于网络中的未知节点M和与之通信的三个信标节点A,B,C，如果M的邻居节点中，没有与M相比同时靠近或者同时远离信标节点A,B,C的点，则表示M位于$\triangle ABC$内，否则节点M位于$\triangle ABC$外。

然而APIT算法的原理仍然是不严密的，M点的位置可能会出现错误的判断：如图7.12(c)所示，若节点M以及它的邻居节点1,2,3均位于$\triangle ABC$内部，而邻居节点4的位置变为$4'$位于$\triangle ABC$外部，则此时节点M会被错误地判断为在$\triangle ABC$外，这种错误被称为InToOut错误；如图7.12(d)所示，若节点M以及它的邻居节点1,2,3均位于$\triangle ABC$外部，但邻居节点1,2,3与节点M相比同时靠近了信标节点A、B、C，则此时节点M会被错误地判断为在$\triangle ABC$内，这种错误被称为OutToIn错误。实验显示，APIT算法出现InToOut和OutToIn误差的概率相对较小(最坏情况下为14%)[14]。

APIT定位算法的实现过程如下。

1) 信标节点信息的获取

各未知节点获取其无线通信半径内的所有信标节点的信息，包括位置坐标以及接收信号强度等信息。

2) APIT原理测试

未知节点将这些信标节点随机地组成三角形，如果有n个信标节点，那么会产生C_n^3

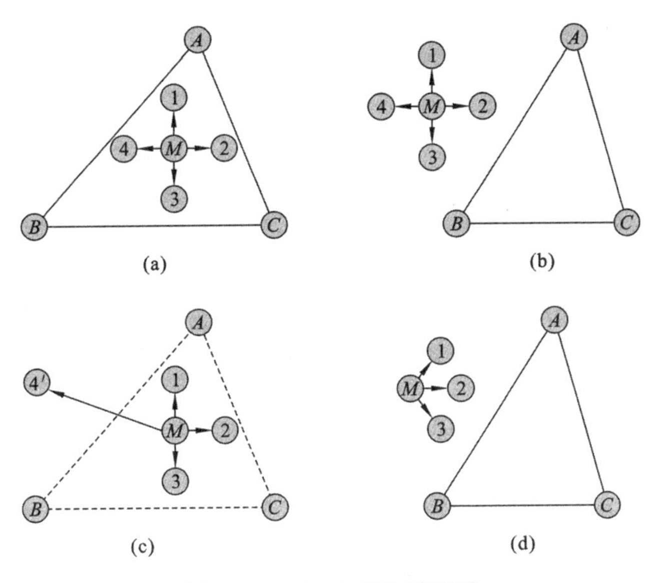

图 7.12 APIT 算法原理图

个三角形。未知节点按照前面提到的 APIT 原理来判断自身处在这些三角形内部还是外边。其中，比较邻居节点与该未知节点与信标节点的距离大小关系是通过比较二者接收到的来自信标节点的信号强度信息的大小来判断的。

3）计算三角形交集与质心定位

各未知节点找出所有覆盖了该未知节点的三角形，并找出这些三角形的重叠区域，最后利用质心算法算出这个多边形的质心坐标就是未知节点的近似坐标(图 7.13)。

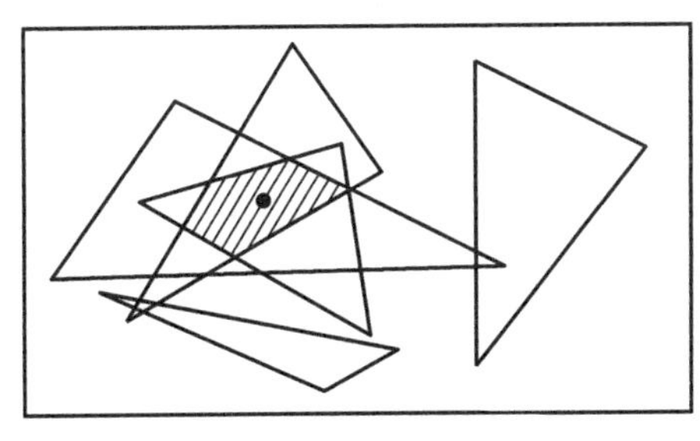

图 7.13 APIT 定位算法

相对质心定位算法，APIT 算法表现出更好的定位性能，并具有更高的定位精度。但为了实现全网络节点定位需求，APIT 对信标节点的密度和网络连通度提出了更高的要求：要取得良好的定位效果，要求网络有较高的节点密度(网络连通度要求大于 6[14])；而考虑到算法的性能，信标节点的分布不能过密，数量不可过大(因为 n 个信标节点会产生 C_n^3 个三角形)。此外，与质心定位算法相同的是 APIT 定位算法的可定位节点比例较低，特别是在信标节点个数少于 15 个时，可定位节点比例仅为 2%。

7.4.3 凸规划定位算法

凸规划(convex position estimation) 定位算法的基本思想是：利用凸几何约束限定

或缩小待定位节点的区域，用线性规划（linear program）和半定规划（semidefinite program）方法解决节点定位问题。凸规划定位算法是一种集中式的定位算法，需要无线传感器网络中的节点将自己和周围锚节点的连通信息通过多跳通信的方式传送给后台服务器。该算法将节点间点到点的通信连接视为节点位置的几何约束，例如，若节点的通信半径为 r，那么两个点进行通信所蕴涵的几何约束就是这两个节点的距离必定小于等于 r。常用到的凸几何约束有用于射频通信的通信半径约束、用于光通信的角形约束、1/4 圆约束、梯形约束以及由上述各种约束组成的复合约束，如图 7.14 所示。这样产生一系列相邻的约束条件就蕴涵着节点的位置信息，且约束条件均可转化为线性规划或半定规划问题求解。

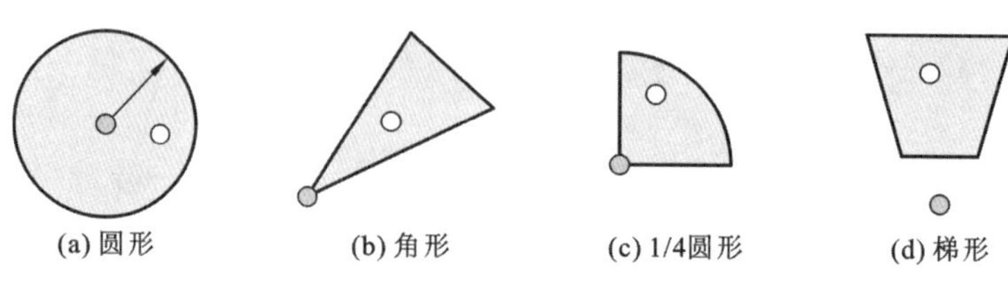

图 7.14　单一凸几何约束示意图

我们把满足其中任两点的连线内的点都在集合内的集合称为凸集。凸规划算法将整个网络模型化为一个凸集，从而将节点定位问题转化为凸约束优化问题，然后使用半定规划和线性规划方法得到一个全局最优解，确定节点位置。凸规划定位算法的实现过程如下。

1）网络信息的收集

网络中未知节点将自身和周围锚节点的连通信息通过多跳通信的方式传送给后台服务器。

2）凸几何约束缩小定位区域

以利用射频通信的通信半径约束为例（图 7.15），服务器根据未知节点与信标节点之间的连通信和节点通信半径，可以估算出节点可能存在的区域（如图 7.15 中阴影区域）。

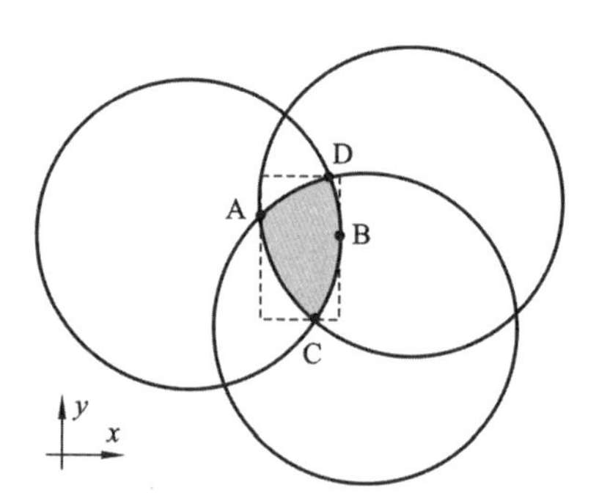

图 7.15　凸规划定位原理

3）网络定位

后台服务器找到包含节点可能存在的区域的最小矩形，然后以矩形的质心作为未知节点的位置。以图 7.15 为例，服务器找到阴影区域的四个边缘点 A，B，C，D，并得到相应矩形区域。

凸规划定位算法的精确度是与约束条件相关的，约束条件越小，未知节点的近似位置就能估计得越精确。锚节点的分布密度较大，比例达到 10%时，凸规划的定位算法定位精度能达到近 100%的效果。此外，为了定位效率，信标节点必须部署在网络边缘，这样可以使得重叠的区域减小，也就是约束条件减小，从而提高定位精度；否则外围节点的位置估计会向着网络的中心偏移。此外，凸规划算法中信息的多跳传输会消耗大量的能量，位置计算的过程开销也很大，因此凸规划算法在实际传感器网络中也不能得到很好的应用。

7.5 基于凹点识别的 CATL 算法

CATL 算法的核心是鉴别凹点的方法。假设节点 p 泛洪一条消息，创建一个总体的最短路径(SP)树 T_p。这棵树对其他每个节点 q 也可衍生出 SP 子树。假设 q 在树 T_p 的第 l 层。如果我们限制 q 的子树到最多 h 跳的深度，那么这样一棵子树被称为 q 的 h 跳子树，它的尺寸由 $S(l, h)$ 表示。

如果网络没有任何边界或者不含有空洞，那么我们可以预料，对任何的 $h>0$，在 T_p 同一层 l 上的每一个节点有大致相同的 $S(l, h)$，因为消息传播在各个方向上是等概率的。然而，在真实的网络中，这个一致性会因为空洞或者边界的存在而被打破。具体来说，凹的边缘附近的节点常常有一个到某一深度的特别大的子树。例如，图 7.16 (a)展示了以节点 2229 为根的全局最短路径树，和分别以节点 865 及节点 2433 为根的子树。可以看出，节点 865 比节点 2433 有一个更大的子树。节点 865 挡在泛洪消息传往许多位于三角形空洞后节点的路上，相比于在一个没有空洞的环境下，它有机会看到更多的最短路径流经过。换言之，许多数据流本应近似一条直线，而现在它们被三角形的空洞扭曲了，被迫经过节点 865，导致节点 865 下面有一棵相对较大的子树。

上面的发现构成了本节凹点探测方法的基础。当一条消息被泛洪了，每个节点通过收集来自它子孙的反馈信息来计算它一定深度范围内的 SP 子树的大小。节点把这些大小和某一标准作比较。如果一个节点发现自己的子树大小比这个标准大某一阈值，那么它的一个属性——凹度(concave degree)就增加 1。选这些节点的一个小子集(图 7.16(b)中的实心方形点) 来泛洪消息，每次泛洪导致一些节点增加它们的凹度。在这个过程之后，一组节点或许发现它们得到了正的凹度。那些凹度高于某个阈值(为了避免干扰) 的节点将被判定为最终的凹点，见图 7.16(c)中的红色点。

节点定位是通过一个迭代的回避凹点的多边测量定位技术来完成的。多边测量定位技术定位一个点必须估计出它到至少 4 个(或者 3 个，在二维网络下) 参考节点的距离来计算它的坐标。这个算法由 4 个节点(或者 3 个，在二维网络下) 引导启动，这些启动节点称为种子节点(seed nodes)。种子节点在算法的最初就被识别并分配了坐标。算法以循环的方式运行，在每个循环里，未知位置节点通过跳数距离估计自己到已知位置节点的距离，计算出自己的坐标。在估计距离时，包含凹点的最短路径会被忽略，或者以一个低的优先级被使用。图 7.16(d)是图 7.16(a)所示的网络拓扑的定位结果。

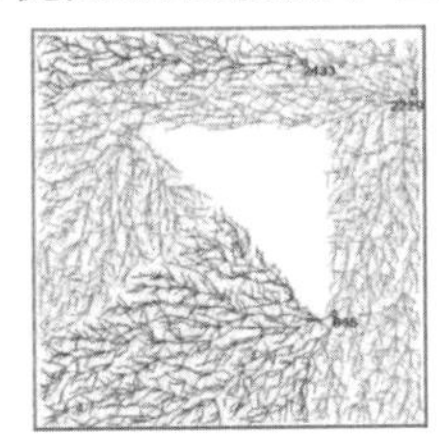

(a) 一个以节点2229为根的总体的最短路径树，和分别以节点865和节点2433为根的两个最短路径子树

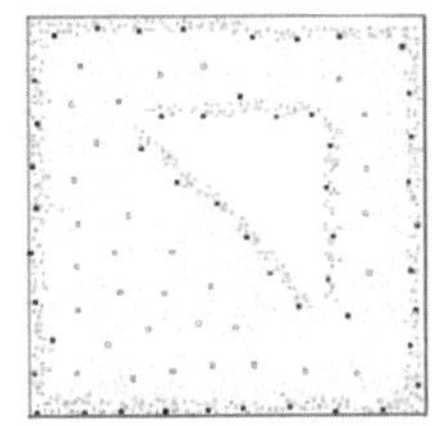

(b) 边缘节点和边界节点

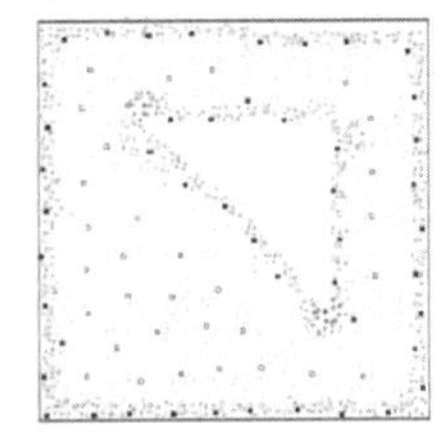

(c) 凹点，越暗的颜色意味着更高的凹度

(d) 已经定位好了的网络

图 7.16 CATL 在一个有 2645 个节点的网络中运行。

CATL 算法由三个主要步骤组成。

(1) 建立辅助网络结构。

(2) 探测凹点。

(3) 利用回避凹点路径的多边测量定位技术定位。

本节假设存在一个定位协调器(或者简单的协调器),它通过在每一步最初的泛洪发送一条命令来控制定位过程。这个协调器可以是网络中的任何一个节点或者是一个基站。它通过检测网络状态或者估计完成一步所需要的时间来决定下一步的启动,它自身不参与定位。

7.5.1 网络辅助结构

在定位开始之前,两个辅助结构(网络边缘节点和节点)被建立。这些结构的目的是选出泛洪消息的节点集合。这些节点在探测凹点和定位上起核心作用,帮助发现所有凹点,并且有助于所有其他节点计算出正确的位置。与此同时为了最低的通信开销,需要最小化泛洪消息的节点数目。

这些结构带给我们的直觉就是:靠近网络外围的节点比内部节点更能代表网络的布局。假设我们需要通过在网络区域中选定的点拍摄得到传感器网络区域的全景或者区域里更加精确的细节。忽略焦点问题,如果仅在区域的外围拍摄且以一定间隔地这样做,我们就能获得一个好的近似结果。受到这一点的启发,我们在网络外围附近均匀选取一部分节点来作泛洪,这些节点能够看到网络中存在的所有重要细节。

网络边缘代表了一些靠近网络外围的节点的集合。通过局部通信,每个节点获得它的两跳度数(一跳易受干扰),两跳度数表示两跳距离之内的邻居节点数量。这个信息在节点间会以 gossip 的方式交换,因此每个节点能收集一个大致均匀的网络节点度数的样本。从这些样本中,节点会计算出内部节点的平均两跳节点度数,与网络内部的节点的度数对应。为了避免边界区域的干扰,计算时只取样本容量的一个比例 δ(如 1/3)。

获得了内部节点平均度数 $\bar{d}$ 之后,节点 p 把它自己的两跳度 d_p 和 $\bar{d}$ 作比较。如果 $d_p<(1-\varepsilon)\times\bar{d}$,其中 $0<\varepsilon<1$ 是一个参数(如 0.1),p 就会标记自己为边缘节点。图 7.16 (b)展示了以这种方法找到的边缘节点(绿色方形点)。

边缘节点不应该与在先前的文献中定义的边界节点等同看待,虽然它们都有靠近网络外围这个性质。具体来说,边缘节点或许不包含所有的网络边界,另一方面,由于这种非常粗糙的判定准则,边缘节点通常包含那些靠近边界但并不在边界上的节点。探测边缘节点相比于探测一个完整的封闭边界而言,其实是一个非常简单的任务。实际上,边缘节点仅帮助我们缩小泛洪节点的集合,并没有其他严谨复杂的意义,这个概念仅仅是出于对系统效率的考虑。

网络由从原始网络中以一定密度均匀采样得到的节点集合组成。这个密度由系统参数 LandmarkSpacing 控制(可设置为 3)。最初所有节点都是非节点,每个节点在它的 LandmarkSpacing 跳邻域内异步地泛洪一条消息。如果在这样的一个邻域内还没有其他节点,它就会把自己标记为节点,然后通知它的邻居。如果一个节点在执行泛洪之前收到这样一条消息,它就会取消泛洪。这个异步过程会被给予一个足够长的时间窗口,因此采样大致是均匀的(这里我们不需要严格均匀)。

节点的选取过程分两步:首先仅对边缘节点,采样出来后,我们可以称它们边缘节点,然后对其他节点进行采样。当两个节点之间的距离不大于 2 倍的 LandmarkSpacing 的时候,一个节点会创建一个虚拟连接到另外一个节点,对应一条最短路径,这些虚拟连接构成一个网络。

7.5.2 探测凹点

在这一步中,每个边缘节点在网络中泛洪消息,以此来探测凹点。协调器观察泛洪消息,并且记录边缘节点的总数为 N_{elms}。

1. 大 SP 子树探测

假设某个边缘节点 p 正在泛洪一条消息,这个消息携带了一个跳数计数器,这样,每个节点可以知道它属于最短路径树中的第几层。如果一个节点第一次收到某一泛洪消息,它会把消息的发送者作为它的父节点,并且回复一个确认消息。如果一个节点 q 在转发消息一定时间段后仍没有收到任何确认,就会把自己标记为叶子节点,并且开始向这棵树的上端发送报告。这个报告包含一批 q 的子树的尺寸,$S(l,1)$,$S(l,2)$,…,在叶子节点处这些值最初是被置零的。一个节点等着收集来自它所有子孙的这样的报告,然后计算出它自己的最短路径子树大小序列。

在一个非根节点 q 获得它的子树大小序列之后,它会检测哪里存在树的深度 $h \geqslant 3$,使得

$$S_q(l,h)>k\times h \tag{7.1}$$

其中,k 是一个参数;$h\geqslant 3$ 是为了避免局部误差的影响。

如果一个节点 q 发现自己满足式(7.1),它的凹度就会加 1,然后在 q 发送它的子树大小序列给它的父节点的时候,它就会表现得像叶子节点一样,即 q 的子树大小序列被清零。这是为了防止它的一些祖先节点由于一棵大的共享子树,而错误地把自己当成新的凹点。

显然,一个节点的凹度不会比泛洪消息的源节点的数目还要大,即边缘节点的数目 N_{elms}。为了避免干扰,我们为节点设定了一个初始阈值 NotchThreshold$=\varepsilon N_{\text{elms}}$,其中 ε 是一个大于 0 小于 1 的小数(如 0.1)。当凹点探测结束时,所有凹度比 NotchThreshold 高的节点都把自己标记为凹点。

2. 凹点判定准则

虽然观察到大子树是识别凹点的一个显著特征,但是在不同网络拓扑结构中仍然没有一个确定的准则判定一个节点的子树是否的确"大"。另外,这样一个准则对最后的定位质量有非常间接的影响。于是我们决定不去追求一个理想的准则(如果它存在),相反我们使用一个非常简单的线性函数,如式(8.1)。这时让凹度阈值 NotchThreshold 自适应定位过程,于是初始产生的凹点的数目并不关键,转而使得式(8.1)中的 k 的影响并不大。

本节最初设定了一个初始凹度 NotchThreshold $=\varepsilon N_{\text{elms}}$,其中 $\varepsilon=0.1$。这个阀值实际上可以定得更低一点,但它会使得节点容易地把自己标记为凹点,这当然有可能产生比

真实情况更多的凹点。它带来的结果就是许多本来有效的路径会被认为是无效的，因为这些路径中包含了那些被误鉴定的凹点。这进一步可能引起定位过程过早结束，因为没有新的节点可以获得有效的坐标。我们通过协调器监视定位过程来处理这种情况，并且逐渐提高 NotchThreshold。提高的 NotchThreshold 可以使更少的节点把它们自己标记为凹点，因此有更大的概率继续新一轮的定位。

这个自适应机制把为不同拓扑不同情景(二维拓扑或三维拓扑)的最优凹点探测参数选择省去了不少麻烦，它也保证了每个节点最终可以被定位，因为在 NotchThreshold $= N_{\mathrm{elms}}$ 的极端情况下，没有节点是凹点，每个未定位的节点可以获得每个已定位的节点的距离测量，从而得到实现定位(在实践中，很少需要到达这种极端情况)。

7.5.3 定位

节点的定位主要分为两个主要步骤来进行。在第一个子步骤中，4 个(3 个，二维情况下)种子节点被选出来，并且根据它们的跳数距离分别配了相对坐标。在第二个步骤里，使用一个迭代算法定位节点。在迭代过程中，只有边缘节会泛洪它们自己位置信息(一旦它们获得了自己的位置信息)。

1. 选择种子节点

种子节点应该被分配与它们之间的真实距离相吻合的坐标，整个定位过程从一个好的参考系开始。一个要求是它们的最短路径尽可能地避免凹点，另外一个需要满足的条件是它们之间不能太近，这样距离估计就会更少地受局部误差的影响。

为了选种子节点，协调器泛洪一条消息，要求每个边缘节点执行 2 倍 LandmarkSpacing 范围内的消息传播，每个边缘节点可以确定它的无凹点路径距离，即到最近凹点的跳数减一。这样一个距离范围内的邻域被称为边缘节点的无凹点邻域。协调器收集这些无凹点距离，并且选出无凹点距离最大的边缘节点 l_{freest}，并传一个记号给它，这个边缘节点在后面需要肩负起选择种子节点的责任。

l_{freest} 首先通过局部消息泛洪和收集反馈信息来找到在它的无凹点邻域内的一个最远的节点。这个最远节点被选为第一个种子节点 s_0。然后，s_0 在同一个无凹点邻域内找到距它最远的另一个节点作为第二个种子 s_1。第三个种子节点 s_2 是由 s_0 在同一个邻域内找到的到达 s_0 和 s_1 的累计距离之和最远的节点。第四个节点 s_3 可以参照前三个节点以一种同样的方式来找到。

在四个种子节点被确定并且种子节点间的距离信息已知之后，s_0 可以给每个种子节点分配一个有序坐标。在这个相对坐标系中，一个单位距离对应着网络中的一跳。然后，这四个种子节点开始通过全局的消息泛洪宣布它们的位置，迭代定位过程就此开始。

2. 回避凹点的多点定位技术

定位是以循环的方式运行的。在每一次循环里，新定位的边缘信标节点在整个网络中泛洪它们的位置信息，然后其他节点使用多点定位技术被动地计算/更新它们的位置。

1) 路径质量与位置置信度

多点定位技术使用到多个参考点的估计距离，它们中的一些估计由于在相对应的路径上存在凹点，导致它们在质量上比其他要差，因此定位出的位置坐标都分配了一个置信度值，以此来信标将来运算的改善。为了定义置信度，我们首先需要定义一条路径 p 的质量。

当一个信标节点泛洪自己的位置信息时，被转发的数据包携带其经过的路径上的所有节点的凹度。一个接收者在它的存储器中存储这条路径上所有点的凹度，组成一个凹度矢量。根据 NotchThreshold 的值得到如下信息：①这条路径上的总跳数；②路径上第一个凹点 I_{first}（节点是从 0 开始计数的）的指针；③路径上最后一个凹点 I_{last} 的指针。定义曲径长度 L_{bend} 为

$$L_{\text{bend}} = \max(I_{\text{last}} - I_{\text{first}}, \min(I_{\text{first}}, k - I_{\text{last}}))$$

路径 P 的质量定义为

$$Q(p) = \begin{cases} 1, & k<2 \text{ 或者 } L_{\text{bend}}=0 \\ \dfrac{1}{L_{\text{bend}}}, & k\geqslant 2 \text{ 并且 } L_{\text{bend}}\leqslant 2 \\ 0, & k\geqslant 2 \text{ 并且 } L_{\text{bend}}>2 \end{cases} \tag{7.2}$$

大约说来，一条路径弯曲得越严重，它的质量越低。图 7.17 展示了路径质量是如何计算的，并且图 7.18 展示了更多的例子。

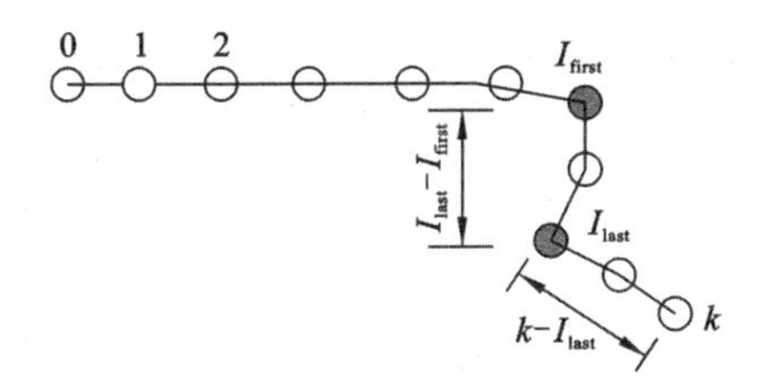

图 7.17　路径质量计算。实心圆点代表凹点

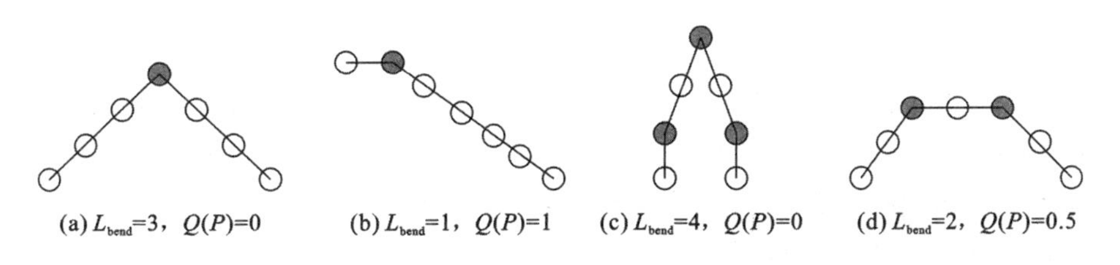

图 7.18　路径 p 的质量

一个多点定位的结果 p 的置信度被定义为用来计算 p 的 m 条最短路径的路径质量的平均值，即

$$C(p) = \begin{cases} 0, & m<4 \text{（或者 } m<3\text{，在二维情况下）} \\ \dfrac{1}{m}\sum_{i=1}^{m} Q(p_i), & \text{其他} \end{cases}$$

2）迭代定位

首先，种子节点把它们的置信度初始化为 1。在定位过程中，每个非种子节点维护一个多达 K 个（如 20 个）记录的节点表，每条记录包含到达一个节点的最短路径。只有拥有正路径质量的路径才会被记录，并且它们是随机地从所有看得见路径中选取的。在每个循环中，在上一循环中得到了它们的位置的边缘信标节点会泛洪它们的位置信息，并且

其他节点会更新它们的位置。

当用多点定位技术来计算坐标的时候，一个节点会从它的信标节点表中随机选取一个含 K_m 个信标节点的子集作为参考集合。在我们的设计中，发现 $K_m = \min(K, 10)$ 就提供了足够的参考多样性，因此会有好的结果。而因为参考节点间增加造成的相互干扰，更高的 K_m 不会带来进一步提升。为了排除由于位置很坏的参考节点而产生的异常值，每个节点经过多次随机选取和多点定位，把平均值作为最后结果。

随着时间的推移，一个节点的信标节点表或许会增大（到达 K 个记录），因此有机会提高它的定位置信度。只有当节点的置信度可以一次提升超过 Δ_{conf}（在我们的设置中是 0.3）的时候，才会更新它的坐标。如果那个节点碰巧是一个边缘信标节点，那么它需要在下一个循环中重新泛洪它的位置。容易看出，在定位过程中，任何信标节点最多泛洪 $1/\Delta_{conf}$ 次。

3）NotchThreshold 调整

协调器维持它已经获得的来自不同的边缘信标节点的泛洪消息的数目 N_f。如果在一次循环中，没有任何一条关于位置的泛洪信息，它就知道在那一循环中没有新的节点可以定位自己。在这种情况下，协调器就会检查 N_f 是否小于 N_{elms}。如果是，就意味着至少一个边缘信标节点还没有定位它自己，因此定位过程未完成。

如果探测过程过早结束，协调器就洪泛一条包含增大了的 NotchThreshold 的信息，增大的步长等于原始 NotchThreshold 的一半，这会使更少的节点被视为凹点。接收到这个消息并且置信度低于 $1-\Delta_{conf}$ 的节点就会更新它的信标节点表，并且试着计算出一个有效的新的位置。那些可以重新定位的边缘信标节点会泛洪自己的位置信息，使定位过程得以继续。

当 NotchThreshold 达到 N_{elms} 时，协调器宣布定位协议的结束。注意到这只是为了保证完整定位的一个极端情况；在实践中，定位过程通常在到达 N_{elms} 之前就结束了。

参考文献

[1] Lederer S, Yue W, Jie G. Connectivity-Based localization of large scale sensor networks with complex shape. Proc of IEEE INFOCOM, 2008.

[2] Yue W, Lederer S, Jie G. Connectivity-based sensor network localization with incremental Delaunay refinement method. Proc of IEEE INFOCOM, 2009:2401-2409.

[3] Anderson B D O, Belhumeur P N, Eren T, et al. Graphical properties of easily localizable sensor networks. Wireless Networks, 2009, 15(2):177-191.

[4] Eren T, Goldenberg O K, Whiteley W, et al. Rigidity, computation and randomization in network localization. Proc of IEEE INFOCOM, 2004.

[5] Biswas P, Yinyu Y. Semidefinite programming for ad hoc wireless sensor network localization. Proc of International Symposium on Information Processing in Sensor Networks (IPSN), 2004.

[6] Goldenberg D, Bihler P, Cao M, et al. Localization in sparse networks using sweeps. Proc of ACM/IEEEMOBICOM, 2006:110-121.

[7] Goldenberg D, Krishnamurthy A, Maness W, et al. Network localization in partially localizable networks. Proc of IEEE INFOCOM, 2005:313-326.

[8] Ahmed A, Hongchi S, Yi S. SHARP: A new approach to relative localization in wireless sensor

networks. Proc of IEEE International Conference on Distributed Computing Systems Workshops, 2005:892-898.

[9] Amenta N, Kolluri R K. Accurate and efficient unions of balls. Proc of the Sixteenth Annual Symposium on Computational Geometry, 2000:119-128.

[10] Shang Y, Ruml W, Zhang Y et al. Localization from mere connectivity information. Proc of ACM MOBIHOC, 2003:201-212.

[11] Liu W, Wang D, Jiang H, et al. Approximate convex decomposition based localization in wireless sensor networks. Proc of IEEE INFOCOM, 2012:1853-1861.

[12] Li M and Liu Y. Rendered path:Range-free localization in Anisotropic sensor networks with holes. Proc of ACM MOBICOM, 2007:51-62.

[13] Bulusu N, Heidemann J, Estrin D. GPS-less low cost outdoor localization for very small devices. IEEE Personal Communications Magazine, 2000, 7(5):28-34.

[14] He T, Huang C, Blum B M, et al. Range-free localization schemes for large scale sensor networks. Proc of ACM MOBICOM, 2003:14-19.

[15] Doherty L, J. Pister K S, Ghaoui L E. Convex position estimation in wireless sensor networks. Proc of IEEE INFOCOM,2001:22-26.

[16] Wang Y, Gao J, Mitchell J S B. Boundary recognition in sensornetworks by topological methods. Proc of ACM MOBICOM, 2006:122-133.

[17] Bin T, Xianjin Z, Subramanian A, et al. DAL:A distributed localization in sensor networks using local angle measurement. Proc of 18th Internatonal Conference onComputer Communications and Networks (ICCCN), 2009:1-6.

[18] Bin X, Lianjun Z, Qian L, et al. An improved MDS algorithm for wireless sensor network. Proc of International Conference on Biomedical Engineering and Computer Science (ICBECS), 2010:1-4.

[19] Bing W, Wu C, Xiaoli D. Advanced MDS based localization algorithm for location based services in Wireless Sensor Network. Proc of Ubiquitous Positioning Indoor Navigation and Location Based Service (UPINLBS), 2010:1-8.

[20] Bruck J, Gao J, Jiang A A. Localization and routing in sensor networks by local angle information. ACM Transactions on Sensor Networking (TOSN), 2009, 5:1-31.

[21] Bulusu N, Heidemann J, Estrin D. GPS-less low-cost outdoor localization for very small devices. IEEE Personal Communications, 2000, 7:28-34.

[22] Carlos G B E, Sison L G. ALESSA: MDS-based localization algorithm for wireless sensor networks. Proc ofthe 6th International Conference on Electrical Engineering/Electronics, Computer, Telecommunications and Information Technology, 2009:856-859.

[23] Chan F, So H C. Efficient weighted multidimensional scaling for wireless sensor network localization. IEEE Transactions on Signal Processing, 2009, 57:4548-4553.

[24] Changhua W, Weihua S, Wen-Zhan S. A dynamic MDS-based localization algorithm for mobile sensor networks. Proc of IEEE International Conference on Robotics and Biomimetics, 2006:496-501.

[25] Chang Hua W, Weihua S, Ying Z. Mobile sensor networks self localization based on multi-dimensional scaling. Proc of IEEE International Conference on Robotics and Automation, 2007: 4038-4043.

[26] Chen B, Huang X, Wang Y. A localization algorithm in wireless sensor networks based on MDS with RSSI classified. Proc of the 5th International Conference on Computer Science and Education (ICCSE), 2010:1465-1469.

[27] Chen H, Wang D, Yuan F, et al. A MDS-based localization algorithm for underwater wireless sensor network. Proc of Oceans - San Diego, 2013:1-5.

[28] Chuanhui H, Zhan X, Xiu L. Analysis and improvement for MDS localization algorithm. Proc of IEEE International Conference on Software Engineering and Service Science (ICSESS), 2012: 12-15.

[29] Dapeng Q, Pang G K H. Two-range connectivity-based sensor network localization. Proc of IEEE Pacific Rim Conference on Communications, Computers and Signal Processing (PacRim), 2011:220-225.

[30] Dapeng Q, Pang G K H. Accuracy improvement of connectivity-based sensor network localization. Proc of the 25th IEEE Canadian Conference on Electrical & Computer Engineering (CCECE), 2012:1-5.

[31] Eunchan K, Sangho L, Chungsanv, et al. Mobile Beacon-Based 3D-Localization with Multidimensional Scaling in Large Sensor Networks. IEEE Communications Letters, 2010, 14: 647-649.

[32] Giorgetti G, Gupta S K S, Manes G. Wireless localization using self-organizing maps. Proc of the 6th International Symposium on Information Processing in Sensor Networks (IPSN), 2007: 293-302.

第8章 拓扑特征在数据存储与导航方面的应用

除了路由和定位算法，利用拓扑特征还可以为其他应用提供重要支撑。例如，利用边界信息可以实时监测事件的发展进程；利用骨架信息可以规划安全导航路径，或实现分布式的数据存储与检索；利用网络分解可以实现多维数据的分布式索引，或是优化网络的随机采样等。本章将对这些基于拓扑识别的应用进行介绍。

8.1 基于边界信息的事件监测

8.1.1 事件监测

无线传感器网络的事件监测[1-6]是指针对兴趣事件，利用无线传感器网络中各个节点的传感器获取包括温度、湿度、噪声、物体大小、振动、移动速度和方向等有用的信息，同时综合各个节点的传感数据，得到整个监测范围内此兴趣事件持续的全局信息的过程。无线传感器网络与传统的数据采集方式相比，最大的特点就是可以对一些危险性较高、环境较为恶劣的野外、矿井等难以接近的场景进行事件监测，这就要求传感器网络能够利用可以辨识的环境特性参数，实时监测事件区域并报告目标事件的发生。事件监测作为无线传感器网络最重要的应用之一，目前对其进行的研究主要集中在以下几方面。

1. 事件检测

主要研究用以检测无线传感器网络部署区域中兴趣事件是否发生以及事件发生的范围。针对无线传感器节点易出错的问题和能量有限的特点，许多学者对事件检测算法的容错性能和能耗方面进行了改进。该方面的研究开始较早，涌现出许多性能出色、功耗较低的算法，如经典的基于阈值的分布式贝叶斯检测算法[7]、时间空间相结合的检测算法SHT[8]、可以适应多种事件检测的MWM算法[9]等，技术方面已经比较成熟。

2. 故障节点检测

针对无线传感器节点受环境影响而出错的问题，研究检测出此类故障节点的方案[10, 11]。不同于路由层因能量耗尽而失效的节点，故障节点指那些传感部件因故障原因而无法感知准确数据的节点，它们的运算单元以及通信单元仍然可以正常工作，但是这些节点提供了错误的读数信息，会直接对事件监测结果造成负面影响。因此，对故障节点检测研究是提高事件监测结果准确性的重要途径。

3. 边界检测

一些物理现象(如污染、洋流、地震等)一般跨及很大的地理区域,而且具有随时间变化的特性,对这些现象的精确传感测量可以帮助科学家了解哪些因素会影响这些现象的扩散。另外对一些紧急事件,如火灾、化学物质的泄漏等,往往希望尽快确定事件发生的区域或者事件发展的趋势,即事件的边界。这些事件通常覆盖比较大的区域,从节省能量的角度来说,与检测并报告事件发生的整个区域相比,检测并报告事件的边界会涉及相对较少的节点,而且有时候事件的边界比整个事件区域更加重要[3,4,6]。

如石油的泄漏,当该事件发生时我们需要实时知道其发生的具体位置以及泄漏的区域大小,所以在对这类渐变事件进行跟踪时,要做到在跟踪过程中传感器节点能量的有效利用,因为事件是一个区域性目标,我们在实际应用中只需知道其发生的当前区域,而不必要知道其内部事件发生的具体情况,如果对整个事件进行区域的跟踪必然会造成传感器节点能量的浪费,事件的边界可以很好地反映出当前事件的发生区域。

以上三方面的研究内容分别有不同的侧重,相互之间有机地结合起来可以构成一个完整的事件监测方案。其中学术界多把精力集中在事件检测算法的研究方面,并且已经取得许多成果,形成了比较成熟的使用方案。而边界检测是在事件检测领域中继事件检测后最重要的一个环节,当用户在无线传感器网络中通过事件检测发现兴趣事件发生后,接下来最关心的是事件边界处的信息,因此边界检测在事件检测领域中是非常重要的研究课题。

8.1.2 事件边界检测

事件边界检测是事件监测体系中的重要环节,当事件检测环节检测到事件发生并确定大致的事件范围后,人们更加关心的是事件边界信息,从而满足对事件边界附近事件的发展变化情况以及进出事件范围的目标行为监视的需求。而针对边界检测方面的研究,目前国内外的研究还处于初步探索阶段,研究成果并不多见。其中文献[12]首次提出了边界节点的概念,给出了边界节点的形式化定义,通过总结前人在边界检测方面的研究思路,归纳出了三种边界节点检测方法,分别是基于统计学的检测方法、基于图像处理的检测方法和基于模式识别的检测方法。

基于统计学的检测方法是一种分布式的边界节点检测方法,节点首先收集邻居节点的二进制判决信息,然后判断邻居节点判决 0 和 1 数量的比例,当这个比例处于某一范围时,判定这个节点为边界节点。这个方法计算较为简单,但是节点是否为边界节点和邻居节点判决结果 0 与 1 的比例之间的关系并不明确,因此该方法的准确率较低。

基于图像处理的检测方法是一种分布式的边界检测方法,首先节点收集所有邻居节点的二进制判决信息,然后将这些判决信息组成信息矩阵,并使用高通滤波算法解析出事件边界。这个方法的计算复杂度很高,计算能耗较大,并不适用于计算能力较低的无线传感器网络。

基于模式识别的检测方法是分布式的解决方案,其具体做法是节点收集所有邻居节点的位置信息和二进制判决信息，设计出一个线性分类函数，通过对这些节点0、1读数进行分类得到一个一次函数曲线，这条直线近似为边界，最后根据节点到直线的距离来判定节点是否为边界节点。这种方法是三种方法中性能最好的方法，但是同样具有较大的问题，因为使用的分类器需要事先构造，并且需要大量的样本进行训练，给算法的实际应用带来了较大的困难；当事件范围较小，邻域内边界曲线为弧度较大的曲线时，这种方法使用的线性分类器所计算出的直线边界与实际边界误差很大，这时的检测准确率会很低。

三种方法还有一个共同的缺点，就是收集邻居节点的二进制判决信息作为算法的输入数据。由于无线传感器网络中存在潜在的故障节点，这些节点的错误读数会使二进制判决的结果存在误差，因此以这些有误差的数据作为输入数据会造成误差累计，从而导致较低的检测性能。为解决这些问题，针对边界检测问题的改进算法随后也不断出来。

文献[13]采用了隐马尔可夫随机场模型与迭代条件模式(ICM)来计算无线传感器网络中的事件范围，但是隐马尔可夫随机模型的参数需要通过大量的样本数据进行训练来确定，因此该方法的实用性不强，复杂的过程导致了误差的积累，最后的识别准确率也较低。

文献[14]提出了一种边界节点检测方法，其思想是首先根据空间相关性原理检测出故障节点，被检测为故障的节点中其实有一部分是位于边界上或附近的节点，需要在此基础上区分。具体方法是使用任意划分的方法，把处在边界附近的节点中的邻居节点(圆形区域)等分成两份或三份，然后找出可以使ID最大的部分，对这部分邻居节点读数情况进行统计，从而判断是否为边界节点。

文献[1]引入了二进制假设检验学说的思想，设计出了一种边界节点的检测方法，并且利用先验错误概率模型提高了检测的准确率，并且设计了一种数据融合规则，用以降低数据通信量，从而降低网络的能量消耗。本方法和ICM方法相比各方面性能都有提升。

文献[3]提出了一种利用有限混合分布中的高斯混合模型确定事件边界节点的方法，具体的做法是：把一个节点中的邻居节点的读数作为样本集，利用期望最大化算法(EM)进行模型参数的估计，然后建立高斯混合模型，通过模型选择技术可以准确计算出模型分支的数量，如果分支数量大于1，则说明这个节点为边界节点，否则为非边界节点。算法中的期望最大化算法和高斯混合模型的计算都涉及迭代计算，计算量太大，不太适合能量有限的无线传感器网络。

文献[15]提出了一种使用自由代理节点来检测事件边界的方法，具体步骤是：当事件检测算法检测到事件发生后，随机产生一些代理节点，这些代理节点向特定方向发送探测信号，如果收到第一个“未发生事件”的节点回复，则这个点为边界节点，这个边界节点之后变成上一代理节点的子代理节点，继续进行下一次探测，直到发现新产生的子代理节点同时是祖先代理节点，则认为边界已经封闭，记录这些代理节点，最后把这些代理节点作为边界节点上传到汇聚节点。此算法可以有效降低网络通信能耗，并且得到较小的边界节点集合，但是由于网络时延受多种因素影响，下一个代理节点的产生难以控制，造成最后产生的事件边界和实际边界偏差较大，边界节点的误判率较高。

文献[16]基于等值线图的检测事件,它将等值线图的构建归结为等值线节点的检测。首先,邻居之间分享读数,节点对比自己的读数与邻居读数,如果有读数位于给定值的两侧,就可以确定它们中间有一条等值线。再由离基站更近的节点上报这条等值线的数值,最后在基站处融合。在此过程中,节点需要通过计算梯度来向基站报告等值线的指向方向,从而确保多个事件区域无二义性。

8.1.3 存在的问题

目前边界检测算法主要存在的问题如下。

(1) 许多边界节点检测算法通过收集邻居节点的二进制判决结果作为算法的输入数据,但是这样做的问题在于,故障节点的存在使二进制判决结果本身带有误差,以此作为输入数据进行边界检测,产生了累计误差效应,使边界节点检测的准确率下降。

(2) 已有的边界节点检测算法本身过于依赖邻居节点属性读数信息,当邻居节点中的故障节点较多时,会直接导致检测结果误判率很高。虽然有方案提出先通过故障节点识别的方法排除部分故障节点,以提高边界检测准确率,但是由于已有的故障节点识别方法在故障节点比例较高时仍然会有大量故障节点漏判,并且会把许多正常节点错判为故障节点,无法对现有边界节点检测方法的检测结果带来较明显的性能提升。因此,如何改变边界节点检测算法本身对故障节点的免疫能力是提升算法性能的根本问题。

(3) 已有的边界节点检测方法的检测结果受多种因素影响,有时检测出的边界节点过于稀疏,无法提供足够的边界信息,有时检测出的边界过厚,造成了过多的数据冗余和能量的浪费。此外,不同的监测应用对边界厚度的要求也不同,因此已有的算法几乎没有办法进行边界节点厚度的调整。

(4) 需要事件范围内所有节点都运行该算法,但处于非边界处的节点完全没有必要进行边界检测,这样做会增加不必要的网络能耗,并且会增加把处于非边界的传感器节点误判为边界节点的数量。

8.2 数据存储与查询

8.2.1 数据存储机制

在无线传感器网络的典型应用中,如环境监测、智慧城市、危险预警等,通常需要将某一历史时段内大量的节点感知数据存储起来以备查询使用。如果将以数据为中心的传感器网络视为一个分布式数据库系统,那么无线传感器网络中的数据存储主要研究节点产生的感知数据在网络中的存储策略,包括如何将数据存储在网络中合适的位置,以及查询请求如何路由到存储位置获取到数据等。这实际上是一个信息中介(information brokerage)的过程,所谓信息中介是指信息生产者(网络中的传感器节点)将产生的感知数据按照某种策略存放在特定的位置上,而信息消费者/用户(可能是基站,也可能是传感器节点)将数据访问请求按照相应的策略路由到相关数据的存储位置,然后得到满足查询条件的结果反馈。根据感知数据存储策略的不同,传感器网络的数据存储可分为集中式存储、本地存储和分布式存储三类。

1. 集中式存储

集中式存储(external storage)[17,18]是一种最简单的数据存储策略,每个节点在收集到数据后将数据传输到汇聚节点存储,用户需要查询数据时直接访问汇聚节点。在这种情况下,数据存储和分析都是在传感网外部,传感网只是扮演一个数据收集的角色。汇聚节点的存储空间和能量一般不受限制,因此可以保存较长历史时间段内的感知数据,并且查询处理直接在汇聚节点上进行,速度快且不消耗网络中其他节点的能量。但是网络中的其他节点都需要将感知数据传输到汇聚节点,这将消耗较多的能量。另外,临近汇聚节点的某些节点需要转发其他节点收集的大量感知数据,容易因为能量消耗过快而导致这些节点失效,形成所谓的“能量空洞”问题。

2. 本地存储

本地存储(local storage)[19-21]是指感知数据存储在产生感知数据的节点上。当用户要查询数据时,必须通过汇聚节点以某种方式将发送查询请求分发到数据存储节点。此时感知数据的存储较为简单,但是由于节点存储能力和能量有限,不能保存较长时间历史段内的数据,且容易丢失数据。同时,每次查询时由于需要获得每个节点的反馈,查询请求的通信耗能代价较高,且查询时延较长。

3. 分布式存储

分布式存储(distributed storage)[22],又称为以数据为中心的存储(data centric storage),其核心思想是:节点产生的感知数据不一定存储在本地,而是利用分布式技术将数据存储在其他节点,并采用有效的信息中介机制来协调数据存储和数据访问之间的关系,保证数据访问请求能够被满足。在此策略下,数据按照特定的存储机制存放[23],如Hash映射、索引或者特定路由规则等,其信息查询请求也是依据相应的机制来获得反馈。分布式存储较好地吻合了传感器网络本身的分布性,因此能够弥补其余两种存储策略的不足,但是其缺点就是所需要的信息中介机制复杂且需要额外的代价。

在上述三种存储策略中,分布式存储是近年来无线传感器网络数据存储的研究热点和趋势,下面介绍几种典型的分布式数据存储机制。

8.2.2 典型的分布式数据存储与查询机制

1. 地理信息映射表

Ratnasamy等最先提出了以数据为中心存储的概念,并设计了基于地理信息映射表的数据存储算法地理信息映射表(geographic hash table,GHT)[24,25]。GHT算法采用了无状态地理信息路由协议[26]传输数据和寻找数据的存储节点。该算法的基本原理是根据数据的属性来存储数据，需要将一些特定的数据定义为事件。当节点采集到数据以后，将事件属性作为关键词，使用地理信息映射表将事件数据映射到网络部署的地理区域中，距离映射地址最近的节点称为该事件的存储节点或主节点，负责存储该事件数据。具有相同属性的数据映射在相同的地理位置，因此也存储在相同的节点。GHT算法中数据的查询比较简单，根据查询的事件属性，采用相同的映射函数即可寻找到存储节点，避免了泛洪查询。其缺点是缺乏有效的存储热点处理机制，当某事件的存储节点出现过载时，不能把存储任务转移到其他节点；因为采用了地理信息路由，要求节点的地理位置为已知信息，因此节点往往需要GPS等技术来定位，增加了系统的能量消耗。

2. 多属性数据分布式索引

多属性数据分布式索引(distributed index for multi-dimensional data，DIM)[27]不仅采用特殊性质的Hash函数来确定数据的存储位置，而且建立了k-d树索引来支持多维范围查询。DIM核心是以数据为中心的存储和位置局部保持Hash映射。它首先将整个无线传感网区域R经过k次划分成多个子区域，每个子区域Z都有一个节点负责本区域内的数据存储。DIM支持多维范围查询，如“找出网络中X轴在(20～50)，Y轴在(30～80)范围内的检测事件”。传感网中每个区域都有一个唯一的区域编号，节点在初始化时将节点ID同区域编号相关联。如图8.1所示，在DIM系统中，对各个划分区域编号的方式如下：第0次平行于Y轴均匀划分，左边编号为0，右边编号为1。第1次平行于X轴均匀划分，位于上边的新划分区域在父区域编码的基础上加1为后缀，位于下边的新划分区域在父区域编码的基础上加0为后缀。对于0　i　k，第i次划分成大小相等的矩形；如果i是偶数，则第i次划分平行于Y轴，否则平行于X轴。第i次划分所得到的区域中位于左边(偶数次划分)或下边(奇数次划分)的区域编码为在父区域编码的基础上加上0作为后缀，否则在父区域编码的基础上加上1作为后缀。

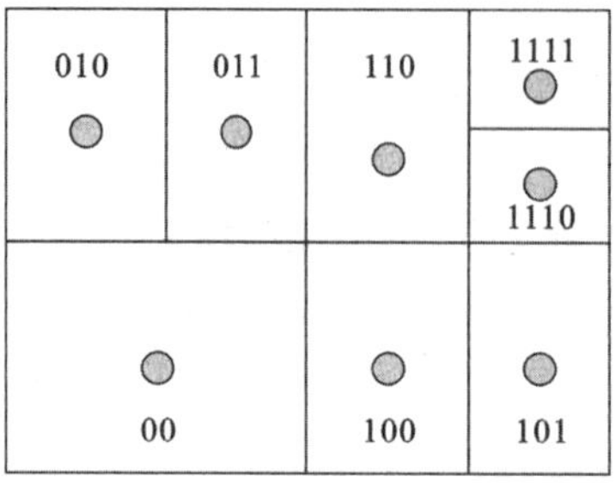

图8.1　DIM中网络划分区域编号

通过将多属性事件通过具有局部保持特征的Hash函数映射到一个二维空间的位置区域，选择该区域中的节点存储数据，数据通过GPSR路由传送。DIM与GHT的不同之处在于：映射过程中属性值相近的事件存储在相邻的区域。因为DIM底层利用路由协议GPSR，所以需要知道节点的位置信息。此外，在网络中节点分布不均匀时，节点所属区域面积过大时，DIM容易造成负载不均衡，从而缩短传感网寿命。

3. 分布式特征索引

分布式特征索引(distributed index for features in sensor networks，DIFS)[28]利用Hash位置和层次索引，通过在各节点间建立特殊的类似四分树的索引结构来支持高效的数据查询。其特殊性在于每个非根节点有多个父节点，而四分树中每个非根节点只有一个父节点。具体而言，在GHT系统的基础上，DIFS首先构建索引层次结构，按所属层次由低到高，节点存储的索引值范围逐渐减小而节点覆盖的地理范围逐渐增大。位于最高层次的节点所存储索引值的范围最小，而其覆盖区域范围最广，为整个传感器网络；位于最低层次的节点(叶子节点)存储的索引值范围最广，但其覆盖区域最小，为最小的矩形空间。除根节点外，下层节点有 n 个上层父节点，n 是一个可变的系统参数。DIFS支持范围查询，如查询“温度为0 ℃～20 ℃的感知数据”。

图8.2给出了DIFS索引层次的构造过程示意图。图8.2(a)中，A,B,C,D,E,F,G 代表各个小区域，a,b,c,d,e,f 表示感知节点。节点 a 和节点 c 为叶子节点，节点 a 和节点 c 的直接上层节点为 b 和 d，b 的直接上层节点为 e 和 f，e,f,d 为最上层节点。[10～99]表示节点感知数据索引值的范围。图8.2(b)表示DIFS索引层次结构。

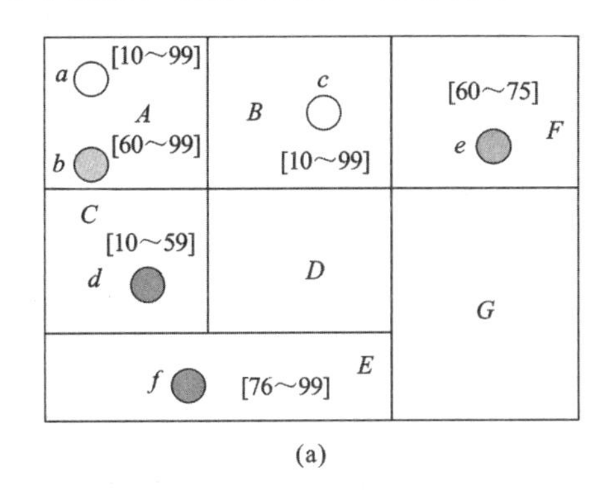

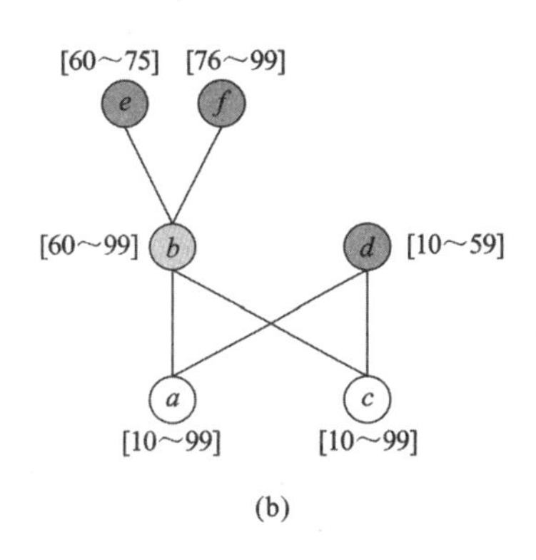

图8.2 DIFS索引层次结构构造图

假设网络中某节点检测到一个事件，并存储该事件的值。假设检测节点在区域 A，其存储索引值为68。为了获取对应索引节点的位置，节点首先向离映射坐标最近的节点发送数据包，数据包包含感知数据的属性和值，以及感知节点信息。图中设定发送给 a，a 接收到数据后将其[60～99]范围内的索引值向上一层次节点 b 发送，节点 b 在保存 a 发送来的数据后将[60～75]的索引值继续向上一层次的节点 e 发送。数据查询时，DIFS首先查询索引树的最高层节点，再根据查询条件从上到下选择合适的分支到达树的叶子节点，最后由叶子节点将查询到的数据返回给用户。

虽然DIFS建立索引要考虑感知值的大小和节点位置，但是因为有多个父节点，所以其鲁棒性好于四分树，而且能够在各个节点中均衡负载。其缺点是由于有多个父节点，索引维护比较困难，而且对Hash函数的设计也有特殊要求。

4. SCOOP[29]

SCOOP针对上述策略没有考虑到网络中信息中介的动态性，一旦数据存储位置确定就不再发生变化的特点，综合数据产生速率、查询发生速率以及网络拓扑变化信息，按照“数据尽量存储在查询需要的地方”的原则，计算数据在网络中的最优存储位置，动态地调整存储位置。SCOOP不采用哈希映射和索引，而是由基站周期性地收集网络中的数据产生速率、查询发生频率以及网络拓扑变化信息，计算出数据存储位置表(storage assignment table SAT），并广播给所有节点，节点依据存储位置表发送和存储数据。数据查询也依据 SAT 到相关的节点直接获得数据。SCOOP 能够根据实际情况自适应地调节数据的存储位置，在多基站和多查询的条件下能够有效地提高存储与查询效率。缺点是基站负荷较大且扩展性差，只适合网络规模较小的情况，因为基站要定期收集所有节点的信息。

5. Combs[30]

网络数据不再只是沿着一条路径传输，而是沿多条路径存储转发，增加数据存储路径和查询请求路径相交的概率，有效地将数据存储和查询机制集成。数据存储沿着水平方向传播，并在具有一定间隔的多条路径同时传播，沿途经过的节点上保留副本，而查询请求只沿着垂直方向传播，直到数据查询和存储在网络中相交。该策略能够保证网络中数据的健壮性，但是数据存储时消耗过大。

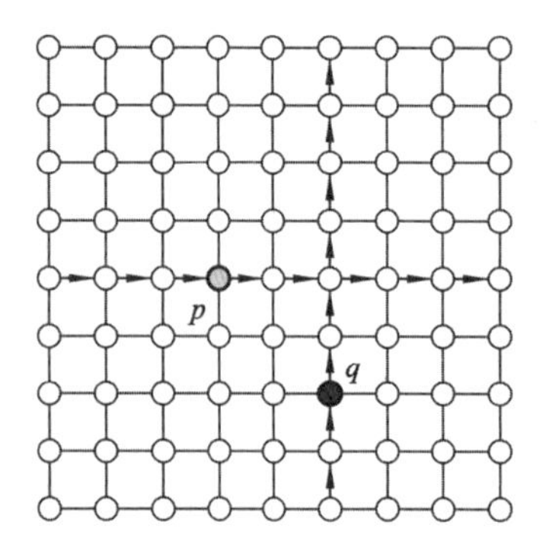

图 8.3　CrossLine 示意图

数据不一定存储在某一些固定的节点，而是可以按照一定的路径来存储，而查询请求也按照一定的路径传播，这样只要这两条路径相交，查询就能够得到解答。这种思想最早起源于路由协议 Rumor[31]，即信息消费者和生产者都按照随机路径在网络中游走，一旦二者发生相交，就可以对路径进行修正和改进。依据这种思想，传感器网络中一种最简单的数据存储与访问策略是 CrossLine[32]，即信息生产者将产生的数据沿着水平方向传播并且在经过的路径上保留副本，而信息消费者发布的查询请求沿着垂直方向传播，这样消费者就能够在两条路径相交的节点上获得所需的数据，如图 8.3 所示。这种策略虽然会浪费一些存储空间，但是一种距离敏感的数据存储与访问策略，因为若消费者和生产者的距离比较近，则查询请求传播比较短的路径就可以和数据存储路径相交，其缺点是要求网络是规则的。

Combs[30]突破了对规则网络的要求，数据（或查询请求）不仅仅沿着一条路径传播，而是沿着多条路径传播，这样就增加了数据传播路径和查询请求传播路径相交的概率。数据可以首先沿着垂直方向传播，然后沿着水平方向具有一定间隔的多条路径同时传播，并且在经过的路径上保留副本，而查询请求只需沿着垂直方向传播便能够和数据存储路径相交。当然这个过程也可以相反，即查询请求沿着多条路径传播，这取决于数据产生速率和查询发生速率。该策略整个思想类似于用梳子在干草堆里寻找针，其优点是网络中的数据健壮性较好，缺点是数据（或查询请求）传播的开销太大。

6. Double Ruling

DoubleRuling[32]利用平面上的点和球面上的点存在一一映射以及球面上任意两个通过球心的圆总会相交的性质来完成数据存储与访问，如图 8.4 所示，其中一个圆代表生产者存储数据的轨迹，而另一个圆表示消费者传播查询请求的轨迹。该策略首先将传感器网络中的节点映射为球面上的点，然后数据沿着网络中经过信息生产者的某一闭合曲线存储，此曲线对应于球面上生产者轨迹投影到网络中所对应的曲线，而数据访问时查询请求沿着球面上信息消费者轨迹投影到网络平面中所对应的曲线传播，当两条路径相交时即完成了对事件的查询。两条路径的正交性保证了对于任意查询必然能够找到对应的事件存储节点获取数据。Double Ruling的存储查询机制通过合理部署冗余存储节点，保证了在不需要精确定位信息的情况下也能够实现事件存储查询任务。同时，通过平衡数据存储与查询的路径有效地降低了邻近节点间的事件存储查询开销，但由于事件和查询节点的随机分布性导致其存储节点的部署结构也非充分优化的，同时不能提供合理的多分辨率层次结构的检索机制。

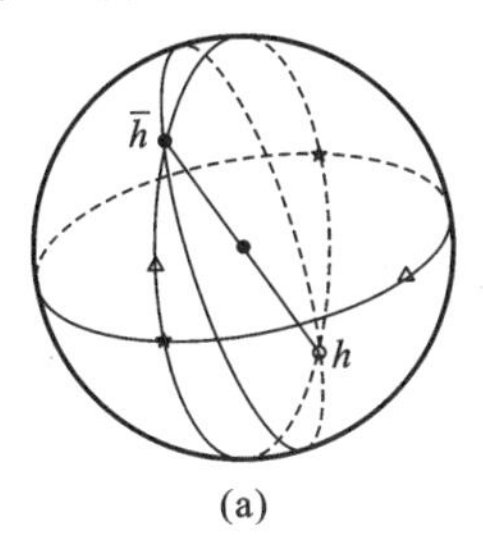

(a)

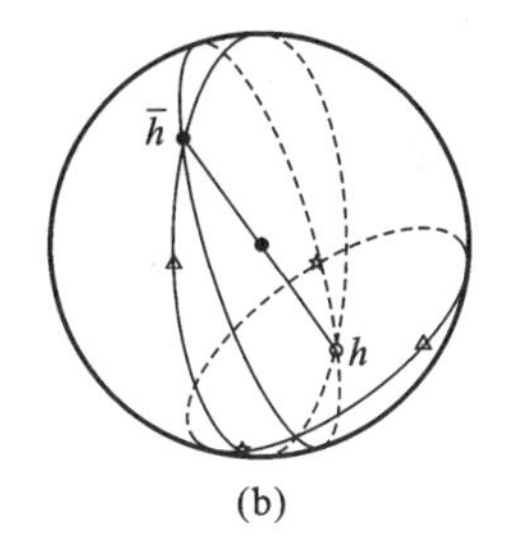

(b)

图8.4 基于双轨制的数据存储与查询示意图

本节介绍几种典型的无线传感器网络中的分布式数据存储机制，见表8.1。虽然各种存储策略各有利弊，但数据存储目的是为数据访问提供方便的途径，所以数据存储策略应该满足三个条件：①存储过程中通信代价小；②高效地支持数据查询；③能够提供良好的存储能力和长时间的数据存储。

表8.1 各种分布式存储策略的特征

存储策略	数据	数据存储	数据查询	索引	层次	备份	动态
GHT	分布式	位置Hash	位置Hash	无	无	结构化复制	无
DIM	分布式	位置Hash更新索引	依据索引	k-d树	有	结构化复制	无
DIFS	分布式	位置Hash更新索引	依据索引	类四分树	有	无	无
SCOOP	分布式	最优SAT	依据SAT	无	无	无	有
CrossLine	分布式	垂直或水平直线	垂直或水平直线	无	无	传播路径保留副本	无
Combs	分布式	梳子状	梳子状	无	无	传播路径保留副本	无
DoubleRuling	分布式	闭合曲线	闭合曲线	无	无	传播路径保留副本	无

8.2.3 基于网络拓扑特征的数据存储与查询

1. 基于骨架的数据存储与查询

分布式信息存储和检索的关键问题是适当选择网络存储节点，以减少整体的通信开销。在大多数这样的系统中，数据存储一次但可以查询很多次。因此，通信总开销主要取决于检索的通信开销。为了降低检索的通信开销，数据通常是在部分或全部存储节点间复制。直观地说，最好的方法是分散数据存储节点使其较为“均匀”地分布在网络中，从而得到最小的平均数据查询开销。然而，由于缺乏全局网络的几何信息，这种方法在实际上是不可行的。一种可行的方法是采用骨架节点[33-39]作为数据存储节点，这可以在一定程度上实现存储节点的“均匀”分布，因为骨架节点位于网络的“中心”并沿网络的几何形状进行扩展，所以它能够提供较好的查询性能和算法复杂度之间的平衡[32, 40-43]。均匀地选取骨架节点的一个子集作为存储节点，这样数据就存储在网络骨架上的一个(或者全部)存储节点中，数据检索查询将前往最近的存储节点收集数据即可。

2. 基于面骨架和网络分解的边界框计算

在基于位置 Hash 的传感器网络数据存储与查询系统中，实现位置 Hash 需要确定坐标范围的边界框(boundary box)。例如，在一个二维传感器网络中，通常使用最小的矩形来包含网络的边界框；同样，最小的长方体可以用作三维传感器网络的边界框。当然，为了使边界框能够尽可能地匹配网络的实际形状，其他常规形状也可以用作网络的边界框。因为网络的数据被映射的位置处于边界框内，且存储在距离映射坐标最近的节点中，所以如果网络有一个形状不规则的边界框，那么边界框中的某些空间的重要组成部分是“空的”，如图 8.5(a)和图 8.6(a)所示。而其附近的边界节点必须存储这样的空白信息，造成了不必要的存储和通信开销。对此，基于拓扑识别的方法能够很好地解决这个问题。

一种可行的方法是首先识别三维网络的面骨架[44]，然后基于网络的面骨架建立一个单一的、与面骨架形状匹配的边界框。网络的面骨架能够很好地表征网络的整体几何形状，通过在面骨架上首先确定那些能够反映网络几何特征和边界框特性的关键特征节点，进而基于这些关键特征节点构建边界框。具体来说，通过计算面骨架上各节点的 k 跳曲率，并定义面凹点和面凸点，如果网络的边界节点满足：其最近面骨架节点为面凹/凸点，且其到面骨架的距离是局部最大的，就认为该边界节点为关键特征节点。通过将这些关键特征节点连接即构成了所需的能够较好反映网络形状的网络边界框，如图 8.5(b)和图 8.5(c)所示。

(a) 基于传统 GHT 方法的边界框

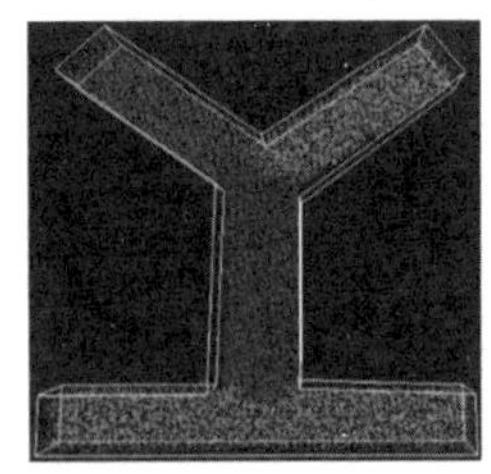
(b) 关键特征点及网络分解

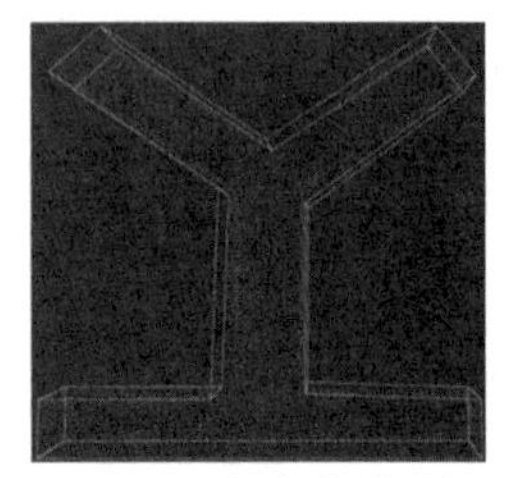
(c) 基于面骨架的边界框

图 8.5 Y 型三维网络的边界框

另一种可行的方法是首先进行网络分解[45-49]，将复杂的、具有不规则几何特性的网络分解为简单的形状，再为每个子网络分别确定一个边界框，最后将各个边界框合并起来。例如,利用 Zhou 等[46]提出的通过计算节点的内射半径得到边界节点的“狭窄”程度,从而识别网络瓶颈节点,进而实现网络分解的方法,在网络分解的基础上进行传统的计算边界框的方法,可以得到能够较好反映网络形状的网络边界框,如图 8.6(b)所示。通过这种方法可以有效地减少边界框附近的边界节点的存储和通信开销。

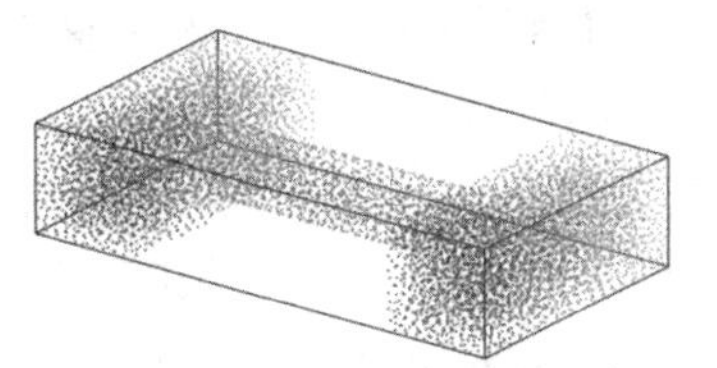

(a) 直接使用长方体作为边界框

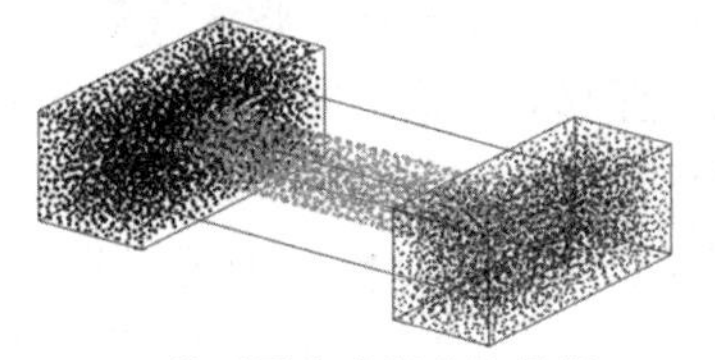

(b) 基于网络分解的边界框

图 8.6　哑铃型三维网络的边界框

8.3　基于骨架的安全导航

安全导航的目的是为用户、移动节点或车辆提供有效指导,或是将他们引导到一个安全的出口,使其远离危险地带,如图 8.7 所示。假设无线传感器网络中的每个传感器节点能够获取环境数据,并通过执行本地计算来确定一个风险因子。用户手持便携式通信设备与网络节点通信,那么安全导航的主要任务就是根据环境模型,按照特定的性能指标要求,寻找一条优化的路径,在保证不经过危险区域的前提下,使用户安全地到达目的地。无线传感器网络的路由规划的方法很多,但针对安全导航的并不多见。目前对路径导航的研究大多针对移动机器人,而且已有比较丰富的成果,无线传感器网络领域也吸收借鉴了不少现有移动机器人路径导航的相关技术。

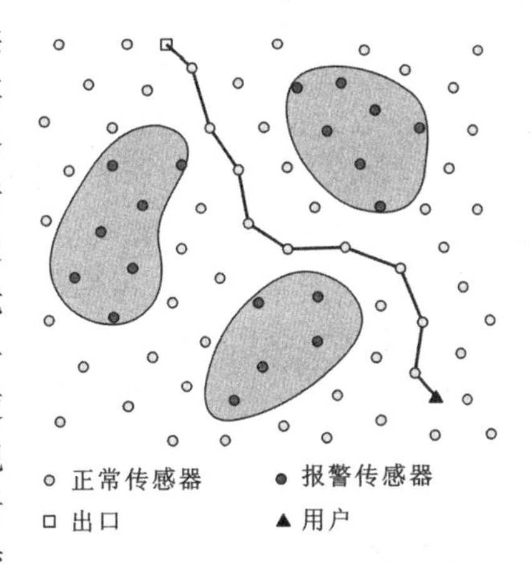

图 8.7　传感器网络安全导航示意图

8.3.1　移动机器人的路径导航

根据对环境信息已知的程度不同,传统的移动机器人路径规划方法可以分为基于地图的全局路径规划和基于传感器的局部路径规划。

1. 全局路径规划

全局路径规划基于先验的全局环境信息,使用预先建立的全局地图进行路径规划,所以又称为静态或离线式路径规划。因为环境是全局完全已知的,所以能够对某些性能指标进行优化。但离线式路径规划使用的是先前的数据,所以很难适用于实时、动态变化的环境。常用的全局路径规划方法有可视图法(visibility graph)、基于可视图法的切线图法(tangent graph)和 Voronoi 图法、栅格法(grids)以及拓扑法。

可视图法将移动用户视为一点，用直线连接用户、目标点和多边形障碍物的各顶点，并保证这些直线均不与障碍物相交，从而形成了一张路径图，因图中任意两条直线的顶点都是可见的，故称为可视图。在可视图中，从起点沿着这些直线到达目标点的所有路径均是运动物体的无碰路径。搜索最优路径的问题转化为从起点到目标点经过这些可视直线的最短距离问题。该方法能够求得最短路径，但由于假设用户的尺寸大小忽略不计，容易使用户在通过障碍物顶点时离障碍物太近甚至接触。

切线图法和 Voronoi 图法对可视图法进行了改进。切线图法用障碍物的切线表示弧，因此是从起始点到目标点的最短路径的图，但移动用户必须几乎接近障碍物行走碰撞的可能性会很高。Voronoi 图法用尽可能远离障碍物的路径表示弧，因此从起始点到目标点的路径将会增长，但即使产生位置误差，移动用户也不会碰到障碍物。

栅格法是建立在栅格地图基础上的移动用户路径规划方法。栅格法的主要思想是：将移动用户所处的环境分解成一系列具有二值信息的网格单元，以栅格为单位记录环境信息。环境被量化成具有一定分辨率的栅格，栅格的取值表示该栅格处的障碍物情况，并根据是否有障碍把栅格分为自由栅格和障碍栅格，用户的移动过程转化为从一个自由栅格移动到下一个自由栅格的过程。可以通过寻优算法在单元中搜索最优路径。显然，栅格的大小直接影响着环境信息存储量的大小和规划时间的长短。栅格划分大了，环境信息存储量小，规划时间短，但分辨率下降，在密集环境下发现路径的能力减弱；栅格划分小了，环境分辨率高，在密集环境下发现路径的能力强，但环境信息存储量大，规划时间长。栅格法模型直观，且建模相对较简单，因此得到了较为广泛的应用。

拓扑法的主要思想是，根据环境信息和移动用户的几何特点，将组成空间划分成若干具有拓扑特征一致的自由空间，然后根据彼此间的连通性建立拓扑网，从该网中搜索一条拓扑路径。即用状态空间的连通性分析来解决路径规划问题。此方法的优点在于因为利用了拓扑特征而大大缩小了搜索空间，其算法复杂性只取决于障碍物的数目。但建立拓扑网的过程是相当复杂而费时的，并且当环境发生变化时，如何有效地修正已经存在的拓扑网络以及如何提高图形搜索效率是目前亟待解决的问题。

2. 局部路径规划

局部路径规划中环境信息未知或部分未知，因此需要通过传感器在线对移动用户的环境进行探测，以获取障碍物的位置、形状和尺寸等信息，所以局部路径规划又称为基于传感器的路径规划、动态或在线路径规划。在线路径规划适用于障碍物动态变化的环境，但因需要实时处理传感器获取的环境信息，通常运算量较大，因而对用户携带传感器的配置要求也相对较高。常用的局部路径规划方法主要有人工势场法（artificial potential field）、遗传算法（genetic algorithm）和模糊逻辑算法（fuzzy logic algorithm）等。

人工势场法是由 Khatib 提出的一种虚拟力法，其基本思想是：把移动用户在所处环境中的运动视为在一种虚拟的人工力场中的运动。目的地对移动用户产生引力作用，而障碍物对移动用户产生斥力作用，引力和斥力周围存在经一定算法产生的相应的势，而移动用户在引力和斥力形成的合力作用下绕过障碍物，向目的地运动。该方法模型简单，易于实现，便于底层的实时控制，在实时避障和平滑的轨迹控制方面得到了广泛的应用，但存在局部最优解的问题，容易发生死锁现象。

遗传算法由 Holand 在 20 世纪 60 年代初提出,它是以自然遗传机制和自然选择等生物进化理论为基础构造的一类随机搜索算法。它利用选择、交叉和变异来培养控制机构的计算程序,在某种程度上对生物进化过程进行数学方式的模拟。多数优化算法都是单点搜索算法,很容易陷入局部最优,而遗传算法是一种多点搜索算法,因而更有可能搜索到全局最优解。因为遗传算法的整体搜索策略和优化计算不依赖于梯度信息,所以解决了一些其他优化算法无法解决的问题。但遗传算法运算速度不快,众多的进化规则要占据较大的存储空间和运算时间。

模糊逻辑算法是通过对驾驶员的工作过程观察研究得出的。驾驶员的避碰动作并不是对环境信息的精确计算来完成的,而是根据比较模糊的环境信息,靠经验来决策采取什么样的操作。采用模糊逻辑算法进行局部避碰规划,是基于传感器的实时测量信息,参考人的驾驶经验,通过查表得到规划出的信息。该方法克服了势场法易产生局部极小值的问题,计算量不大,易做到边规划边跟踪,能满足实时性要求,对处理未知环境下的规划问题显示出了很大的优越性。模糊逻辑算法对于解决用通常的定量方法来说是很复杂的问题,或当外界仅能够提供定性的、近似的、不确定的信息数据时非常有效。

8.3.2 无线传感器网络的路径导航

Li 等提出了一种基于无线传感器网络的分布式自组织导航协议[50],通过 WSN 静态节点监测环境对移动节点所处位置的危险状态和障碍物分布,建立了关于目的地和障碍物的人工势场,从而使移动节点获得一条较为安全快捷的路径实现其自主导航。但是该方法基于泛洪式的路由通信协议,每一次导航信息交互都要全部节点参加,占用较多的通信带宽和节点能源消耗,因而导航网络整体效率不高。

为了降低网络通信带宽消耗,Buragohain 等采用栅格地图描述环境地图和节点的物理连接情况[51],在获得近似最优路径时占用通信带宽和能源消耗较小。静态节点被密集部署在监测区域,通过人工部署或者其他自定位手段可以获得其精确地理位置。移动节点在行进过程中只唤醒处于其一跳通信区域内的静态节点参与导航控制,采用分布式处理技术将多个节点收集到的环境信息融合处理,最终引导移动节点到达目的地。但该方法的缺点是需要其他辅助手段对静态节点进行预定位,在网络拓扑结构频繁变化时不具有很好的自适应性。Moon 等在此基础上提出了一种基于传感器网络的移动节点控制结构[52],采用一种共享的网络存储机制(network attached shared memory,NAEM),建立了高效的环境感知模型,在导航区域内随机部署信标节点并实现自定位。移动节点在行进过程中利用超声信号获得其全局几何坐标,传感器节点依靠 NAEM 技术可以快速对移动节点作出导航响应,进而实现移动节点的自主导航。

Batalin 等研究出一种在未知区域内不依赖环境地图信息实现移动节点自主导航的方法[53],移动节点在未知区域内事先部署大量信标节点,当移动节点进入信标节点的可通信区域时,信标节点根据移动节点靠近程度及所处环境状态给出下一时刻移动节点应该行进的方向。但是该方法只能引导移动节点从一个节点移动到另一个节点,对路径规划不具有最优性。Sheu 等为了解决 WSN 的自动部署问题[54],提出了一种移动节点即时更新能量耗尽节点的方法,该方法不依赖环境地图和其他附属定位手段。当节点能量快要耗尽时会通过网络向移动节点发送一个 Help 数据包，移动节点在收到 Help 数据包后根据其传递路径信息确定其在网络中的拓扑位置。移动节点在行进过程中通过 RSSI(receive signal strength indicate) 信息确定自己相对于静态节点的位置，最终在静态节点的引导下沿着 Help 数据包的反向传递路径抵达能量即将耗尽的节点并完成更新任务。

综上所述，目前基于 WSN 的移动节点导航主要通过以下两种方式实现：一是精确估计目标当前位置(如利用 GPS 原理)；二是根据网络通信的数据聚合模型跟踪目标的移动轨迹[55, 56]。Mechitov 等提出了一种基于二值探测的目标轨迹跟踪算法(cooperative tracking with binary-detection)[57]，每个信标节点记录移动目标出现在自己可通信区域内的起始和结束时间，相邻信标节点彼此交换探测信息，根据网络拓扑结构利用分段线性拟合算法估计目标的移动轨迹。Kim 等在研究二值探测目标轨迹跟踪的基础上提出一种分段线性预测的路径跟踪方法[58]，网络中的节点分为探测节点和跟踪节点两部分，前者只负责目标信息的收集，后者完成目标轨迹跟踪计算。上述方法中信标节点与移动目标之间均不具有直接测距功能，为了降低计算开销和提高跟踪精度，需要将信标节点按栅格结构密集部署，实际应用带来了一定困难。Rabbat 和 Nowak 两位学者提出了一种分布式定位跟踪算法[59]，该算法利用接收到移动目标的信号强度对其进行定位，信标节点根据网络拓扑结构形成一个数据处理序列，目标参数估计算法将按照这个处理序列在网络内部循环执行。当一个节点接收到当前目标参数估值之后，根据节点本地探测数据微调当前目标参数估值得到新估值，然后将更新估值发送给下一个邻居节点。但在传感器网络节点分布较广或移动目标运动速度较快的情况下，很难形成一个高效的数据处理序列在各个节点上循环计算，同时算法的收敛性也无从得到保证。由于 WSN 节点工作环境中受不确定因素的影响，利用信道衰减模型将信号强度转化为距离时精度十分有限，Mao 等提出了一种信道衰减指数(path loss exponent，PLE) 在线校准技术[60]，根据环境的变化不断修正信道衰减模型，节点间测距精度有了很大提高，但该方法实现过程比较复杂，需要消耗较多的计算资源。

8.3.3 基于骨架的安全导航及路径规划

对于传感器网络安全导航的路径规划问题，目前学术界的研究成果非常有限。文献[50]首次提出了一种分布式的导航算法，结合势函数和计算机图形学的方法来规划导航路径。由于需要频繁地泛洪，该算法的通信开销比较大，不适合大规模网络。随后，有人提出了几种扩展性更好的方法[51,61,62]。为实现传感器网络的安全导航，一种新的思维是，假设处在一个危险区域的传感器要么已被摧毁，要么报告一个较高的危险因子，那么这种危险区域可以被认为是不可接近的空洞，而网络覆盖区域外的部分因为存在潜在的高风险，所以也可以被视为特殊的空洞。如此一来，网络的骨架[33-39]信息则能够提供一个区域的最为安全的路径。下面具体说明基于骨架的安全导航策略的设计思路[61,62]。

1. 问题描述

考虑图 8.6 所示的场景，假设该区域有多处危险区域，用红色区域表示。随着时间的推移，危险区域可能出现、消失、扩张或者缩小，但危险区域的总数假设是不变的。处在危险区域中的传感器(图 8.6 中的红色节点) 在检测到危险信号时会触发警报,在危险区域外(图 8.6 中的天蓝色节点) 则不触发警报。导航策略的目标是,为每个用户成功地设计出一条经过所有危险区域通向一个或多个已知出口的路径。设计路径时,首先要保证该路径不经过危险区域,其次希望路径尽可能短,最后要保证构建和更新路径的操作是本地、分布式进行的。

2. 路径设计的原理概述

路径设计的主要思想是,将一个分布式的道路地图系统嵌入传感器网络中。导航系统将这个道路地图作为公共基础设施进行维护,并引导不同的用户选择相应的路径,从而避免各个用户单独计算路径时的不必要开销。当危险区域随时间改变时,道路地图通过一种事件驱动的方式来进行实时更新和维护。下面详细描述系统的两个主要部分在连续域中的设计原理:构建道路地图和基于道路地图的安全导航。

3. 构建道路地图

若用 E 来表示整个网络区域,用 D 来表示危险区域的集合,为保证用户的安全,用户只能在危险区域外移动,因此道路地图构建于区域 $R=E/D$ 中。通过构建区域 R 的骨架可以得到道路地图的基本框架,如图 8.8(a)所示。当然,如果认为区域 R 的边界是安全的,如在室内环境中的围墙,那么道路的基本框架如图 8.8(b)所示。可以看到这两种情况得到的道路地图类似,因此不失一般性,只考虑第一种情况。

区域 R 的骨架是连续曲线的有限集,能够保持区域的拓扑特征。因此,道路地图框架也能够抓住安全区域 R 的拓扑特征。同时,道路地图也是紧凑的,因为骨架曲线的长度与区域 R 的几何和拓扑特征的复杂度正相关。

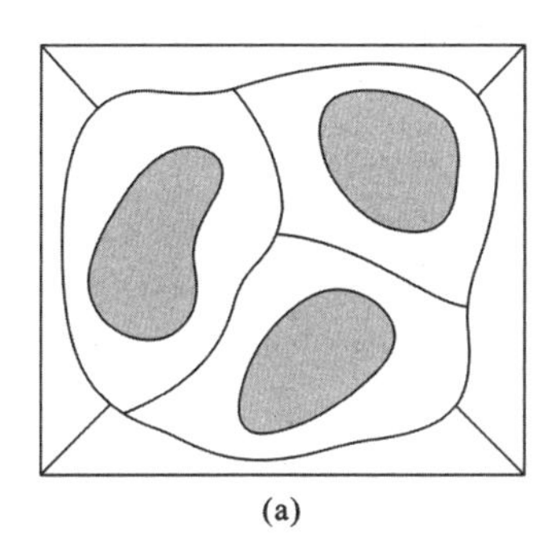
(a)

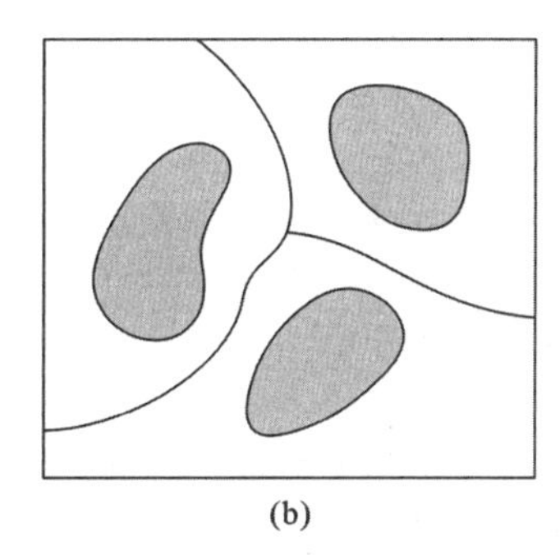
(b)

图 8.8　基于网络骨架的安全导航线路

2. 基于道路地图的安全导航

道路地图框架将区域 R 分成了多个不同的子区域,每个子区域包含一个危险区域,从而为区域内不同用户的安全导航提供了一个宏观的网络结构。基于道路地图的安全导航主要由以下几个步骤完成。

(1) 连接区域中的出口与道路地图。首先找到子区域中的一个出口,然后通过计算到所在子区域边界的距离,寻找一条路径与该出口相连。在每个子区域中为各节点分配一个与距离负相关的动力场。由该出口延伸出来的路径沿着动力场下降的方向到达道路地图，实现出口与道路地图的连接。理论证明，动力场中的局部最小点正好位于网络的骨架上。

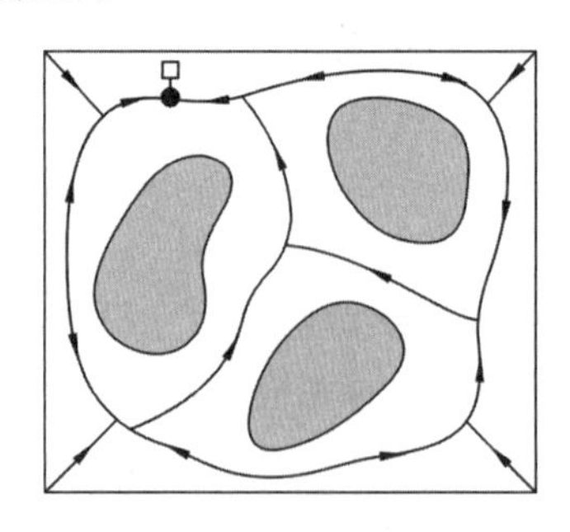

图 8.9　具有方向的道路地图

(2) 为道路地图指定方向。这可以通过由出口到道路地图的泛洪来实现。具体而言，泛洪信息包括到危险区域的最短距离 d_c、已有的路径长度 d_r 以及行进方向 D。每个节点从不同的方向接收到这些泛洪信息，并保留最大的 d_c，在具有相同 d_c 的路径中保留最小的 d_r，并记录下 D。最终每个节点维护一条带有方向的通往出口的路径，如图 8.9 所示。

(3) 为用户规划安全路径。正如前面提到的，道路地图将网络分解为多个子区域，每个用户必定在某个子区域中。这样，为用户规划安全路径主要包括三个阶段。第一阶段，引导每个用户从子区域内部到达道路地图，这与寻找连接出口和道路地图的方式类似。第二阶段，用户沿具有方向的道路地图到某个出口附近。第三阶段，沿出口和道路地图的连接路径顺利通向出口。

至此，顺利实现基于道路地图的安全导航。理论证明，基于骨架/道路地图的安全导航路径能够有效保证其安全性。

参 考 文 献

[1] Wang T Y,Cheng Q. Collaborative event-region and boundary-region detections in wireless sensor networks. IEEE Transactions on Signal Processing ,2008, 56:2547-2561.

[2] Shih K P, Wang S S, Chen HC, et al. Collect:Collaborative event detection and tracking in wireless heterogeneous sensor networks. Computer Communications, 2008, 31:3124-3136.

[3] Ding M, Cheng X. Robust event boundary detection in sensor networks: A mixture model based approach. Proc of IEEE INFOCOM, 2009:2991-2995.

[4] Zhou H, Xia S, Jin M, et al. Localized algorithm for precise boundary detection in 3D wireless networks. Proc of 30th IEEE International Conference on Distributed Computing Systems (ICDCS), 2010:744-753.

[5] Martalo M, Ferrari G. Low-complexity one-dimensional edge detection in wireless sensor networks. EURASIP Journal on Wireless Communications and Networking,2010:1-15.

[6] Loukas A, Zuniga M, Protonotarios I, et al. How to identify global trends from local decisions? Spatial event detection on mobile networks. Proc of IEEE INFOCOM, 2014.

[7] Krishnamachari B, Iyengar S. Distributed Bayesian algorithms for fault-tolerant event region detection in wireless sensor networks. IEEE Transactions on Computers, 2004,53:241-250.

[8] Cao D, Jin B, Cao J. Fault-tolerant event region detection in wireless sensor networks using statistical hypothesis test. Proc of 5th IEEE International Conference on Mobile Ad Hoc and Sensor Systems (MASS), 2008:533-534.

[9] Khelil A, Shaikh K F, Ayari B, et al. MWM: A map-based world Model for wireless sensor networks. Proc of International Conference on Autonomic Computing and Communication Systems (AUTONOMICS), 2008:1-10.

[10] Luo X, Dong M, Huang Y. On distributed fault-tolerant detection in wireless sensor networks. IEEE Transactions on Computers, 2006, 55:58-70.

[11] Ould-Ahmed-Vall E, Ferri B H, Riley G F. Distributed fault-tolerance for event detection using heterogeneous wireless sensor networks. IEEE Transactions on Mobile Computing, 2012, 11: 1994-2007.

[12] Chintalapudi K K, Govindan R. Localized edge detection in sensor fields. Ad Hoc Networks, 2003, 1:273-291.

[13] Dogandzic A, Zhang B. Distributed estimation and detection for sensor networks using hidden Markov random field models. IEEE Transactions on Signal Processing, 2006, 54:3200-3215.

[14] Ding M, Chen D, Xing K, et al. Localized fault-tolerant event boundary detection in sensor networks. Proc of IEEE INFOCOM, 2005:902-913.

[15] Jafferv, Jaseemuddin M, Jafarian M, et al. Event boundary detection using autonomous agents in a sensor network. Proc of IEEE/ACS International Conference on Computer Systems and Applications, 2007:217-224.

[16] Li M, Liu Y. Iso-Map:Energy-efficient contour mapping in wireless sensor networks. IEEE Transactions on Knowledge and Data Engineering, 2010, 22:699-710.

[17] Szewczyk R, Polastre J, Mainwaring A, et al. Lessons from a sensor network expedition. Wireless Sensor Networks. Springer, 2004:307-322.

[18] Yao Y, Tang X, Lim E P. In-network processing of nearest neighbor queries for wireless sensor networks. Proc of Database Systems for Advanced Applications, 2006:35-49.

[19] Intanagonwiwat C, Govindan R, Estrin D, et al. Directed diffusion for wireless sensor networking. IEEE/ACM Transactions on Networking, 2003, 11:2-16.

[20] Zhang W, Cao G, La Porta T. Data dissemination with ring-based index for wireless sensor networks. IEEE Transactions on Mobile Computing, 2007, 6:832-847.

[21] Ye F, Zhong G, Lu S, et al. Gradient broadcast:A robust data delivery protocol for large scale sensor networks. Wireless Networks, 2005,11:285-298.

[22] Shen H, Zhao L, Li Z. A distributed spatial-temporal similarity data storage scheme in wireless sensor networks. IEEE Transactions on Mobile Computing, 2011, 10:982-996.

[23] Prabh K S, Abdelzaher T F. Energy-conserving data cache placement in sensor networks. ACM Transactions on Sensor Networks, 2005, 1:178-203.

[24] Ratnasamy S, Karp B, Yin L, et al. GHT:A geographic hash table for data-centric storage. Proc of 1st ACM International Workshop on Wireless Sensor Networks and Applications, 2002:78-87.

[25] Ratnasamy S, Karp B, Shenker S, et al. Data-centric storage in sensornets with GHT:A geographic hash table. Mobile Networks and Applications, 2003, 8:427-442.

[26] Karp B, Kung H T. GPSR:Greedy perimeter stateless routing for wireless networks. Proc of ACM MOBICOM, 2000:243-254.

[27] Li X, Kim Y J, Govindan R, et al. Multi-dimensional range queries in sensor networks. Proc of 1st International Conference on Embedded Networked Sensor Systems (SenSys), 2003:63-75.

[28] Greenstein B, Ratnasamy S, Shenker S, et al. Difs: A distributed index for features in sensor networks. Ad Hoc Networks, 2003, 1:333-349.

[29] Gil T M, Madden S. Scoop:An adaptive indexing scheme for stored data in sensor networks. Proc of 29th IEEE International Conference on Data Engineering (ICDE), 2007:1345-1349.

[30] Liu X, Huang Q, Zhang Y. Balancing push and pull for efficient information discovery in large-

scale sensor networks. IEEE Transactions on Mobile Computing, 2007, 6:241-251.

[31] Braginsky D, Estrin D. Rumor routing algorthim for sensor networks. Proc of 1st ACM International Workshop on Wireless Sensor Networks and Applications (WSNA), 2002:22-31.

[32] Sarkarv, Zhu X, Gao J. Double rulings for information brokerage in sensor networks. IEEE/ACM Transactions on Networking, 2009, 17:1902-1915.

[33] Xia S, Ding N, Jin M, et al. Medial axis construction and applications in 3D wireless sensor networks. Proc of IEEE INFOCOM, 2013:305-309.

[34] Bruck J, Gao J, Jiang A. MAP:Medial axis based geometric routing in sensor networks. Proc of ACM MOBICOM, 2005:88-102.

[35] Bruck J, Gao J, Jiang A. MAP:Medial axis based geometric routing in sensor networks. Wireless Networks, 2007, 13:835-853.

[36] Jiang H, Liu W, Wang D, et al. Connectivity-based skeleton extraction in wireless sensor networks. IEEE Transactions on Parallel and Distributed Systems (TPDS), 2010, 21:710-721 .

[37] Liu W, Jiang H, Bai X, et al. Skeleton extraction from incomplete boundaries in sensor networks based on distance transform. Proc of 32nd IEEE International Conference on Distributed Computing Systems (ICDCS), 2012:42-51.

[38] Liu W, Jiang H, Wang C, et al. Connectivity-based and boundary-free skeleton extraction in sensor networks. Proc of 32nd IEEE International Conference on Distributed Computing Systems (ICDCS), 2012:52-61.

[39] Liu W, Jiang H, Bai X, et al. Distance transform-based skeleton extraction and its applications in sensor networks. IEEE Transactions on Parallel and Distributed Systems (TPDS), 2013, 24:1763-1772.

[40] Luo J, He Y. Geoquorum: Load balancing and energy efficient data access in wireless sensor networks. Proc of IEEE INFOCOM, 2011:616-620.

[41] Fang Q, Gao J, Guibas L J. Landmark-based information storage and retrieval in sensor networks. Proc of IEEE INFOCOM, 2006:1-12.

[42] Albano M, Gao J. In-network coding for resilient sensor data storage and efficient data mule collection. Algorithms for Sensor Systems, 2010:105-117.

[43] Sarkar R, Zeng W, Gao J, et al. Covering space for in-network sensor data storage. Proc of 9th ACM/IEEE International Conference on Information Processing in Sensor Networks (IPSN), 2010:232-243.

[44] Liu W, Yang Y, Jiang H, et al. Surface skeleton extraction and its application for data storage in 3D sensor networks. Proc of ACM MOBIHOC, 2014.

[45] Zhu X, Sarkar R, Gao J. Segmenting a sensor field:Algorithms and applications in network design. ACM Transactions on Sensor Networks,2009, 5(2):1-32.

[46] Zhou H, Ding N, Jin M, et al. Distributed algorithms for bottleneck identification and segmentation in 3D wireless sensor networks. Proc of 8th IEEE Conference on Sensor and Ad Hoc Communications and Networks (SECON), 2011:494-502.

[47] Tan G, Bertier M, Kermarrec A M. Convex partition of sensor networks and its use in virtual coordinate geographic routing. Proc of IEEE INFOCOM, 2009:1746-1754.

[48] Liu W, Wang D, Jiang H, et al. Approximate convex decomposition based localization in wireless sensor networks. Proc of IEEE INFOCOM, 2012:1853-1861.

[49] Zhuv, Sarkar R, Gao J. Shape segmentation and applications in sensor networks. Proc of IEEE

INFOCOM, 2007:1838-1846.

[50] Li Q, De Rosa M, Rus D. Distributed algorithms for guiding navigation across a sensor network. Proc of ACM MOBICOM, 2003:313-325.

[51] Buragohain C, Agrawal D, Suri S. Distributed navigation algorithms for sensor networks. proc of IEEE INFOCOM, 2006:1-10.

[52] Moon T K, Kuc T Y. An integrated intelligent control architecture for mobile robot navigation within sensor network environment. Proc of IEEE/RSJ International Conference on Intelligent Robots and Systems (IROS), 2004:565-570.

[53] Batalin M A, Sukhatme G. Efficient exploration without localization. Proc of IEEE International Conference on Robotics and Automation, 2003. Proceedings (ICRA), 2003:2714-2719.

[54] Sheu J P, Cheng P W, Hsieh K Y. Design and implementation of a smart mobile robot. Proc of IEEE International Conference on Wireless And Mobile Computing, Networking and Communications (WiMob), 2005:422-429.

[55] Lin C Y, Peng W C, Tseng Y C. Efficient in-network moving object tracking in wireless sensor networks. IEEE Transactions on Mobile Computing,2006, 5:1044-1056.

[56] Lee J, Cho K, Lee S, et al. Distributed and energy-efficient target localization and tracking in wireless sensor networks. Computer Communications, 2006, 29:2494-2505.

[57] Mechitov K, Sundresh S, Kwon Y, et al. Cooperative tracking with binary-detection sensor networks. Proc of International Conference on Embedded Networked Sensor Systems, 2003: 332-333.

[58] Kim W, Mechitovv, Choi J Y, et al. On target tracking with binary proximity sensors. Proc of International Symposium on Information Processing in Sensor Networks (IPSN) 2005:301-308.

[59] Rabbat M G, Nowak R D. Decentralized source localization and tracking wireless sensor networks. Proc of IEEE International Conference on Acoustics, Speech, and Signal Processing (ICASSP), 2004.

[60] Mao G, Anderson B, Fidan B. Path loss exponent estimation for wireless sensor network localization. Computer Networks,2007, 51:2467-2483.

[61] Li Z, Liu Y, Wang J, et al. Sensor network navigation without locations. Proc of IEEE INFOCOM, 2009:2419-2427.

[62] Wang J, Li Z, Li M, et al. Sensor network navigation without locations. IEEE Transactions on Parallel and Distributed Systems (TPDS) , 2013, 24:1436-1446.